数据库系统原理教程

王珊 陈红 编著

清华大学出版社

北京

内 容 简 介

本书系统、完整地讲述了当前数据库技术的基本原理和应用实践。主要内容包括：数据模型、数据库系统结构、关系数据库、SQL 语言、关系数据库设计理论、数据库保护、数据库设计、关系数据库管理系统实例、数据库技术新进展等。每章后均附有习题。

本书可作为高等院校数据库课程的教材，也可供从事计算机开发与应用的科研人员、工程技术人员以及其他有关人员参考。

图书在版编目（CIP）数据

数据库系统原理教程/王珊，陈红编著. —北京：清华大学出版社，1998.7
ISBN 978-7-302-03009-6

Ⅰ. 数… Ⅱ. 陈… Ⅲ. 数据库系统-理论-高等学校-教材 Ⅳ. TP311.13

中国版本图书馆 CIP 数据核字(98)第 14773 号

责任编辑：范素珍
责任印制：何　芊

出版发行：清华大学出版社	地　　址：北京清华大学学研大厦 A 座
http://www.tup.com.cn	邮　　编：100084
社　总　机：010-62770175	邮　　购：010-62786544

投稿与读者服务：010-62776969，c-service@tup.tsinghua.edu.cn
质　量　反　馈：010-62772015，zhiliang@tup.tsinghua.edu.cn

印　刷　者：北京密云胶印厂
装　订　者：三河市金元印装有限公司
经　　销：全国新华书店
开　　本：185×260　　印　张：17.5　　字　数：434 千字
印　　次：2009 年 6 月第 30 次印刷
印　　数：349001～359000
定　　价：23.00 元

前　　言

数据库技术产生于 20 世纪 60 年代末,发展至今已有近 40 年的历史。数据库技术作为数据管理的最有效的手段,它的出现极大地促进了计算机应用的发展,目前基于数据库技术的计算机应用已成为计算机应用的主流。

近 40 年来,数据库技术本身也在不断地发展和完善。关系数据库已取代了早期的层次数据库与网状数据库,成为主流数据库,而新一代数据库也逐渐露出头角。本书以关系数据库为重点,比较全面系统地介绍了数据库的基本概念和基本技术。取材上力图反映当前数据库技术的发展水平和发展趋势。

本书共 8 章。第 1 章绪论,概述了数据管理的进展、数据模型、数据库管理系统和数据库工程的基本概念。

第 2 章至第 4 章讲解了关系数据库的数据模型、数据语言和数据理论,其中对关系数据库的标准语言 SQL 进行了深入介绍。

第 5 章详细讨论了数据库的安全性、完整性、并发控制和恢复等数据库保护技术,并以一个关系数据库产品为例,说明数据库保护技术在实际产品中是如何实现的。

第 6 章讲述了设计数据库应用系统的方法。重点放在设计关系数据库应用系统上。

第 7 章介绍关系数据库产品的发展过程和 5 个关系数据库产品实例。

第 8 章数据库技术的新进展介绍了数据库技术的发展过程和新一代数据库系统,包括分布式数据库、并行数据库、主动数据库、对象－关系数据库、数据仓库、工程数据库、统计数据库、空间数据库等。

为了方便读者学习,每章后面都附有一定量的习题。

在本书的编写过程中,张基温教授提出了许多宝贵意见,在此表示诚挚的谢意。由于我们水平有限,书中难免存在许多不足之处,恳请读者批评指正。

王珊　陈红

于中国人民大学信息学院数据与知识工程研究所

目　录

第1章　绪论 ………………………………………………………………… 1
1.1　引言 …………………………………………………………………… 1
1.1.1　数据、数据库、数据库系统、数据库管理系统 ……………… 1
1.1.2　数据库技术的产生与发展 ………………………………… 2
1.1.3　数据库技术的研究领域 …………………………………… 8
1.2　数据模型 ……………………………………………………………… 9
1.2.1　数据模型的要素 …………………………………………… 9
1.2.2　概念模型 …………………………………………………… 10
1.2.3　数据模型 …………………………………………………… 13
1.3　数据库系统结构 ……………………………………………………… 23
1.3.1　数据库系统的模式结构 …………………………………… 23
1.3.2　数据库系统的体系结构 …………………………………… 25
1.4　数据库管理系统 ……………………………………………………… 27
1.4.1　数据库管理系统的功能与组成 …………………………… 27
1.4.2　数据库管理系统的工作过程 ……………………………… 29
1.4.3　数据库管理系统的实现方法 ……………………………… 29
1.5　数据库工程与应用 …………………………………………………… 32
1.5.1　数据库设计的目标与特点 ………………………………… 32
1.5.2　数据库设计方法 …………………………………………… 32
1.5.3　数据库设计步骤 …………………………………………… 33
1.5.4　数据库应用 ………………………………………………… 34
习题 ………………………………………………………………………… 36
第2章　关系数据库 ………………………………………………………… 37
2.1　关系数据库概述 ……………………………………………………… 37
2.2　关系数据结构 ………………………………………………………… 38
2.3　关系的完整性 ………………………………………………………… 42
2.4　关系代数 ……………………………………………………………… 45
2.4.1　传统的集合运算 …………………………………………… 46
2.4.2　专门的关系运算 …………………………………………… 46
2.5　关系演算 ……………………………………………………………… 52
2.5.1　元组关系演算语言 ALPHA ……………………………… 52
2.5.2　域关系演算语言 QBE ……………………………………… 57
2.6　关系数据库管理系统 ………………………………………………… 62
习题 ………………………………………………………………………… 64

第 3 章　关系数据库标准语言 SQL ·················· 66

　3.1　SQL 概述 ······························· 66

　　3.1.1　SQL 的特点 ······················· 66

　　3.1.2　SQL 语言的基本概念 ··············· 68

　3.2　数据定义 ······························· 68

　　3.2.1　定义、删除与修改基本表 ············ 69

　　3.2.2　建立与删除索引 ··················· 71

　3.3　查询 ·································· 72

　　3.3.1　单表查询 ······················· 73

　　3.3.2　连接查询 ······················· 82

　　3.3.3　嵌套查询 ······················· 87

　　3.3.4　集合查询 ······················· 95

　　3.3.5　小结 ··························· 97

　3.4　数据更新 ······························· 98

　　3.4.1　插入数据 ······················· 98

　　3.4.2　修改数据 ······················· 99

　　3.4.3　删除数据 ······················· 100

　3.5　视图 ·································· 101

　　3.5.1　定义视图 ······················· 102

　　3.5.2　查询视图 ······················· 105

　　3.5.3　更新视图 ······················· 107

　　3.5.4　视图的用途 ····················· 108

　3.6　数据控制 ······························· 110

　3.7　嵌入式 SQL ···························· 112

　　3.7.1　嵌入式 SQL 的一般形式 ············ 113

　　3.7.2　嵌入式 SQL 语句与主语言之间的通信 ·· 113

　　3.7.3　不用游标的 SQL 语句 ·············· 116

　　3.7.4　使用游标的 SQL 语句 ·············· 119

　　3.7.5　动态 SQL 简介 ··················· 125

　习题 ······································ 126

第 4 章　关系数据库设计理论 ·················· 127

　4.1　数据依赖 ······························· 127

　　4.1.1　关系模式中的数据依赖 ············· 127

　　4.1.2　数据依赖对关系模式的影响 ·········· 128

　　4.1.3　有关概念 ······················· 129

　4.2　范式 ·································· 130

　　4.2.1　第一范式(1NF) ··················· 131

　　4.2.2　第二范式(2NF) ··················· 132

　　4.2.3　第三范式(3NF) ··················· 133

    4.2.4　BC 范式(BCNF) ················· 134

    4.2.5　多值依赖与第四范式(4NF) ·········· 136

  4.3　关系模式的规范化 ················· 139

    4.3.1　关系模式规范化的步骤 ············ 139

    4.3.2　关系模式的分解 ················ 140

  习题 ·························· 143

第 5 章　数据库保护 ·················· 145

  5.1　安全性 ······················ 145

    5.1.1　安全性控制的一般方法 ············ 145

    5.1.2　ORACLE 数据库的安全性措施 ········ 149

  5.2　完整性 ······················ 153

    5.2.1　完整性约束条件 ················ 153

    5.2.2　完整性控制 ·················· 155

    5.2.3　ORACLE 的完整性 ·············· 158

  5.3　并发控制 ····················· 161

    5.3.1　并发控制概述 ················· 161

    5.3.2　并发操作的调度 ················ 164

    5.3.3　封锁 ····················· 165

    5.3.4　死锁和活锁 ·················· 169

    5.3.5　ORACLE 的并发控制 ············· 172

  5.4　恢复 ······················· 173

    5.4.1　恢复的原理 ·················· 173

    5.4.2　恢复的实现技术 ················ 174

    5.4.3　ORACLE 的恢复技术 ············· 178

  5.5　数据库复制与数据库镜象 ·············· 180

    5.5.1　数据库复制 ·················· 180

    5.5.2　数据库镜象 ·················· 182

  习题 ·························· 183

第 6 章　数据库设计 ·················· 184

  6.1　数据库设计的步骤 ················· 184

  6.2　需求分析 ····················· 185

    6.2.1　需求分析的任务 ················ 185

    6.2.2　需求分析的方法 ················ 185

    6.2.3　数据字典 ··················· 190

  6.3　概念结构设计 ··················· 192

    6.3.1　概念结构设计的方法与步骤 ·········· 192

    6.3.2　数据抽象与局部视图设计 ············ 192

    6.3.3　视图的集成 ·················· 196

  6.4　逻辑结构设计 ··················· 200

      6.4.1 E-R 图向数据模型的转换 ·············· 200

      6.4.2 数据模型的优化 ··················· 203

      6.4.3 设计用户子模式 ··················· 204

  6.5 数据库物理设计 ······················ 205

  6.6 数据库实施 ·························· 207

  6.7 数据库运行与维护 ····················· 210

  习题 ······························· 213

第 7 章 关系数据库管理系统实例 ··············· 214

  7.1 关系数据库管理系统产品概述 ··············· 214

  7.2 ORACLE ························· 216

  7.3 SYBASE ························· 221

  7.4 INFORMIX ······················· 226

  7.5 DB2 ··························· 231

  7.6 INGRES ························· 236

  习题 ······························· 240

第 8 章 数据库技术新进展 ··················· 241

  8.1 数据库技术发展概述 ··················· 241

  8.2 数据模型及数据库系统的发展 ·············· 242

      8.2.1 第一代数据库系统 ················· 242

      8.2.2 第二代数据库系统 ················· 243

      8.2.3 新一代数据库技术的研究和发展 ··········· 244

  8.3 数据库技术与其它相关技术相结合 ············ 248

      8.3.1 分布式数据库 ··················· 248

      8.3.2 并行数据库 ···················· 253

      8.3.3 多媒体数据库 ··················· 257

      8.3.4 主动数据库 ···················· 258

      8.3.5 对象-关系数据库 ················· 259

  8.4 面向应用领域的数据库新技术 ·············· 260

      8.4.1 数据仓库 ····················· 260

      8.4.2 工程数据库 ···················· 265

      8.4.3 统计数据库 ···················· 266

      8.4.4 空间数据库 ···················· 266

  习题 ······························· 267

参考文献 ····························· 269

第1章 绪 论

数据库技术产生于 20 世纪 60 年代中期,是数据管理的最新技术,是计算机科学的重要分支,它的出现极大地促进了计算机应用向各行各业的渗透。本章将介绍数据库的有关概念以及为什么要发展数据库技术,从中不难看出数据库技术的重要性所在。

1.1 引 言

1.1.1 数据、数据库、数据库系统、数据库管理系统

数据、数据库、数据库系统和数据库管理系统是与数据库技术密切相关的 4 个基本概念。

1. 数据(data)

说起数据,人们首先想到的是数字。其实数字只是最简单的一种数据。数据的种类很多,在日常生活中数据无处不在:文字、图形、图象、声音、学生的档案记录、货物的运输情况……,这些都是数据。

为了认识世界,交流信息,人们需要描述事物。数据实际上是描述事物的符号记录。在日常生活中人们直接用自然语言(如汉语)描述事物。在计算机中,为了存储和处理这些事物,就要抽出对这些事物感兴趣的特征组成一个记录来描述。例如,在学生档案中,如果人们最感兴趣的是学生的姓名、性别、出生年月、籍贯、所在系别、入学时间,那么可以这样描述:

(李明,男,1972,江苏,计算机系,1990)

数据与其语义是不可分的。对于上面一条学生记录,了解其语义的人会得到如下信息:李明是个大学生,1972 年出生,江苏人,1990 年考入计算机系;而不了解其语义的人则无法理解其含义。可见,数据的形式本身并不能完全表达其内容,需要经过语义解释。

2. 数据库(database,简称 DB)

收集并抽取出一个应用所需要的大量数据之后,应将其保存起来以供进一步加工处理和抽取有用信息。保存方法有很多种:人工保存、存放在文件里、存放在数据库里,其中数据库是存放数据的最佳场所,其原因将在 1.1.2 节中介绍。

所谓数据库就是长期储存在计算机内、有组织的、可共享的数据集合。数据库中的数据按一定的数据模型组织、描述和储存,具有较小的冗余度,较高的数据独立性和易扩展性,并可为各种用户共享。

3. 数据库管理系统(database management system,简称 DBMS)

收集并抽取出一个应用所需要的大量数据之后,如何科学地组织这些数据并将其存储

在数据库中,又如何高效地处理这些数据呢?完成这个任务的是一个软件系统——数据库管理系统。

数据库管理系统是位于用户与操作系统之间的一层数据管理软件。

数据库在建立、运用和维护时由数据库管理系统统一管理、统一控制。数据库管理系统使用户能方便地定义数据和操纵数据,并能够保证数据的安全性、完整性、多用户对数据的并发使用及发生故障后的系统恢复。

4. 数据库系统(database system,简称 DBS)

数据库系统是指在计算机系统中引入数据库后的系统构成,一般由数据库、数据库管理系统(及其开发工具)、应用系统、数据库管理员和用户构成。应当指出的是,数据库的建立、使用和维护等工作只靠一个 DBMS 远远不够,还要有专门的人员来完成,这些人称为数据库管理员(database administrator,简称 DBA)。

在不引起混淆的情况下人们常常把数据库系统简称为数据库。

数据库系统可以用图 1-1 表示。

数据库系统在整个计算机系统中的地位如图 1-2 所示。

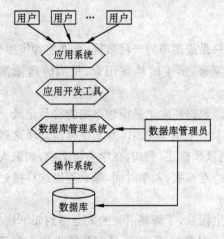

图 1-1　数据库系统

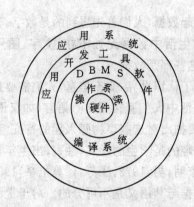

图 1-2　数据库在计算机系统中的地位

1.1.2　数据库技术的产生与发展

数据库技术是应数据管理任务的需要而产生的。

数据管理是指如何对数据进行分类、组织、编码、储存、检索和维护,它是数据处理的中心问题。随着计算机硬件和软件的发展,数据管理经历了人工管理、文件系统和数据库系统三个发展阶段。这三个阶段的比较如表 1-1 所示。

1. 人工管理阶段

在 20 世纪 50 年代中期以前,计算机主要用于科学计算。当时的硬件状况是,外存只有纸带、卡片、磁带,没有磁盘等直接存取的存储设备;软件状况是,没有操作系统,没有管理数据的软件;数据处理方式是批处理。

表 1-1　数据管理三个阶段的比较

		人工管理阶段	文件系统阶段	数据库系统阶段
背景	应用背景	科学计算	科学计算、管理	大规模管理
	硬件背景	无直接存取存储设备	磁盘、磁鼓	大容量磁盘
	软件背景	没有操作系统	有文件系统	有数据库管理系统
	处理方式	批处理	联机实时处理 批处理	联机实时处理 分布处理 批处理
特点	数据的管理者	人	文件系统	数据库管理系统
	数据面向的对象	某一应用程序	某一应用程序	现实世界
	数据的共享程度	无共享 冗余度极大	共享性差 冗余度大	共享性高 冗余度小
	数据的独立性	不独立,完全依赖于应用程序	独立性差	具有高度的物理独立性和一定的逻辑独立性
	数据的结构化	无结构	记录内有结构 整体无结构	整体结构化,用数据模型描述
	数据控制能力	应用程序自己控制	应用程序自己控制	由数据库管理系统提供数据安全性、完整性、并发控制和恢复能力

人工管理数据具有如下特点:

(1) 数据不保存。由于当时计算机主要用于科学计算,一般不需要将数据长期保存,只是在计算某一课题时将数据输入,用完就撤走。不仅对用户数据如此处置,对系统软件有时也是这样。

(2) 数据需要由应用程序自己管理,没有相应的软件系统负责数据的管理工作。应用程序中不仅要规定数据的逻辑结构,而且要设计物理结构,包括存储结构、存取方法、输入方式等。因此程序员负担很重。

(3) 数据不共享。数据是面向应用的,一组数据只能对应一个程序。当多个应用程序涉及某些相同的数据时,由于必须各自定义,无法互相利用、互相参照,因此程序与程序之间有大量的冗余数据。

(4) 数据不具有独立性,数据的逻辑结构或物理结构发生变化后,必须对应用程序做相应的修改,这就进一步加重了程序员的负担。

人工管理阶段应用程序与数据之间的对应关系可用图 1-3 表示。

2. 文件系统阶段

20 世纪 50 年代后期到 60 年代中期,计算机的应用范围逐渐扩大,计算机不仅用于科学计算,而且还大量用于管理。这时硬件上已有了磁盘、磁鼓等直接存取存储设备;软件方面,操作系统中已经有了专门的数据管理软件,一般称为文件系统;处理方式上不仅有了文件批处理,而且能够联机实时处理。

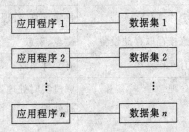

图 1-3 人工管理阶段应用程序与数据之间的对应关系

用文件系统管理数据具有如下特点:

(1) 数据可以长期保存。由于计算机大量用于数据处理,数据需要长期保留在外存上,反复进行查询、修改、插入和删除等操作。

(2) 由专门的软件即文件系统进行数据管理,程序和数据之间由软件提供的存取方法进行转换,使应用程序与数据之间有了一定的独立性,程序员可以不必过多地考虑物理细节,将精力集中于算法。而且数据在存储上的改变不一定反映在程序上,大大节省了维护程序的工作量。

(3) 数据共享性差。在文件系统中,一个文件基本上对应于一个应用程序,即文件仍然是面向应用的。当不同的应用程序具有部分相同的数据时,也必须建立各自的文件,而不能共享相同的数据,因此数据的冗余度大,浪费存储空间。同时由于相同数据的重复存储、各自管理,给数据的修改和维护带来了困难,容易造成数据的不一致性。

(4) 数据独立性低。文件系统中的文件是为某一特定应用服务的,文件的逻辑结构对该应用程序来说是优化的,因此要想对现有的数据再增加一些新的应用会很困难,系统不容易扩充。一旦数据的逻辑结构改变,必须修改应用程序,修改文件结构的定义。而应用程序的改变,例如,应用程序改用不同的高级语言等,也将引起文件的数据结构的改变。因此数据与程序之间仍缺乏独立性。可见,文件系统仍然是一个不具有弹性的无结构的数据集合,即文件之间是孤立的,不能反映现实世界事物之间的内在联系。

文件系统阶段应用程序与数据之间的关系如图 1-4 所示。

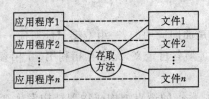

图 1-4 文件系统阶段应用程序与数据之间的对应关系

3. 数据库系统阶段

20 世纪 60 年代后期以来,计算机用于管理的规模更为庞大,应用越来越广泛,数据量急剧增长,同时多种应用、多种语言互相覆盖地共享数据集合的要求越来越强烈。这时硬件已有大容量磁盘,硬件价格下降,软件价格上升,为编制和维护系统软件及应用程序所需的成本相对增加;在处理方式上,联机实时处理要求更多,并开始提出和考虑分布处理。在这种背景下,以文件系统作为数据管理手段已经不能满足应用的需求,于是为解决多用户、多应用共享数据的需求,使数据为尽可能多的应用服务,就出现了数据库技术,出现了统一管理数据的专门软件系统——数据库管理系统。

用数据库系统来管理数据具有如下特点:

(1) 数据结构化

数据结构化是数据库与文件系统的根本区别。

在文件系统中,相互独立的文件的记录内部是有结构的。传统文件的最简单形式是等长同格式的记录集合。例如,一个学生人事记录文件,每个记录都有如图 1-5 的记录格式。

学生人事记录

学号	姓名	性别	系别	年龄	政治面貌	家庭出身	籍贯	家庭成员	奖惩情况

图 1-5

其中前 8 项数据是任何学生必须具有的而且基本上是等长的,而各个学生的后两项数据其信息量大小变化较大。如果采用等长记录形式存储学生数据,为了建立完整的学生档案文件,每个学生记录的长度必须等于信息量最多的记录的长度,因而会浪费大量的存储空间。所以最好是采用变长记录或主记录与详细记录相结合的形式建立文件。即将学生人事记录的前 8 项作为主记录,后两项作为详细记录,则每个记录有如图 1-6 记录格式,某个学生记录如图 1-7 所示。

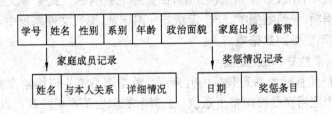

图 1-6

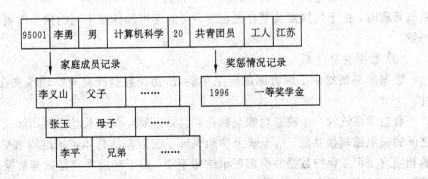

图 1-7

这样可以节省许多存储空间,灵活性也有相对提高。

但这样建立的文件仍有局限性,因为这种灵活性只对一个应用而言。一个学校或一个组织涉及许多应用,在数据库系统中不仅要考虑某个应用的数据结构,还要考虑整个组织的数据结构。例如,一个学校的管理信息系统中不仅要考虑学生的人事管理,还要考虑学籍管理、选课管理等,可按图1-8方式为该校的信息管理系统组织学生数据。

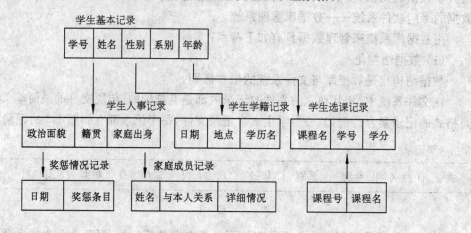

图 1-8

这种数据组织方式为各个管理提供必要的记录,使学校的学生数据结构化了。这就要求在描述数据时不仅要描述数据本身,还要描述数据之间的联系。文件系统尽管其记录内部已有了某些结构,但记录之间没有联系。数据库系统实现整体数据的结构化,这是数据库的主要特征之一,也是数据库系统与文件系统的本质区别。

在数据库系统中,不仅数据是结构化的,而且存取数据的方式也很灵活,可以存取数据库中的某一个数据项、一组数据项、一个记录或一组记录。而在文件系统中,数据的最小存取单位是记录,粒度不能细到数据项。

(2) 数据的共享性好,冗余度低

数据的共享程度直接关系到数据的冗余度。数据库系统从整体角度看待和描述数据,数据不再面向某个应用而是面向整个系统。上例中的学生基本记录就可以被多个应用共享使用。这样既可以大大减少数据冗余,节约存储空间,又能够避免数据之间的不相容性与不一致性。所谓数据的不一致性是指同一数据不同拷贝的值不一样。采用人工管理或文件系统管理时,由于数据被重复存储,当不同的应用和修改不同的拷贝时就易造成数据的不一致。

(3) 数据独立性高

数据库系统提供了两方面的映象功能,从而使数据既具有物理独立性,又有逻辑独立性。

数据库系统的一个映象功能是数据的总体逻辑结构与某类应用所涉及的局部逻辑结构之间的映象或转换功能。这一映象功能保证了当数据的总体逻辑结构改变时,通过对映象的相应改变可以保持数据的局部逻辑结构不变,由于应用程序是依据数据的局部逻辑结构编写的,所以应用程序不必修改。这就是数据与程序的逻辑独立性,简称数据的逻辑独立性。

数据库系统的另一个映象功能是数据的存储结构与逻辑结构之间的映象或转换功能。这一映象功能保证了当数据的存储结构(或物理结构)改变时,通过对映象的相应改变可以保持数据的逻辑结构不变,从而应用程序也不必改变。这就是数据与程序的物理独立性,简称数据的物理独立性。

数据与程序之间的独立性,使得可以把数据的定义和描述从应用程序中分离出去。另外,由于数据的存取由 DBMS 管理,用户不必考虑存取路径等细节,从而简化了应用程序的编制,大大减少了应用程序的维护和修改。

(4) 数据由 DBMS 统一管理和控制

由于对数据实行了统一管理,而且所管理的是有结构的数据,因此在使用数据时可以有很灵活的方式,可以取整体数据的各种合理子集用于不同的应用系统,而且当应用需求改变或增加时,只要重新选取不同子集或者加上一小部分数据,便可以有更多的用途,满足新的要求。因此使数据库系统弹性大,易于扩充。

除了管理功能以外,为了适应数据共享的环境,DBMS 还必须提供以下几方面的数据控制功能。

• 数据的安全性(security)

数据的安全性是指保护数据,防止不合法使用数据造成数据的泄密和破坏,使每个用户只能按规定对某些数据以某些方式进行访问和处理。

• 数据的完整性(integrity)

数据的完整性指数据的正确性、有效性和相容性。即将数据控制在有效的范围内,或要求数据之间满足一定的关系。

• 并发(concurrency)控制

当多个用户的并发进程同时存取、修改数据库时,可能会发生相互干扰而得到错误的结果,并使得数据库的完整性遭到破坏,因此必须对多用户的并发操作加以控制和协调。

• 数据库恢复(recovery)

计算机系统的硬件故障、软件故障、操作员的失误以及故意的破坏也会影响数据库中数据的正确性,甚至造成数据库部分或全部数据的丢失。DBMS 必须具有将数据库从错误状态恢复到某一已知的正确状态(也称为完整状态或一致状态)的功能,这就是数据库的恢复功能。

数据库管理阶段应用程序与数据之间的对应关系可用图 1-9 表示。

图 1-9　程序与数据的对应关系

综上所述,数据库是长期存储在计算机内有组织的大量的共享的数据集合。它可以供各种用户共享,具有最小冗余度和较高的数据独立性。DBMS 在数据库建立、运用和维护时对数据库进行统一控制,以保证数据的完整性、安全性,并在多用户同时使用数据库时进行并发控制,在发生故障后对系统进行恢复。

数据库系统的出现使信息系统的研制从以加工数据的程序为中心转向围绕共享的数据库来进行。这样既便于数据的集中管理,又有利于应用程序的研制和维护,提高了数据的利用率和相容性,提高了决策的可靠性。

数据库技术从 20 世纪 60 年代中期产生到今天仅仅 30 年的历史,但其发展速度之快,使用范围之广是其他技术所不及的。60 年代末出现了第一代数据库——网状数据库、层次数据库,70 年代出现了第二代数据库——关系数据库。目前关系数据库系统已逐渐淘汰了网状数据库和层次数据库,成为当今最为流行的商用数据库系统。而 80 年代出现的以面向对象模型为主要特征的数据库系统又在向关系数据库系统挑战。数据库技术与网络通信技术、人工智能技术、面向对象程序设计技术、并行计算技术等互相渗透、互相结合,成为当前数据库技术发展的主要特征。我们将在第 8 章中比较详细地介绍数据库技术的最新发展。

1.1.3 数据库技术的研究领域

目前虽然已有了一些比较成熟的数据库技术,但随着计算机硬件的发展和应用范围的扩大,数据库技术也需要不断向前发展,概括地讲,当前数据库学科主要的研究范围有以下三个领域。

1. 数据库管理系统软件的研制

数据库管理系统 DBMS 是数据库系统的基础。DBMS 的研制包括研制 DBMS 本身以及以 DBMS 为核心的一组相互联系的软件系统。研制的目标是扩大功能、提高性能和提高用户的生产率。

随着数据库应用领域的不断扩大,许多新的应用领域如自动控制、计算机辅助设计等要求数据库能够处理与传统数据类型不同的新的数据类型,例如,声音、图象等非格式化数据,面向对象的数据库系统、扩展的数据库系统、多媒体数据库系统等的兴起就是应这些新的需求和应用背景而产生的。

2. 数据库设计

数据库设计的主要任务是在 DBMS 的支持下,按照应用的要求,为某一部门或组织设计一个结构合理、使用方便、效率较高的数据库及其应用系统。其中主要的研究方向是数据库设计方法学和设计工具,包括数据库设计方法、设计工具和设计理论的研究,数据模型和数据建模的研究,计算机辅助数据库设计方法及其软件系统的研究,数据库设计规范和标准的研究等。

3. 数据库理论

数据库理论的研究主要集中于关系的规范化理论、关系数据理论等。近年来,随着人工智能与数据库理论的结合以及并行计算机的发展,数据库逻辑演绎和知识推理、并行算法等理论研究,以及演绎数据库系统、知识库系统和数据仓库的研制都已成为新的研究方向。

1.2 数据模型

数据库是某个企业、组织或部门所涉及的数据的一个综合,它不仅要反映数据本身的内容,而且要反映数据之间的联系。由于计算机不可能直接处理现实世界中的具体事物,所以人们必须事先把具体事物转换成计算机能够处理的数据。在数据库中用数据模型这个工具来抽象、表示和处理现实世界中的数据和信息。通俗地讲数据模型就是现实世界的模拟。

数据模型应满足三方面要求:一是能比较真实地模拟现实世界;二是容易为人所理解;三是便于在计算机上实现。一种数据模型要很好地满足这三方面的要求,在目前尚很困难。在数据库系统中针对不同的使用对象和应用目的,采用不同的数据模型。

不同的数据模型实际上是提供给我们模型化数据和信息的不同工具。根据模型应用的不同目的,可以将这些模型划分为两类,它们分属于两个不同的层次。第一类模型是概念模型,也称信息模型,它是按用户的观点对数据和信息建模。另一类模型是数据模型,主要包括网状模型、层次模型、关系模型等,它是按计算机系统的观点对数据建模。

本节首先介绍数据模型的共性——数据模型的组成要素,然后分别介绍两类不同的数据模型——概念模型和数据模型。

1.2.1 数据模型的要素

一般地讲,任何一种数据模型都是严格定义的概念的集合。这些概念必须能够精确地描述系统的静态特性、动态特性和完整性约束条件。因此数据模型通常都是由数据结构、数据操作和完整性约束三个要素组成。

1. 数据结构

数据结构用于描述系统的静态特性。

数据结构是所研究的对象类型(object type)的集合。这些对象是数据库的组成成分,它们包括两类,一类是与数据类型、内容、性质有关的对象,例如网状模型中的数据项、记录,关系模型中的域、属性、关系等;一类是与数据之间联系有关的对象,例如网状模型中的系型(set type)。

数据结构是刻画一个数据模型性质最重要的方面。因此在数据库系统中,人们通常按照其数据结构的类型来命名数据模型。例如,层次结构、网状结构和关系结构的数据模型分别命名为层次模型、网状模型和关系模型。

2. 数据操作

数据操作用于描述系统的动态特性。

数据操作是指对数据库中各种对象(型)的实例(值)允许执行的操作的集合,包括操作及有关的操作规则。数据库主要有检索和更新(包括插入、删除、修改)两大类操作。数据模型必须定义这些操作的确切含义、操作符号、操作规则(如优先级)以及实现操作的语言。

3. 数据的约束条件

数据的约束条件是一组完整性规则的集合。完整性规则是给定的数据模型中数据及其联系所具有的制约和依存规则,用以限定符合数据模型的数据库状态以及状态的变化,以保证数据的正确、有效和相容。

数据模型应该反映和规定本数据模型必须遵守的基本的通用的完整性约束条件。例如,在关系模型中,任何关系必须满足实体完整性和参照完整性两个条件(第 2 章将详细讨论这两个完整性约束条件)。

此外,数据模型还应该提供定义完整性约束条件的机制,以反映具体应用所涉及的数据必须遵守的特定的语义约束条件。例如,在学校的数据库中规定大学生年龄不得超过 29 岁,硕士研究生不得超过 38 岁,学生累计成绩不得有 3 门以上不及格等。

1.2.2 概念模型

数据模型是数据库系统的核心和基础。各种机器上实现的 DBMS 软件都是基于某种数据模型的。为了把现实世界中的具体事物抽象、组织为某一 DBMS 支持的数据模型,人们常常首先将现实世界抽象为信息世界,然后将信息世界转换为机器世界。也就是说,首先把现实世界中的客观对象抽象为某一种信息结构,这种信息结构并不依赖于具体的计算机系统,不是某一个 DBMS 支持的数据模型,而是概念级的模型;然后再把概念模型转换为计算机上某一 DBMS 支持的数据模型,这一过程如图 1-10 所示。不难看出,概念模型实际上是现实世界到机器世界的一个中间层次。

由于概念模型用于信息世界的建模,是现实世界到信息世界的第一层抽象,是用户与数据库设计人员之间进行交流的语言,因此概念模型一方面应该具有较强的语义表达能力,能够方便、直接地表达应用中的各种语义知识,另一方面它还应该简单、清晰、易于用户理解。

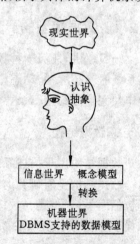

图 1-10 对象的抽象过程

1. 信息世界中的基本概念

信息世界涉及的概念主要有:

(1) 实体(entity)

客观存在并可相互区别的事物称为实体。实体可以是具体的人、事、物,也可以是抽象的概念或联系,例如,一个职工、一个学生、一个部门、一门课、学生的一次选课、部门的一次订货,老师与系的工作关系(即某位老师在某系工作)等都是实体。

(2) 属性(attribute)

实体所具有的某一特性称为属性。一个实体可以由若干个属性来刻画。例如,学生实体可以由学号、姓名、性别、出生年份、系、入学时间等属性组成(94002268,张山,男,1976,计算机系,1994)。这些属性组合起来表征了一个学生。

(3) 码(key)

唯一标识实体的属性集称为码。例如,学号是学生实体的码。

（4）域（domain）

属性的取值范围称为该属性的域。例如，学号的域为 8 位整数，姓名的域为字符串集合，年龄的域为小于 35 的整数，性别的域为（男，女）。

（5）实体型（entity type）

具有相同属性的实体必然具有共同的特征和性质。用实体名及其属性名集合来抽象和刻画同类实体，称为实体型。例如，学生（学号，姓名，性别，出生年份，系，入学时间）就是一个实体型。

（6）实体集（entity set）

同型实体的集合称为实体集。例如，全体学生就是一个实体集。

（7）联系（relationship）

在现实世界中，事务内部以及事务之间是有联系的，这些联系在信息世界中反映为实体内部的联系和实体之间的联系。实体内部的联系通常是指组成实体的各属性之间的联系。两个实体型之间的联系可以分为三类：

• 一对一联系（1：1）

如果对于实体集 A 中的每一个实体，实体集 B 中至多有一个实体与之联系，反之亦然，则称实体集 A 与实体集 B 具有一对一联系。记为 1：1。

例如，学校里面，一个班级只有一个正班长，而一个班长只在一个班中任职，则班级与班长之间具有一对一联系。

• 一对多联系（1：n）

如果对于实体集 A 中的每一个实体，实体集 B 中有 n 个实体（$n \geqslant 0$）与之联系，反之，对于实体集 B 中的每一个实体，实体集 A 中至多只有一个实体与之联系，则称实体集 A 与实体集 B 有一对多联系。记为 1：n。

例如，一个班级中有若干名学生，而每个学生只在一个班级中学习，则班级与学生之间具有一对多联系。

• 多对多联系（m：n）

如果对于实体集 A 中的每一个实体，实体集 B 中有 n 个实体（$n \geqslant 0$）与之联系，反之，对于实体集 B 中的每一个实体，实体集 A 中也有 m 个实体（$m \geqslant 0$）与之联系，则称实体集 A 与实体集 B 具有多对多联系。记为 m：n。

例如，一门课程同时有若干个学生选修，而一个学生可以同时选修多门课程，则课程与学生之间具有多对多联系。

实际上，一对一联系是一对多联系的特例，而一对多联系又是多对多联系的特例，它们之间的关系如图 1-11 所示。

实体型之间的这种一对一、一对多、多对多联系不仅存在于两个实体型之间，也存在于两个以上的实体型之间。

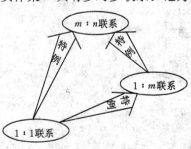

图 1-11　三类联系之间的关系

若实体集 $E_1, E_2, \cdots, E_n$ 存在联系，对于实体集 $E_j (j=1, 2, \cdots, i-1, i+1, \cdots, n)$ 中的给定实体，最多只和 E_i 中的一个实体相联系，则我们说 E_i 与 $E_1, E_2, \cdots, E_{i-1}, E_{i+1}, \cdots, E_n$ 之间

的联系是一对多的。例如,对于课程、教师与参考书三个实体型,如果一门课程可以有若干个教师讲授,使用若干本参考书,而每一个教师只讲授一门课程,每一本参考书只供一门课程使用,则课程与教师、参考书之间的联系是一对多的。

多实体型之间一对一、多对多联系的定义及其例子请读者自行给出。

同一个实体集内的各实体之间也可以存在一对一、一对多、多对多的联系。例如,学生实体集内部具有领导与被领导的联系,即某一学生(班干部)"领导"若干名学生,而一个学生仅被另外一个学生直接领导,因此这是一对多的联系

2. 概念模型的表示方法

概念模型是对信息世界建模,所以概念模型应该能够方便、准确地表示出上述信息世界中的常用概念。概念模型的表示方法很多,其中最为常用的是 P. P. S. Chen 于 1976 年提出的实体—联系方法(entity-relationship approach)。该方法用 E-R 图来描述现实世界的概念模型。

E-R 图提供了表示实体型、属性和联系的方法。

- 实体型:用矩形表示,矩形框内写明实体名。
- 属性:用椭圆形表示,并用无向边将其与相应的实体连接起来。
- 联系:用菱形表示,菱形框内写明联系名,并用无向边分别与有关实体连接起来,同时在无向边旁标上联系的类型($1:1,1:n$ 或 $m:n$)。

需要注意的是,联系本身也是一种实体型,也可以有属性。如果一个联系具有属性,则这些属性也要用无向边与该联系连接起来。

图 1-12 用 E-R 图描述了上面有关两个实体型之间的三类联系、3 个实体型之间的一对多联系和一个实体型内部的一对多联系的例子。

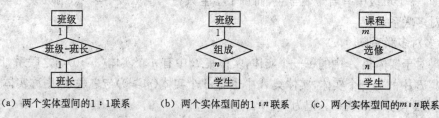

(a) 两个实体型间的 $1:1$ 联系　　(b) 两个实体型间的 $1:n$ 联系　　(c) 两个实体型间的 $m:n$ 联系

(d) 三个实体型间的 $1:n$ 联系　　(e) 同一实体型间的 $1:n$ 联系

图 1-12　实体型之间及实体型的联系

假设上面的 5 个实体型即学生、班级、课程、教师、参考书分别具有下列属性:

学生:学号、姓名、性别、年龄

班级:班级编号、所属专业系

课程：课程号、课程名、学分

教师：职工号、姓名、性别、年龄、职称

参考书：书号、书名、内容提要、价格

这 5 个实体的属性用E-R图表示，如图 1-13(a)所示。这 5 个实体之间的联系可以用E-R图表示，如图 1-13(b)所示。注意，选修和班级两个联系又都分别具有各自的属性。

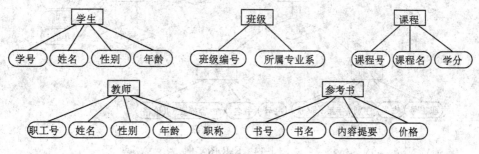

(a) 实体及其属性图

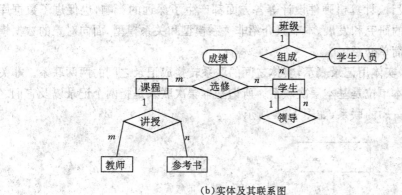

(b)实体及其联系图

图 1-13　E-R 图实例

将图 1-13(a)与(b)合并在一起(图 1-14)就是一个完整的关于学校课程管理的概念模型了。但在实际当中，在一个概念模型中涉及的实体和实体的属性较多时，为了清晰起见，往往采用图 1-13 的方法，将实体及其属性与实体及其联系分别用两张 E-R 图表示。

实体－联系方法(E-R 方法)是抽象和描述现实世界的有力工具。用 E-R 图表示的概念模型独立于具体的 DBMS 所支持的数据模型，它是各种数据模型的共同基础，因而比数据模型更一般、更抽象、更接近现实世界。

1.2.3　数据模型

不同的数据模型具有不同的数据结构形式。目前最常用的数据模型有层次模型(hierarchical model)、网状模型(network model)和关系模型(relational model)。其中层次模型和网状模型统称为非关系模型。非关系模型的数据库系统在 20 世纪 70 年代与 80 年代初非常流行，在数据库系统产品中占据了主导地位，现在已逐渐被关系模型的数据库系统取代，但在美国等一些国家里，由于历史遗留下来的原因，目前网状数据库系统的用户数仍很多。

20 世纪 80 年代以来，面向对象的方法和技术在计算机各个领域，包括程序设计语言、

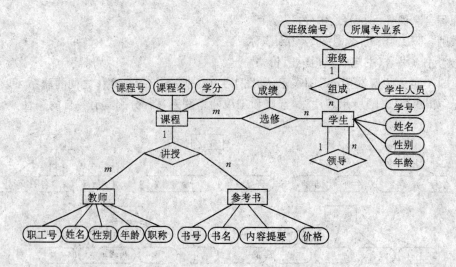

图 1-14　E-R 图实例

软件工程、信息系统设计、计算机硬件设计等各方面都产生了深远的影响,也促进了数据库中面向对象数据模型的研究和发展。本节只介绍非关系模型和关系模型,面向对象的数据模型将在第 8 章中作一简单介绍。

在非关系模型中,实体用记录表示,实体之间的联系转换成记录之间的两两联系。非关系模型数据结构的基本单位是基本层次联系。所谓基本层次联系是指两个记录以及它们之间的一对多(包括一对一)的联系,如图 1-15 所示。

图 1-15　基本层次联系

图中 R_i 位于联系 L_{ij} 的始点,称为双亲结点(parent),R_j 位于联系 L_{ij} 的终点,称为子女结点(child)。

1.2.3.1　层次数据模型

层次模型是数据库系统中最早出现的数据模型,它用树形结构表示各类实体以及实体间的联系。现实世界中许多实体之间的联系本来就呈现出一种很自然的层次关系,如行政机构、家族关系等。层次模型数据库系统的典型代表是 IBM 公司的 IMS(imformation management systems)数据库管理系统,这是一个曾经广泛使用的数据库管理系统。

1. 层次数据模型的数据结构

1) 层次模型的基本结构

按照树的定义,层次模型有以下两个限制:

- 只有一个结点没有双亲结点,称之为根结点;

- 根以外的其他结点有且只有一个双亲结点。

这就使得层次数据库系统只能处理一对多的实体关系。

在层次模型中,每个结点表示一个记录类型,结点之间的连线表示记录类型间的联系,这种联系只能是父子联系。每个记录类型可包含若干个字段,这里,记录类型描述的是实体,字段描述实体的属性。各个记录类型及其字段都必须命名。各个记录类型、同一记录类型中各个字段不能同名。每个记录类型可以定义一个排序字段,也称为码字段,如果定义该排序字段的值是唯一的,则它能唯一地标识一个记录值。一个层次模型在理论上可以包含任意有限个记录类型和字段,但任何实际的系统都会因为存储容量或其他原因而限制层次模型中包含的记录类型和字段的个数。

层次模型的另一个最基本的特点是,任何一个给定的记录值只有按其路径查看时,才能显出它的全部意义,没有一个子女记录值能够脱离双亲记录值而独立存在。

图 1-16 给出了一个层次模型的简单例子:

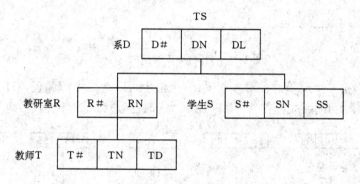

图 1-16 TS 数据库模型

该层次数据库 TS 具有 4 个记录类型。记录类型 D(系)是根结点,由字段 D#(系编号)、DN(系名)、DL(系办公地点)组成,它有两个子女结点:R 和 S。记录类型 R(教研室)是 D 的子女结点,同时又是 T 的双亲结点,它由 R#(教研室编号)、RN(教研室名)两个字段组成。记录类型 S(学生)由 S#(学号)、SN(姓名)、SS(成绩)3 个字段组成。记录 T(教师)由 T#(职工号)、TN(姓名)、TD(研究方向)3 个字段组成。S 与 T 是叶结点,它们没有子女结点。由 D 到 R、由 R 到 T、由 D 到 S 均是一对多的联系。

图 1-17 是图 1-16 数据模型对应的一个值。该值是 D02 系(计算机科学系)记录值及其所有后代记录值组成的一棵树。D02 系有 3 个教研室子女记录值:R01,R02,R03 和 3 个学生记录值:S63871,S63874,S63876。教研室 R01 有 3 个教师记录值:E2101,E1709,E3501;教研室 R03 有两个教师子女记录值:E1101,E3102。

2) 多对多联系在层次模型中的表示

前面已经说过,层次数据模型只能直接表示一对多(包括一对一)的联系,那么另一种常见联系——多对多联系——能否在层次模型中表示出来呢?答案是肯定的,否则层次模型就无法真正反映现实世界了。但是用层次模型表示多对多联系,必须首先将其分解成一对多联系。分解方法有两种:冗余结点法和虚拟结点法。下面用一个例子来说明这两种分解方法。

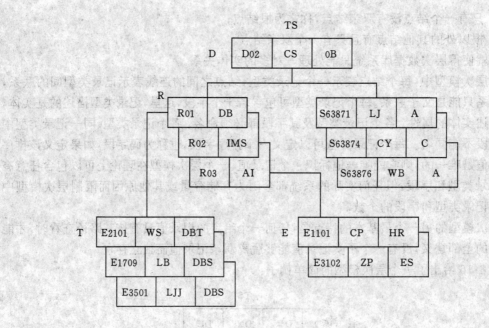

图 1-17　TS 数据库模型的一个值

图 1-18(a)是一个简单的多对多联系:一个学生可以选修多门课程,一门课程可由多个学生选修。S(学生)的字段同前,C(课程)由 C#(课程号)和 CN(课程名)两字段组成。

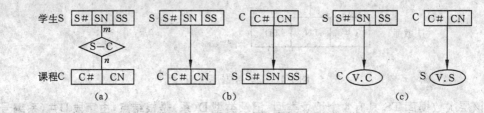

图 1-18　用层次模型表示多对多联系

图 1-18(b)采用冗余结点法,即通过增设两个冗余结点将图 1-18(a)的多对多联系转换成两个一对多联系,图 1-18(c)采用虚拟结点的分解方法,即将(b)中的冗余结点转换为虚拟结点,所谓虚拟结点就是一个指引元,指向所替代的结点。

冗余结点法的优点是结构清晰,允许结点改变存储位置,缺点是需要额外占用存储空间,有潜在的不一致性。虚拟结点法的优点是减少对存储空间的浪费,避免产生潜在的不一致性,缺点是结点改变存储位置可能引起虚拟结点中指针的修改。

3)其他非树形结构在层次模型中的表示

其他非树形结构也可以在层次模型中表示,当然必须首先转换成树形结构,转换方法与上面类似,分为冗余结点法和虚拟结点法,这里就不再详细介绍了。

2. 层次数据模型的操纵与完整性约束

层次数据模型的操纵主要有查询、插入、删除和更新。进行插入、删除、更新操作时要满足层次模型的完整性约束条件。

进行插入操作时,如果没有相应的双亲结点值就不能插入子女结点值。例如,在图 1-17 的层次模型中,若新调入一名教师,但尚未分配到某个教研室,这时就不能将新教师插入到数据库中。

进行删除操作时,如果删除双亲结点值,则相应的子女结点值也被同时删除。例如,在图 1-17 的层次模型中,若删除 DB 教研室,则该教研室所有老师的数据将全部丢失。

进行更新操作时,应更新所有相应记录,以保证数据的一致性。例如,在图 1-18(b)的层次模型中,如果一个学生要改姓名,则两处学生记录值的 SN 字段都必须更新。

3. 层次数据模型的存储结构

存储层次数据库不仅要存储数据本身,还要反映出数据之间的层次联系,实现方法有两种。

1) 邻接法:按照层次树前序穿越的顺序把所有记录值依次邻接存放,即通过物理空间的位置相邻来实现层次顺序。例如对于图 1-18 的数据库按邻接法应按如图 1-19 所示存放(为简单起见,仅用记录值的第一个字段来代表该记录值):

D02	R01	E2101	E1709	E3501	R02	R03	E1101	E3102	S63871	S63874	S63876

图 1-19 邻接法

2) 链接法:用指引元反映数据之间的层次联系,如图 1-20 所示。其中图 1-20(a)中每个记录设两类指引元,分别指向最左边的子女(每个记录型对应一个)和最近的兄弟,这种链接方法称为子女-兄弟链接法;图 1-20(b)是按树的前序穿越顺序链接各记录值,这种链接方法称为层次序列链接法。

4. 层次数据模型的优缺点

层次数据模型的优点主要有:
- 层次数据模型本身比较简单,只需很少几条命令就能操纵数据库,比较容易使用。
- 对于实体间联系是固定的,且预先定义好的应用系统,采用层次模型来实现,其性能优于关系模型,不次于网状模型。
- 层次数据模型提供了良好的完整性支持。

层次数据模型的缺点主要有:
- 现实世界中很多联系是非层次性的,如多对多联系、一个结点具有多个双亲等,层次模型表示这类联系的方法很笨拙,只能通过引入冗余数据(易产生不一致性)或创建非自然的数据组织(引入虚拟结点)来解决。
- 对插入和删除操作的限制比较多。
- 查询子女结点必须通过双亲结点。
- 由于结构严密,层次命令趋于程序化。

1.2.3.2 网状数据模型

自然界中实体型间的联系更多的是非层次关系,用层次模型表示非树形结构是很不直

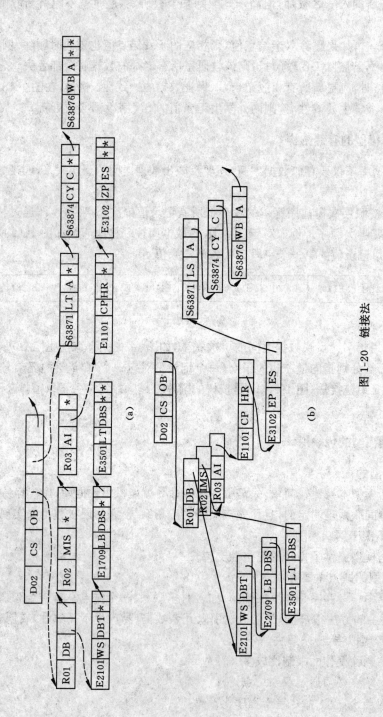

图 1-20 链接法

接的,网状模型则可以克服这一弊病。网状数据模型的典型代表是 DBTG 系统,也称 CO-DASYL 系统。这是 20 世纪 70 年代数据系统语言研究会 CODASYL(Conference On Data Systems Language)下属的数据库任务组(Data Base Task Group 简称 DBTG)提出的一个系统方案。

1. 网状数据模型的数据结构

网状数据模型是一种比层次模型更具普遍性的结构,它去掉了层次模型的两个限制,允许多个结点没有双亲结点,允许结点有多个双亲结点,此外它还允许两个结点之间有多种联系(称之为复合联系)。因此网状数据模型可以更直接地描述现实世界。而层次结构实际上是网状结构的一个特例。

与层次模型一样,网状模型中也是每个结点表示一个记录类型(实体),每个记录类型可包含若干个字段(实体的属性),结点间的连线表示记录类型(实体)之间的父子联系。

网状数据结构可以有很多种,如图 1-21 所示。其中(a)是一个简单网状结构,其记录类型之间都是 $1:n$ 的联系。(b)是一个复杂网状结构,学生与课程之间是 $m:n$ 的联系,一个学生可以选修多门课程,一门课程可以由多个学生选修。(c)是一个简单环形网状结构,每个父亲可以有多个已为人父的儿子,而这些已为人父的儿子却只有一个父亲($1:n$)。(d)是一个复杂环形网状结构,每个子女都可以有多个子女,而这多个子女中的每一个都可以再有多个子女($m:n$)。(e)中人和树的关系有多种。(f)中既有父母到子女的联系,又有子女到父母的联系。有些网状数据库系统只能处理部分类型的网状数据结构,这时就需要将其他类型的结构分解或转换成它所能处理的结构。

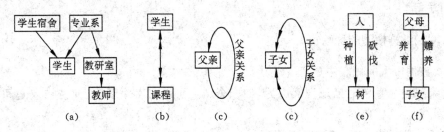

图 1-21　网状数据结构

下面以图 1-21(b)中的学生选课为例,看一看网状数据库是怎样用网状模型来组织数据的(图 1-22)。

2. 网状数据模型的操纵与完整性约束

网状数据模型的操纵主要包括查询、插入、删除和更新数据。

插入操作允许插入尚未确定双亲结点值的子女结点值。例如图 1-21(a)中可增加一名尚未分配到某个教研室的新教师,也可增加一些刚来报到,还未分配宿舍的学生。

删除操作允许只删除双亲结点值。例如图 1-21(a)中可删除一个教研室,而该教研室所有教师的信息仍保留在数据库中。

由于网状模型可以直接表示非树形结构,而无需像层次模型那样增加冗余结点,因此做更新操作时只需更新指定记录即可。

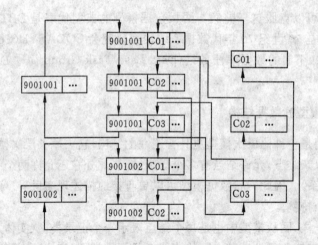

图 1-22 学生/选课/课程的网状数据库实例

查询操作可以有多种方法,可根据具体情况选用。

可见,网状数据模型没有层次模型那样严格的完整性约束条件,但具体的网状数据库系统(如 DBTG)对数据操纵还是加了一些限制,提供了一定的完整性约束。

3. 网状数据模型的存储结构

网状数据模型的存储结构依具体系统不同而不同,常用的方法是链接法,包括单向链接、双向链接、环状链接、向首链接等,此外还有其他实现方法,如指引元阵列法、二进制阵列法、索引法等。

4. 网状数据模型的优缺点

网状数据模型的优点主要有:

· 能够更为直接地描述现实世界,如一个结点可以有多个双亲、允许结点之间为多对多的联系等。

· 具有良好的性能,存取效率较高。

网状数据模型的缺点主要有:

· 其 DDL 语言极其复杂。

· 数据独立性较差。由于实体间的联系本质上是通过存取路径指示的,因此应用程序在访问数据时要指定存取路径。

1.2.3.3 关系数据模型

关系模型是目前最重要的一种模型。美国 IBM 公司的研究员 E. F. Codd 于 1970 年发表题为"大型共享系统的关系数据库的关系模型"的论文,文中首次提出了数据库系统的关系模型。20 世纪 80 年代以来,计算机厂商新推出的数据库管理系统(DBMS)几乎都支持关系模型,非关系系统的产品也大都加上了关系接口。数据库领域当前的研究工作都是以关系方法为基础。本书的重点也将放在关系数据模型上。这里只简单勾画一下关系模型,第 2,3,4 章将对其进行详细介绍。

1. 关系数据模型的数据结构

在用户看来,一个关系模型的逻辑结构是一张二维表,它由行和列组成。例如,图 1-23 中的学生人事记录就是一个关系模型,它涉及下列概念。

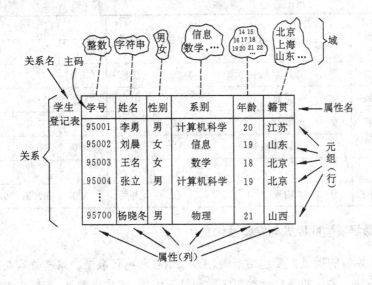

图 1-23　关系的结构

关系:对应通常说的表,如图 1-23 中的这张学生人事记录表;

元组:图中的一行即为一个元组,如图 1-23 有 94 行,也就有 94 个元组;

属性:图中的一列即为一个属性,如图 1-23 有 6 列,对应 6 个属性(学号,姓名,性别,系别,年龄和籍贯);

主码(key):图中的某个属性组,它可以唯一确定一个元组,如图 1-23 中的学号,按照学生学号的编排方法,每个学生的学号都不相同,所以它可以唯一确定一个学生,也就成为本关系的码;

域(domain):属性的取值范围,如人的年龄一般在 1 岁~150 岁之间。图 1-23 中学生年龄属性的域应是(14~38),性别的域是(男,女),系别的域是一个学校所有系名的集合;

分量:元组中的一个属性值;

关系模式:对关系的描述,一般表示为:

关系名(属性 1,属性 2,…,属性 n)

例如,上面的关系可描述为:

学生(学号,姓名,性别,系别,年龄,籍贯)

在关系模型中,实体以及实体间的联系都是用关系来表示的。例如,学生、课程、学生与课程之间的多对多联系在关系模型中可以表示如下:

学生(学号,姓名,性别,系别,年龄,籍贯)

课程(课程号,课程名,学分)

选修(学号,课程号,成绩)

关系模型要求关系必须是规范化的,即要求关系模式必须满足一定的规范条件,这些规范条件中最基本的一条就是,关系的每一个分量必须是一个不可分的数据项,也就是说,不允许表中还有表,因此表 1-2 就不符合要求。表 1-2 中,成绩被分为英语、数学、数据库等多项,这相当于大表中还有一张小表(关于成绩的表)。

表 1-2

学号	姓名	性别	系别	年龄	籍贯	成绩			
						英语	数学	...	数据库
95001	李勇	男	计算机科学	20	江苏	83.0	78.0	...	90.0
95002	刘晨	女	信息	19	山东	77.0	78.0	...	85.5
95003	王名	女	数学	18	北京	80.0	90.0	...	79.0
95004	张立	男	计算机科学	19	北京	80.0	90.0	...	79.0
⋮	⋮	⋮	⋮	⋮	⋮	⋮	⋮	⋮	⋮
95700	杨晓冬	男	物理	21	山西	88.0	92.5	...	95.0

2. 关系数据模型的操纵与完整性约束

关系数据模型的操纵主要包括查询、插入、删除和更新数据。这些操作必须满足关系的完整性约束条件。关系的完整性约束条件包括三大类:实体完整性、参照完整性和用户定义的完整性。其具体含义将在后面介绍。

关系模型中的数据操作是集合操作,操作对象和操作结果都是关系,即若干元组的集合,而不像非关系模型中那样是单记录的操作方式。另一方面,关系模型把存取路径向用户隐蔽起来,用户只要指出"干什么"或"找什么",不必详细说明"怎么干"或"怎么找",从而大大地提高了数据的独立性,提高了用户的生产率。

3. 关系数据模型的存储结构

关系数据模型中,实体及实体间的联系都用表来表示。在数据库的物理组织中,表以文件形式存储,每一个表通常对应一种文件结构。

4. 关系数据模型的优缺点

关系数据模型具有下列优点:

· 关系模型与非关系模型不同,它是建立在严格的数学概念的基础上的。

· 关系模型的概念单一。无论实体还是实体之间的联系都用关系来表示。对数据的检索结果也是关系(即表)。所以其数据结构简单、清晰,用户易懂易用。

· 关系模型的存取路径对用户透明,从而具有更高的数据独立性,更好的安全保密性,也简化了程序员的工作和数据库开发建立的工作。

所以关系数据模型诞生以后发展迅速,深受用户的喜爱。

当然,关系数据模型也有缺点,其中最主要的缺点是,由于存取路径对用户透明,查询效率往往不如非关系数据模型。因此,为了提高性能,必须对用户的查询请求进行优化,增加了开发数据库管理系统的负担。

1.3 数据库系统结构

考查数据库系统的结构可以从多种不同的角度查看。从数据库管理系统角度看，数据库系统通常采用三级模式结构；从数据库最终用户角度看，数据库系统的结构分为单用户结构、主从式结构、分布式结构和客户/服务器结构。1.3.1节中介绍数据库系统的模式结构，1.3.2节中介绍数据库系统的单用户结构、主从式结构、分布式结构和客户/服务器结构。

1.3.1 数据库系统的模式结构

在数据模型中有"型"(type)和"值"(value)的概念。型是指对某一类数据的结构和属性的说明，值是型的一个具体赋值。例如，学生人事记录定义为(学号，姓名，性别，系别，年龄，籍贯)这样的记录型，而(900201，李明，男，计算机，22，江苏)则是该记录型的一个记录值。

模式(schema)是数据库中全体数据的逻辑结构和特征的描述，它仅仅涉及到型的描述，不涉及到具体的值。模式的一个具体值称为模式的一个实例(instance)。同一个模式可以有很多实例。模式是相对稳定的，而实例是相对变动的。模式反映的是数据的结构及其关系，而实例反映的是数据库某一时刻的状态。

虽然实际的数据库系统软件产品种类很多，它们支持不同的数据模型，使用不同的数据库语言，建立在不同的操作系统之上，数据的存储结构也各不相同，但从数据库管理系统角度看，它们在体系结构上通常都具有相同的特征，即采用三级模式结构(微机上的个别小型数据库系统除外)，并提供两级映象功能。

1. 数据库系统的三级模式结构

数据库系统的三级模式结构是指数据库系统是由外模式、模式和内模式三级构成，如图1-24所示。

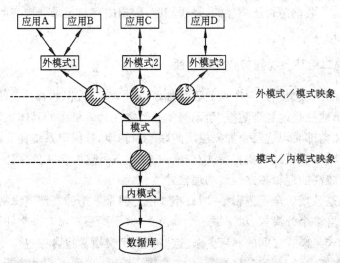

图 1-24 数据库系统的模式结构

1) 模式

模式也称逻辑模式,是数据库中全体数据的逻辑结构和特征的描述,是所有用户的公共数据视图。它是数据库系统模式结构的中间层,不涉及数据的物理存储细节和硬件环境,与具体的应用程序,与所使用的应用开发工具及高级程序设计语言(如 C,COBOL,FOR-TRAN)无关。

实际上模式是数据库数据在逻辑级上的视图。一个数据库只有一个模式。数据库模式以某一种数据模型为基础,统一综合地考虑了所有用户的需求,并将这些需求有机地结合成一个逻辑整体。定义模式时不仅要定义数据的逻辑结构,例如,数据记录由哪些数据项构成,数据项的名字、类型、取值范围等,而且要定义与数据有关的安全性、完整性要求,定义这些数据之间的联系。

2) 外模式

外模式也称子模式或用户模式,它是数据库用户(包括应用程序员和最终用户)看见和使用的局部数据的逻辑结构和特征的描述,是数据库用户的数据视图,是与某一应用有关的数据的逻辑表示。

外模式通常是模式的子集。一个数据库可以有多个外模式。由于它是各个用户的数据视图,如果不同的用户在应用需求、看待数据的方式、对数据保密的要求等方面存在差异,则他们的外模式描述就是不同的。即使对模式中同一数据,在外模式中的结构、类型、长度、保密级别等都可以不同。另一方面,同一外模式也可以为某一用户的多个应用系统所使用,但一个应用程序只能使用一个外模式。

外模式是保证数据库安全性的一个有力措施。每个用户只能看见和访问所对应的外模式中的数据,数据库中的其余数据对他们来说是不可见的。

3) 内模式

内模式也称存储模式,它是数据物理结构和存储结构的描述,是数据在数据库内部的表示方式。例如,记录的存储方式是顺序存储、按照 B 树结构存储还是按 hash 方法存储;索引按照什么方式组织;数据是否压缩存储,是否加密;数据的存储记录结构有何规定等。一个数据库只有一个内模式。

2. 数据库的二级映象功能与数据独立性

数据库系统的三级模式是对数据的三个抽象级别,它把数据的具体组织留给 DBMS 管理,使用户能逻辑地抽象地处理数据,而不必关心数据在计算机中的具体表示方式与存储方式。而为了能够在内部实现这三个抽象层次的联系和转换,数据库系统在这三级模式之间提供了两层映象:外模式/模式映象和模式/内模式映象。正是这两层映象保证了数据库系统中的数据能够具有较高的逻辑独立性和物理独立性。

模式描述的是数据的全局逻辑结构,外模式描述的是数据的局部逻辑结构。对应于同一个模式可以有任意多个外模式。对于每一个外模式,数据库系统都有一个外模式/模式映象,它定义了该外模式与模式之间的对应关系。这些映象定义通常包含在各自外模式的描述中。当模式改变时(例如,增加新的数据类型、新的数据项、新的关系等),由数据库管理员对各个外模式/模式的映象作相应改变,可以使外模式保持不变,从而应用程序不必修改,保证了数据的逻辑独立性。

数据库中只有一个模式,也只有一个内模式,所以模式/内模式映象是唯一的,它定义了数据全局逻辑结构与存储结构之间的对应关系。例如,说明逻辑记录和字段在内部是如何表示的。该映象定义通常包含在模式描述中。当数据库的存储结构改变了(例如,采用了更先进的存储结构),由数据库管理员对模式/内模式映象作相应改变,可以使模式保持不变,从而保证了数据的物理独立性。

3. 小结

在数据库的三级模式结构中,数据库模式即全局逻辑结构是数据库的中心与关键,它独立于数据库的其他层次。因此设计数据库模式结构时应首先确定数据库的逻辑模式。

数据库的内模式依赖于它的全局逻辑结构,但独立于数据库的用户视图即外模式,也独立于具体的存储设备。它是将全局逻辑结构中所定义的数据结构及其联系按照一定的物理存储策略进行组织,以达到较好的时间与空间效率。

数据库的外模式面向具体的应用程序,它定义在逻辑模式之上,但独立于存储模式和存储设备。当应用需求发生较大变化,相应外模式不能满足其视图要求时,该外模式就得做相应改动,所以设计外模式时应充分考虑到应用的扩充性。

特定的应用程序是在外模式描述的数据结构上编制的,它依赖于特定的外模式,与数据库的模式和存储结构独立。不同的应用程序有时可以共用同一个外模式。数据库的二级映象保证了数据库外模式的稳定性,从而从底层保证了应用程序的稳定性,除非应用需求本身发生变化,否则应用程序一般不需要修改。

1.3.2 数据库系统的体系结构

从数据库管理系统角度来看,数据库系统是一个三级模式结构,但数据库的这种模式结构对最终用户和程序员是透明的,他们见到的仅是数据库的外模式和应用程序。从最终用户角度来看,数据库系统分为单用户结构、主从式结构、分布式结构和客户/服务器结构。

1. 单用户数据库系统

单用户数据库系统(图 1-25)是一种早期的最简单的数据库系统。在单用户系统中,整个数据库系统,包括应用程序、DBMS、数据,都装在一台计算机上,由一个用户独占,不同机器之间不能共享数据。

例如,一个企业的各个部门都使用本部门的机器来管理本部门的数据,各个部门的机器

图 1-25 单用户数据库系统

是独立的。由于不同部门之间不能共享数据,因此企业内部存在大量的冗余数据。例如,人事部门、会计部门、技术部门必须重复存放每一名职工的一些基本信息(职工号、姓名等)。

2. 主从式结构的数据库系统

主从式结构是指一个主机带多个终端的多用户结构。在这种结构中,数据库系统,包括应用程序、DBMS、数据,都集中存放在主机上,所有处理任务都由主机来完成,各个用户通过主机的终端并发地存取数据库,共享数据资源,如图 1-26 所示。

主从式结构的优点是简单,数据易于管理与维护。缺点是当终端用户数目增加到一定程度后,主机的任务会过分繁重,成为瓶颈,从而使系统性能大幅度下降。另外当主机出现故障时,整个系统都不能使用,因此系统的可靠性不高。

3. 分布式结构的数据库系统

分布式结构的数据库系统是指数据库中的数据在逻辑上是一个整体,但物理地分布在计算机网络的不同结点上。如图 1-27 所示。网络中的每个结点都可以独立处理本地数据库中的数据,执行局部应用;同时也可以同时存取和处理多个异地数据库中的数据,执行全局应用。

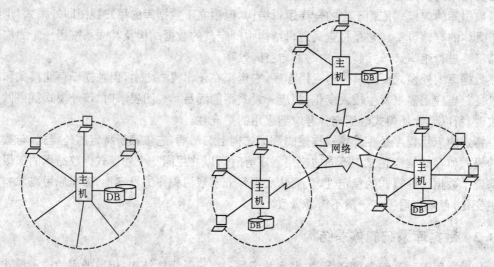

图 1-26　主从式数据库系统　　　　　　　图 1-27　分布式数据库系统

分布式结构的数据库系统是计算机网络发展的必然产物,它适应了地理上分散的公司、团体和组织对于数据库应用的需求。但数据的分布存放,给数据的处理、管理与维护带来困难。此外,当用户需要经常访问远程数据时,系统效率会明显地受到网络交通的制约。

4. 客户/服务器结构的数据库系统

主从式数据库系统中的主机和分布式数据库系统中的每个结点机是一个通用计算机,既执行 DBMS 功能又执行应用程序。随着工作站功能的增强和广泛使用,人们开始把 DBMS 功能和应用分开,网络中某个(些)结点上的计算机专门用于执行 DBMS 功能,称为数据库服务器,简称服务器,其他结点上的计算机安装 DBMS 的外围应用开发工具,支持用户的应用,称为客户机,这就是客户/服务器结构的数据库系统。

在客户/服务器结构中,客户端的用户请求被传送到数据库服务器,数据库服务器进行处理后,只将结果返回给用户(而不是整个数据),从而显著减少了网络上的数据传输量,提高了系统的性能、吞吐量和负载能力。

另一方面,客户/服务器结构的数据库往往更加开放。客户与服务器一般都能在多种不同的硬件和软件平台上运行,可以使用不同厂商的数据库应用开发工具,应用程序具有更强的可移植性,同时也可以减少软件维护开销。

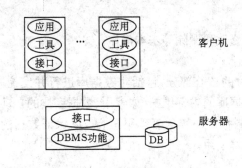

客户机

服务器

图 1-28　集中的服务器结构

客户/服务器数据库系统可以分为集中的服务器结构（图 1-28）和分布的服务器结构（1-29）。前者在网络中仅有一台数据库服务器，而客户服务器是多台。后者在网络中有多台数据库服务器。分布的服务器结构是客户/服务器与分布式数据库的结合。

与主从式结构相似，在集中的服务器结构中，一个数据库服务器要为众多的客户服务，往往容易成为瓶颈，制约系统的性能。

　　与分布式结构相似，在分布的服务器结构中，数据分布在不同的服务器上，从而给数据的处理、管理与维护带来困难。

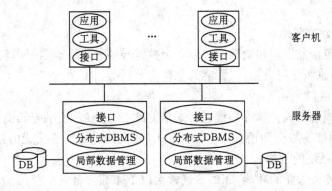

客户机

服务器

图 1-29　分布的服务器结构

1.4　数据库管理系统

　　数据库管理系统是数据库系统的核心，是为数据库的建立、使用和维护而配置的软件。它建立在操作系统的基础上，是位于操作系统与用户之间的一层数据管理软件，负责对数据库进行统一的管理和控制。用户发出的或应用程序中的各种操作数据库中数据的命令，都要通过数据库管理系统来执行。数据库管理系统还承担着数据库的维护工作，能够按照数据库管理员所规定的要求，保证数据库的安全性和完整性。

1.4.1　数据库管理系统的功能与组成

　　由于不同 DBMS 要求的硬件资源、软件环境是不同的，因此其功能与性能也存在差异，但一般说来，DBMS 的功能主要包括以下 6 个方面。

　　1. 数据定义

　　数据定义包括定义构成数据库结构的模式、存储模式和外模式，定义各个外模式与模式之间的映射，定义模式与存储模式之间的映射，定义有关的约束条件，例如，为保证数据库中数据具有正确语义而定义的完整性规则、为保证数据库安全而定义的用户口令和存取权限等。

2. 数据操纵

数据操纵包括对数据库数据的检索、插入、修改和删除等基本操作。

3. 数据库运行管理

对数据库的运行进行管理是 DBMS 运行时的核心部分,包括对数据库进行并发控制、安全性检查、完整性约束条件的检查和执行、数据库的内部维护(如索引、数据字典的自动维护)等。所有访问数据库的操作都要在这些控制程序的统一管理下进行,以保证数据的安全性、完整性、一致性以及多用户对数据库的并发使用。

4. 数据组织、存储和管理

数据库中需要存放多种数据,如数据字典、用户数据、存取路径等,DBMS 负责分门别类地组织、存储和管理这些数据,确定以何种文件结构和存取方式物理地组织这些数据,如何实现数据之间的联系,以便提高存储空间利用率以及提高随机查找、顺序查找、增、删、改等操作的时间效率。

5. 数据库的建立和维护

建立数据库包括数据库初始数据的输入与数据转换等。维护数据库包括数据库的转储与恢复、数据库的重组织与重构造、性能的监视与分析等。

6. 数据通信接口

DBMS 需要提供与其他软件系统进行通信的功能。例如,提供与其他 DBMS 或文件系统的接口,从而能够将数据转换为另一个 DBMS 或文件系统能够接受的格式,或者接收其他 DBMS 或文件系统的数据。

为了提供上述 6 方面的功能,DBMS 通常由以下 4 部分组成。

1. 数据定义语言及其翻译处理程序

DBMS 一般都提供数据定义语言(data definition language,简称 DDL)供用户定义数据库的模式、存储模式、外模式、各级模式间的映射、有关的约束条件等。用 DDL 定义的外模式、模式和存储模式分别称为源外模式、源模式和源存储模式,各种模式翻译程序负责将它们翻译成相应的内部表示,即生成目标外模式、目标模式和目标存储模式。这些目标模式描述的是数据库的框架,而不是数据本身。这些描述存放在数据字典(也称系统目录)中,作为 DBMS 存取和管理数据的基本依据。例如,根据这些定义,DBMS 可以从物理记录导出全局逻辑记录,又从全局逻辑记录导出用户所要检索的记录。

2. 数据操纵语言及其编译(或解释)程序

DBMS 提供了数据操纵语言(data manipulation language,简称 DML)实现对数据库的检索、插入、修改、删除等基本操作。DML 分为宿主型 DML 和自主型 DML 两类。宿主型 DML 本身不能独立使用,必须嵌入主语言中,例如,嵌入 C, COBOL, FORTRAN 等高级语言中。自主型 DML 又称为自含型 DML,它们是交互式命令语言,语法简单,可以独立使用。

3. 数据库运行控制程序

DBMS 提供了一些系统运行控制程序负责数据库运行过程中的控制与管理,包括系统初启程序、文件读写与维护程序、存取路径管理程序、缓冲区管理程序、安全性控制程序、完整性检查程序、并发控制程序、事务管理程序、运行日志管理程序等,它们在数据库运行过程中监视着对数据库的所有操作,控制管理数据库资源,处理多用户的并发操作等。

4. 实用程序

DBMS 通常还提供一些实用程序,包括数据初始装入程序、数据转储程序、数据库恢复程序、性能监测程序、数据库再组织程序、数据转换程序、通信程序等。数据库用户可以利用这些实用程序完成数据库的建立与维护,以及数据格式的转换与通信。

一个设计优良的 DBMS,应该具有友好的用户界面、比较完备的功能、较高的运行效率、清晰的系统结构和开放性。所谓开放性是指数据库设计人员能够根据自己的特殊需要,方便地在一个 DBMS 中加入一些新的工具模块,这些外来的工具模块可以与该 DBMS 紧密结合,一起运行。现在人们越来越重视 DBMS 的开放性,因为 DBMS 的开放性为建立以它为核心的软件开发环境或规模较大的应用系统提供了极大的方便,也使 DBMS 本身具有更强的适应性、灵活性、可扩充性。

1.4.2　数据库管理系统的工作过程

在数据库系统中,当一个应用程序或用户需要存取数据库中的数据时,应用程序、DBMS、操作系统、硬件等几个方面必须协同工作,共同完成用户的请求。这是一个较为复杂的过程,其中 DBMS 起着关键的中介作用。

应用程序(或用户)从数据库中读取一个数据通常需要以下步骤。

1. 应用程序 A 向 DBMS 发出从数据库中读数据记录的命令;

2. DBMS 对该命令进行语法检查、语义检查,并调用应用程序 A 对应的子模式,检查 A 的存取权限,决定是否执行该命令。如果拒绝执行,则向用户返回错误信息;

3. 在决定执行该命令后,DBMS 调用模式,依据子模式/模式映象的定义,确定应读入模式中的哪些记录;

4. DBMS 调用物理模式,依据模式/物理模式映象的定义,决定应从哪个文件、用什么存取方式、读入哪个或哪些物理记录;

5. DBMS 向操作系统发出执行读取所需物理记录的命令;

6. 操作系统执行读数据的有关操作;

7. 操作系统将数据从数据库的存储区送至系统缓冲区;

8. DBMS 依据子模式/模式映象的定义,导出应用程序 A 所要读取的记录格式;

9. DBMS 将数据记录从系统缓冲区传送到应用程序 A 的用户工作区;

10. DBMS 向应用程序 A 返回命令执行情况的状态信息。

图 1-30 显示了应用程序(用户)从数据库中读取记录的过程。执行其他操作的过程也与此类似。从以上过程不难看出 DBMS 的大致工作过程。DBMS 本身是一个有机的整体,其各个部分密切配合,利用子模式、模式和存储模式各个层次的数据描述,以及各级模式之间的映象,在用户与操作系统之间起中介作用。

1.4.3　数据库管理系统的实现方法

DBMS是建立在操作系统环境之上,根据操作系统的特点,用不同的方法,利用操作系统的基本功能来实现的。一般有四类实现DBMS的方法:DBMS与应用程序融合在一起(称为N方案)、一个DBMS进程对应一个用户进程(称为2N方案)、多个DBMS进程对应多个用户进程(称为$M+N$方案)、一个DBMS进程对应所有用户进程(称为$N+1$方

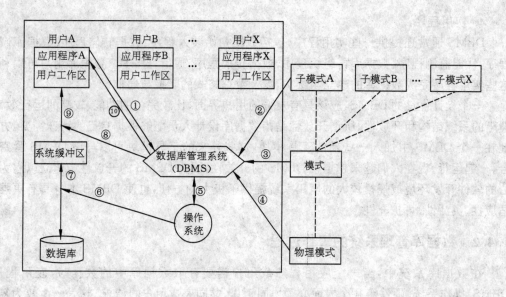

图 1-30　从数据库中读取记录的过程

案）。

1. N 方案

在 N 方案中,DBMS 的基本成份通常设计成可重入代码。用户使用 DBMS 时,调用的 DBMS 模块被加入到用户进程中。DBMS 与应用程序之间预先建立联结,在运行时,DBMS 模块被用户进程按子程序调用,借助于操作系统的调度完成对用户程序的运行服务。由于 DBMS 与应用程序融合在一起,N 个用户的系统中只有 N 个进程,因此这种方案称为 N 方案。N 方案下整个计算机软件系统的结构关系可用图 1-31 表示。其中 AP 为数据库系统应用程序(或用户),U 为非数据库系统用户(或应用程序),SGA 为共享全局区,用于存放共享信息。

N 方案实现起来比较简单,不用考虑用户与 DBMS 之间的通信问题。但是,各 AP 进程的代码段无法共享,内存中保留了 DBMS 代码的许多副本,导致系统性能大幅度下降,有时甚至能到令人无法忍受的程度。

2. 2N 方案

在 2N 方案中,每个用户进程均有一个称为影子进程(shadow)的 DBMS 进程为之服务。另外系统中还有若干个后台进程负责读写数据库、监控、写日志等工作。由于系统中进程总数接近于用户数的 2 倍,所以称为 2N 方案,如图 1-32 所示。ORACLE 早期版本、IN-GRES,INFORMIX 早期版本均采用的是这种方案。

2N 方案下各个 DBMS 进程的代码段可以共享,但是数据段和栈段仍是独立的,因此对内存需求仍很大。另外用户进程与 DBMS 进程之间、各 DBMS 进程之间、DBMS 进程与后台进程之间通信开销也很大。因此 2N 方案不适合大量用户的联机事务处理应用。

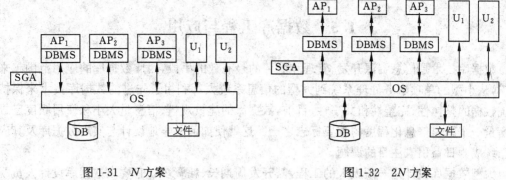

図 1-31　N 方案　　　　　　　　　　　　図 1-32　$2N$ 方案

3. $M+N$ 方案

$M+N$ 方案是 $2N$ 方案的一种改进,在 N 个用户进程的系统中,有 M 个 DBMS 进程为之服务($M<N$)。DBMS 进程的分派由专门的分派进程负责。如图 1-33 所示。目前 ORA-CLE 7 和 INFORMIX 采用的就是这种实现方案。

与 $2N$ 方案相比,$M+N$ 方案减少了系统中的进程总数,提高了内存资源的利用率,也减少了通信开销,但它终究没有克服 $2N$ 方案的本质弱点。

4. $N+1$ 方案

在 $N+1$ 方案中,整个 DBMS 仅使用一个进程,多个数据库用户向其发消息以申请数据库服务,这些消息挂在 DBMS 进程的消息队列中。DBMS 与用户进程的关系类似于一个售货员与众多顾客的情形,任何用户进程都是在和同一个 DBMS 进程打交道。DBMS 进程完成一个用户进程的请求后,把结果作为消息发回给相应用户,然后执行下一个请求。这种关系可用图 1-34 表示。

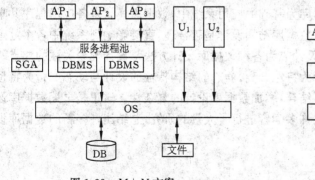

图 1-33　$M+N$ 方案

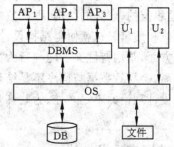

图 1-34　$N+1$ 方案

由于一个 DBMS 进程要为所有数据库用户服务,为防止在用户数目较多的情况下 DBMS 进程成为瓶颈,通常把 DBMS 进程内部设计成多线索结构,每一条线索都可以服务于一个用户请求。目前 SYBASE 采用的就是这种实现方案。

在 DBMS 的各种实现方案中,多线索的 $N+1$ 方案可以说是较优的一种,但 $N+1$ 方案实现起来比较复杂,另外消息通信机制开销较大。

1.5　数据库工程与应用

数据库技术是信息资源开发、管理和服务的最有效的手段,因此数据库的应用范围越来越广,从小型的单项事务处理系统到大型的信息系统大都利用了先进的数据库技术来保持系统数据的整体性、完整性和共享性。目前,数据库的建设规模、信息量大小和使用频度已成为衡量一个国家信息化程度的重要标志之一。这就使如何科学地设计与实现数据库及其应用系统成为日益引人注目的课题。

大型数据库设计是一项庞大的工程,其开发周期长、耗资多。它要求数据库设计人员既要具有坚实的数据库知识,又要充分了解实际应用对象。所以可以说数据库设计是一项涉及多学科的综合性技术。设计出一个性能较好的数据库系统并不是一件简单的工作。

1.5.1　数据库设计的目标与特点

数据库设计的任务是在 DBMS 的支持下,按照应用的要求,为某一部门或组织设计一个结构合理、使用方便、效率较高的数据库及其应用系统。如图 1-35 所示。

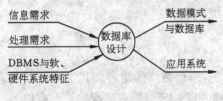

图　1-35

数据库设计应该与应用系统设计相结合。即数据库设计应包含两方面的内容:一是结构(数据)设计,也就是设计数据库框架或数据库结构;二是行为(处理)设计,即设计应用程序、事务处理等。

传统的软件工程方法,例如,结构化设计方法和原型法,往往注重于处理过程的特性,忽视对应用中数据语义的分析和抽象,尽可能地推迟数据结构的设计。这种方法显然不适合于数据库应用系统的设计。

设计数据库应用系统,首先应进行结构设计。在以文件系统为基础的应用系统中,文件是某一应用程序私用的。而在以数据库为基础的应用系统中,数据库模式是各应用程序共享的结构,是稳定的、永久的结构。因此数据库结构设计是否合理,直接影响到系统中各个处理过程的性能和质量。这就使得结构设计成为各种数据库设计方法与设计理论关注的焦点。

另一方面,结构特性又不能与行为特性分离。静态的结构特性的设计与动态的行为特性的设计分离,会导致数据与程序不易结合,增加数据库设计的复杂性。这正是早期数据库设计方法与设计理论的不足之处。为此许多学者进行了大量的研究,总结出许多新的数据库设计方法。

1.5.2　数据库设计方法

现实世界的复杂性导致了数据库设计的复杂性。只有以科学的数据库设计理论为基础,在具体的设计原则的指导下,才能保证数据库系统的设计质量,减少系统运行后的维护代价。目前常用的各种数据库设计方法都属于规范设计法,即都是运用软件工程的思想与方法,根据数据库设计的特点,提出了各种设计准则与设计规程。这种工程化的规范设计方法也是在目前技术条件下设计数据库的最实用的方法。

在规范设计法中,数据库设计的核心与关键是逻辑数据库设计和物理数据库设计。逻辑数据库设计是根据用户要求和特定数据库管理系统的具体特点,以数据库设计理论为依据,设计数据库的全局逻辑结构和每个用户的局部逻辑结构。物理数据库设计是在逻辑结构确定之后,设计数据库的存储结构及其他实现细节。

但各种设计方法在设计步骤上的划分上存在差异,各有自己的特点与局限。例如,比较著名的新奥尔良方法将数据库设计分为四个阶段:需求分析(分析用户要求)、概念设计(信息分析和定义)、逻辑设计(设计实现)和物理设计(物理数据库设计)。S. B. Yao 将数据库设计分为六个步骤:需求分析、模式构成、模式汇总、模式重构、模式分析和物理数据库设计。I. R. Palmer 则主张把数据库设计当成一步接一步的过程,并采用一些辅助手段实现每一过程。

此外还有一些为数据库设计不同阶段提供的具体实现技术与实现方法。例如,基于 E-R 模型的数据库设计方法,基于 3NF(第三范式)的设计方法,基于抽象语法规范的设计方法等。

规范设计法在具体使用中又可以分为两类:手工设计和计算机辅助数据库设计。按规范设计法的工程原则与步骤手工设计数据库,其工作量较大,设计者的经验与知识在很大程度上决定了数据库设计的质量。计算机辅助数据库设计可以减轻数据库设计的工作强度,加快数据库设计速度,提高数据库设计质量。但目前计算机辅助数据库设计还只是在数据库设计的某些过程中模拟某一规范设计方法,并以人的知识或经验为主导,通过人机交互实现设计中的某些部分。例如,ORACLE Designer2000 等。

1.5.3 数据库设计步骤

通过分析、比较与综合各种常用的数据库规范设计方法,我们将数据库设计分为六个阶段,如图 1-36 所示。数据库系统的三级模式结构也是在这样一个设计过程中逐渐形成的。

图 1-36 数据库设计的步骤

1. 需求分析

进行数据库设计首先必须准确了解与分析用户需求(包括数据与处理)。需求分析是整个设计过程的基础,是最困难、最耗费时间的一步。需求分析的结果是否准确地反映了用户的实际要求,将直接影响到后面各个阶段的设计,并影响到设计结果是否合理和实用。

2. 概念结构设计

准确抽象出现实世界的需求后,下一步应该考虑如何实现用户的这些需求。由于数据库逻辑结构依赖于具体的 DBMS,直接设计数据库的逻辑结构会增加了设计人员对不同数据库管理系统的数据库模式的理解负担,因此在将现实世界需求转化为机器世界的模型之前,我们先以一种独立于具体数据库管理系统的逻辑描述方法来描述数据库的逻辑结构,即设计数据库的概念结构。

概念结构设计是整个数据库设计的关键,它通过对用户需求进行综合、归纳与抽象,形成一个独立于具体 DBMS 的概念模型。

3. 逻辑结构设计

逻辑结构设计是将抽象的概念结构转换为所选用的 DBMS 支持的数据模型,并对其进行优化。

4. 数据库物理设计

数据库物理设计是对为逻辑数据模型选取一个最适合应用环境的物理结构(包括存储结构和存取方法)。

5. 数据库实施

在数据库实施阶段,设计人员运用 DBMS 提供的数据语言及其宿主语言,根据逻辑设计和物理设计的结果建立数据库,编制与调试应用程序,组织数据入库,并进行试运行。

6. 数据库运行和维护

数据库应用系统经过试运行后即可投入正式运行。在数据库系统运行过程中必须不断地对其进行评价、调整与修改。

设计一个完善的数据库应用系统,往往是这六个阶段不断反复的过程。

在数据库设计过程中必须注意以下问题。

1. 数据库设计过程中要注意充分调动用户的积极性。用户的积极参与是数据库设计成功的关键因素之一。用户最了解自己的业务,最了解自己的需求,用户的积极配合能够缩短需求分析的进程,帮助设计人员尽快熟悉业务,更加准确地抽象出用户的需求,减少反复,也使设计出的系统与用户的最初设想更为符合。同时用户参与意见,双方共同对设计结果承担责任,也可以减少数据库设计的风险。

2. 应用环境的改变、新技术的出现等都会导致应用需求的变化,因此设计人员在设计数据库时必须充分考虑到系统的可扩充性,使设计易于变动。一个设计优良的数据库系统应该具有一定的可伸缩性,应用环境的改变和新需求的出现一般不会推翻原设计,不会对现有的应用程序和数据造成大的影响,而只是在原设计基础上做一些扩充即可满足新的要求。

3. 系统的可扩充性最终都是有一定限度的。当应用环境或应用需求发生巨大变化时,原设计方案可能终将无法再进行扩充,必须推倒重来,这时就会开始一个新的数据库设计的生命周期。但在设计新数据库应用的过程中,必须充分考虑到已有应用,尽量使用户能够平稳地从旧系统迁移到新系统。比如,新系统应该能够自动把旧系统中的数据转移到新系统中来。又如,操作界面的风格一般应改变较少,以减化对用户的再培训。

1.5.4 数据库应用

我们已经知道,一个具体的 DBMS 是安装在一个具体的操作系统之上的,在该 DBMS 之上又可以根据用户需求开发一个具体的应用系统,从而形成一个完整的数据库系统。

一个数据库系统一般由三级模式组成,数据库系统中有多种用户,他们分别扮演不同的角色,承担不同的任务。数据库的三级模式并不是对所有用户都是可见的,不同人员看到的数据库抽象层次是不完全相同的,如图 1-37 所示。

最终用户具体操作应用系统,通过应用系统的用户界面使用数据库来完成其业务活动。数据库的模式结构对最终用户是透明的。

应用程序员以外模式为基础编制具体的应用程序,操作数据库,数据库的映象功能保证了他们不必考虑具体的存储细节。

系统分析员因为要负责应用系统的需求分析与规范说明,需要从总体上了解、设计整个

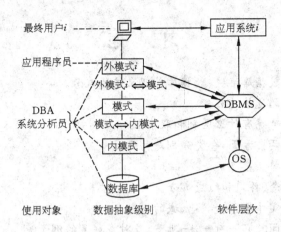

图 1-37　各种用户的数据视图

系统,因此他们必须与用户及数据库管理员相结合,确定系统的软硬件配置,并参与数据库各级模式的概要设计。

数据库管理员(data base administrator,简称 DBA)负责全面管理和控制数据库系统,数据库管理员的素质在一定程度上决定了数据库应用的水平,所以他们是数据库系统中最重要的人员。数据库管理员的主要职责包括:

1. 设计与定义数据库系统。数据库中存放的内容最终是由 DBA 决定的。DBA 必须参与数据库设计的全过程,与用户、应用程序员、系统分析员密切结合,设计概念模式、数据库逻辑模式以及各个用户的外模式,并决定数据库的存储结构和存取策略,设计数据库的内模式。

2. 帮助最终用户使用数据库系统。DBA 往往需要担负起培训最终用户的责任,并负责解答最终用户日常使用数据库系统时遇到的问题。

3. 监督与控制数据库系统的使用和运行。DBA 负责监视数据库系统的运行情况,及时处理运行过程中出现的问题,控制不同用户访问数据库的权限,收集数据库的审计信息。

4. 改进和重组数据库系统,调优数据库系统的性能。DBA 负责监视、分析数据库系统的性能,包括空间利用率和处理效率。虽然在系统设计时已经充分考虑了性能要求,但性能的好坏只能通过实际运行结果来检验,所以 DBA 必须对运行状况进行记录、统计和分析,并根据实际应用环境不断改进数据库设计,例如,根据实际情况修改某些系统参数和环境变量值来改善系统性能。另一方面,数据库运行过程中往往需要不断地插入、删除、修改数据,一段时间后必然会影响数据的物理布局,导致系统性能下降,因此 DBA 要定期地或按一定的策略对数据库进行重组织。

5. 转储与恢复数据库。为了减少硬件、软件或人为故障对数据库系统的破坏,DBA 必须定义和实施适当的后援和恢复策略,例如,周期性地转储数据、维护日志文件等。一旦系统发生故障,DBA 必须能够在最短时间内把数据库恢复到某一正确状态,并且尽可能不影响或少影响计算机系统其他部分的正常运行。

6. 重构数据库。当用户的应用需求增加或改变时,DBA 需要对数据库进行较大的改造,包括修改内模式或模式,即重新构造数据库。

习　题

1. 试述数据、数据库、数据库系统、数据库管理系统的概念。
2. 试述数据管理技术的发展过程。
3. 文件系统与数据库系统有什么区别和联系？
4. 数据独立性包括哪两个方面，含义分别是什么？
5. 试述数据库系统的特点。
6. 试述数据模型的概念、作用和组成部分。
7. 试述实体、实体型、实体集、属性、码、域的概念。
8. 分别举出实体型之间具有一对一、一对多、多对多联系的例子。
9. 学校有若干个系，每个系有若干班级和教研室，每个教研室有若干教员，其中有的教授和副教授每人各带若干研究生。每个班有若干学生，每个学生选修若干课程，每门课程可由若干学生选修。用 E-R 图画出该学校的概念模型。
10. 举出一个层次模型的实例，画出它的层次结构，给出它的一个数据库记录。
11. 教师与课程之间的联系是多对多联系，试用层次模型表示之。
12. 举出一个网状模型的实例，要求三个记录型之间有多对多联系。它和三个记录型两两之间的三个多对多联系等价吗？为什么？
13. 举出一个关系模型的实例。
14. 试比较层次模型、网状模型和关系模型的优点与缺点。
15. 试述数据库系统的三级模式结构，这种结构的优点是什么？
16. 从用户角度看，数据库系统都有哪些体系结构？
17. 数据库管理系统有哪些主要功能？
18. 数据库管理系统通常由哪几部分组成？
19. 数据库管理系统的工作过程是什么？
20. 数据库管理系统常用的实现方法有哪些？
21. 试述数据库设计的步骤。
22. DBA 的主要职责是什么？

第2章 关系数据库

关系数据库应用数学方法来处理数据库中的数据。最早将这类方法用于数据处理的是1962年CODASYL发表的"信息代数",之后1968年David Child在7090机上实现了集合论数据结构,但系统而严格地提出关系模型的是美国IBM公司的E.F.Codd。他从1970年起连续发表了多篇论文,奠定了关系数据库的理论基础。

关系数据库目前是各类数据库中最重要、最流行的数据库。20世纪80年代以来,计算机厂商新推出的数据库管理系统产品几乎都是关系型数据库,非关系系统的产品也大都加上了关系接口。数据库领域当前的研究工作都是以关系方法为基础的。因此关系数据库是本书的重点,本书第2,3,4章将集中讨论关系数据库的有关问题。其中:

第2章介绍关系模型的基本概念,即关系模型的数据结构、关系操作和关系的完整性。

第3章介绍关系数据库的标准语言SQL。

第4章介绍关系数据理论。这是关系数据库的理论基础,也是关系数据库系统逻辑设计的工具。

2.1 关系数据库概述

关系数据库系统是支持关系模型的数据库系统。

关系模型由关系数据结构、关系操作集合和完整性约束三部分组成。

1. 关系数据结构

关系模型的数据结构非常单一,在用户看来,关系模型中数据的逻辑结构是一张扁平的二维的表。但关系模型的这种简单的数据结构能够表达丰富的语义,描述出现实世界的实体以及实体间的各种联系。

2. 关系操作

关系操作采用集合操作方式,即操作的对象和结果都是集合。这种操作方式也称为一次一集合(set-at-a-time)的方式。相应地,非关系数据模型的数据操作方式则为一次一记录(record-at-a-time)的方式。

关系模型中常用的关系操作包括:选择、投影、连接、除、并、交、差等查询操作和增、删、改操作两大部分。查询的表达能力是其中最主要的部分。

关系模型中的关系操作能力早期通常是用代数方式或逻辑方式来表示,分别称为关系代数和关系演算。关系代数是用对关系的运算来表达查询要求的方式。关系演算是用谓词来表达查询要求的方式。关系演算又可按谓词变元的基本对象是元组变量还是域变量分为元组关系演算和域关系演算。关系代数、元组关系演算和域关系演算三种语言在表达能力上是完全等价的。

关系代数、元组关系演算和域关系演算均是抽象的查询语言,这些抽象的语言与具体的 DBMS 中实现的实际语言并不完全一样。但它们能用作评估实际系统中查询语言能力的标准或基础。

实际的查询语言除了提供关系代数或关系演算的功能外,还提供了许多附加功能,例如,集函数、关系赋值、算术运算等。关系语言是一种高度非过程化的语言,用户不必请求 DBA 为他建立特殊的存取路径,存取路径的选择由 DBMS 的优化机制来完成,此外,用户不必求助于循环结构就可以完成数据操作。

另外还有一种介于关系代数和关系演算之间的语言 SQL(structured query language,结构化查询语言)。SQL 不仅具有丰富的查询功能,而且具有数据定义和数据控制功能,是集查询、DDL(数据定义语言),DML(数据操纵语言)和 DCL(数据控制语言)于一体的关系数据语言。它充分体现了关系数据语言的特点和优点,是关系数据库的标准语言。

因此,关系数据语言可以分为三类:

$$
\text{关系数据语言}
\begin{cases}
\text{关系代数语言} & \text{例如,ISBL} \\
\text{关系演算语言}
\begin{cases}
\text{元组关系演算语言} & \text{例如,APLHA,QUEL} \\
\text{域关系演算语言} & \text{例如,QBE}
\end{cases} \\
\text{具有关系代数和关系演算双重特点的语言} & \text{例如,SQL}
\end{cases}
$$

这些关系数据语言的共同特点是,语言具有完备的表达能力,是非过程化的集合操作语言,功能强,能够嵌入高级语言中使用。

3. 完整性约束

关系模型提供了丰富的完整性控制机制,允许定义三类完整性:实体完整性、参照完整性和用户定义的完整性。其中实体完整性和参照完整性是关系模型必须满足的完整性约束条件,应该由关系系统自动支持。

下面分别介绍关系模型的三个方面。其中 2.2 节介绍关系数据结构,包括关系的形式化定义及有关概念。2.3 节介绍关系的三类完整性。2.4 节介绍关系代数。2.5 节介绍关系演算。第 3 章将专门介绍 SQL 语言。

2.2 关系数据结构

在关系模型中,无论是实体还是实体之间的联系均由单一的结构类型即关系(表)来表示。1.2.3.3 中已经非形式化地介绍了关系模型及有关的基本概念。关系模型是建立在集合代数的基础上的,这里从集合论角度给出关系数据结构的形式化定义。

1. 关系

1)域(domain)

定义 2.1 域是一组具有相同数据类型的值的集合。

例如,非负整数、整数、实数、长度小于 25 字节的字符串集合、0,1,[0,1]、大于等于 0 且小于等于 100 的正整数等都可以是域。

2)笛卡尔积(cartesian product)

定义 2.2 给定一组域 $D_1, D_2, \cdots, D_n$，这些域可以完全不同，也可以部分或全部相同。$D_1, D_2, \cdots, D_n$ 的笛卡尔积为

$$D_1 \times D_2 \times \cdots \times D_n = \{(d_1, d_2, \cdots, d_n) \mid d_i \in D_i, i = 1, 2, \cdots, n\}$$

其中每一个元素 $(d_1, d_2, \cdots, d_n)$ 叫作一个 n 元组（n-tuple），或简称为元组（Tuple）。元素中的每一个值 d_i 叫作一个分量（component）。

若 $D_i(i = 1, 2, \cdots, n)$ 为有限集，其基数（cardinal number）为 $m_i(i = 1, 2, \cdots, n)$，则 $D_1 \times D_2 \times \cdots \times D_n$ 的基数为：

$$m = \prod_{i=1}^{n} m_i$$

笛卡尔积可表示为一个二维表。表中的每行对应一个元组，表中的每列对应一个域。

例如，我们给出三个域：

$D_1 =$ 导师集合 SUPERVISOR＝张清玫，刘逸

$D_2 =$ 专业集合 SPECIALITY＝计算机专业，信息专业

$D_3 =$ 研究生集合 POSTGRADUATE＝李勇，刘晨，王名

则 D_1, D_2, D_3 的笛卡尔积为

$D_1 \times D_2 \times D_3 =$｛（张清玫,计算机专业,李勇），（张清玫,计算机专业,刘晨），
（张清玫,计算机专业,王名），（张清玫,信息专业,李勇），（张清玫,信息专业,刘晨），
（张清玫,信息专业,王名），（刘逸,计算机专业,李勇），（刘逸,计算机专业,刘晨），
（刘逸,计算机专业,王名），（刘逸,信息专业,李勇），（刘逸,信息专业,刘晨），
（刘逸,信息专业,王名）｝

其中（张清玫,计算机专业,李勇），（张清玫,计算机专业,刘晨），（张清玫,计算机科学专业,王名）等都是元组。张清玫、计算机专业、李勇、刘晨、王名等都是分量。该笛卡尔积的基数为 $2 \times 2 \times 3 = 12$，这也就是说，$D_1 \times D_2 \times D_3$ 一共有 $2 \times 2 \times 3 = 12$ 个元组。这 12 个元组的总体可列成一张二维表（表 2-1）。

表 2-1 D_1, D_2, D_3 的笛卡尔积

SUPERVISOR	SPECIALITY	POSTGRADUATE
张清玫	计算机专业	李勇
张清玫	计算机专业	刘晨
张清玫	计算机专业	王名
张清玫	信息专业	李勇
张清玫	信息专业	刘晨
张清玫	信息专业	王名
刘逸	计算机专业	李勇
刘逸	计算机专业	刘晨
刘逸	计算机专业	王名
刘逸	信息专业	李勇
刘逸	信息专业	刘晨
刘逸	信息专业	王名

3）关系（relation）

定义 2.3 $D_1 \times D_2 \times \cdots \times D_n$ 的子集叫作在域 $D_1, D_2, \cdots, D_n$ 上的关系,用

$$R(D_1, D_2, \cdots, D_n)$$

表示。这里 R 表示关系的名字,n 是关系的目或度(degree)。

关系中的每个元素是关系中的元组,通常用 t 表示。

当 $n=1$ 时,称该关系为单元关系(unary relation)。

当 $n=2$ 时,称该关系为二元关系(binary relation)。

关系是笛卡尔积的子集,所以关系也是一个二维表,表的每行对应一个元组,表的每列对应一个域。由于域可以相同,为了加以区分,必须对每列起一个名字,称为属性(attribute)。n 目关系必有 n 个属性。

若关系中的某一属性组的值能唯一地标识一个元组,而其真子集不行,则称该属性组为候选码(candidate key)。

若一个关系有多个候选码,则选定其中一个为**主码**(primary key)。候选码的诸属性称为主属性(prime attribute)。不包含在任何候选码中的属性称为非码属性(non-key attribute)。在最简单的情况下,候选码只包含一个属性。在最极端的情况下,关系模式的所有属性组是这个关系模式的候选码,称为全码(all-key)。

例如,可以在表 2-1 的笛卡尔积中取出一个子集来构造一个关系。由于一个研究生只师从于一个导师,学习某一个专业,所以笛卡尔积中的许多元组是无实际意义的,从中取出有实际意义的元组来构造关系。该关系的名字为 SAP,属性名就取域名,即 SUPERVISOR,SPECIALITY 和 POSTGRADUATE。则这个关系可以表示为

SAP(SUPERVISOR, SPECIALITY, POSTGRADUATE)

假设导师与专业是一对一的,即一个导师只有一个专业;导师与研究生是一对多的,即一个导师可以带多名研究生,而一名研究生只有一个导师。这样 SAP 关系可以包含 3 个元组,如表 2-2 所示。

表 2-2 SAP 关系

SUPERVISOR	SPECIALITY	POSTGRADUATE
张清玫	信息专业	李勇
张清玫	信息专业	刘晨
刘逸	信息专业	王名

假设研究生不会重名(这在实际当中是不合适的,这里只是为了举例方便),则 POSTGRADUATE 属性的每一个值都唯一地标识了一个元组,因此可以作为 SAP 关系的主码。

关系可以有三种类型:基本关系(通常又称为基本表或基表)、查询表和视图表。基本表是实际存在的表,它是实际存储数据的逻辑表示。查询表是查询结果对应的表。视图表是由基本表或其他视图表导出的表,是虚表,不对应实际存储的数据。

基本关系具有以下 6 条性质:

① 列是同质的(homogeneous),即每一列中的分量是同一类型的数据,来自同一个域。

② 不同的列可出自同一个域,称其中的每一列为一个属性,不同的属性要给予不同的属性名。

例如,在上面的例子中,也可以只给出两个域:

人(PERSON)＝张清玫，刘逸，李勇，刘晨，王名

专业(SPECIALITY)＝计算机专业，信息专业

SAP 关系的导师属性和研究生属性都从 PERSON 域中取值。为了避免混淆，必须给这两个属性取不同的属性名，而不能直接使用域名。例如，定义导师属性名为 SUPERVISOR-PERSON，研究生属性名为 POSTGRADUATE-PERSON。

③ 列的顺序无所谓，即列的次序可以任意交换。

由于列顺序是无关紧要的，因此在许多实际关系数据库产品中(例如，ORACLE)，插入新属性时，永远是插至最后一列。不过一些小型数据库产品(如 FoxPro)仍然区分了属性顺序。

④ 任意两个元组不能完全相同。

但在大多数实际关系数据库产品中，例如，ORACLE，FoxPro 等，如果用户没有定义有关的约束条件，它们都允许关系表中存在两个完全相同的元组。

⑤ 行的顺序无所谓，即行的次序可以任意交换。

在 ORACLE 等许多关系数据库产品中，插入一个元组时，永远是插至最后一行。但 FoxPro 等小型数据库产品仍然区分了元组的顺序。

⑥ 分量必须取原子值，即每一个分量都必须是不可分的数据项。

关系模型要求关系必须是规范化的，即要求关系模式必须满足一定的规范条件，这些规范条件中最基本的一条就是，关系的每一个分量必须是一个不可分的数据项。我们把规范化的关系简称为范式(normal form)。例如，表 2-3 虽然更好地表达了导师与研究生之间的一对多关系，但由于 POSTGRADUATE 分量可以取两个值，不符合规范化的要求，因此这样的关系在数据库中是不允许的。

表 2-3　非规范化关系

SUPERVISOR	SPECIALITY	POSTGRADUATE	
		PG1	PG2
张清玫	信息专业	李勇	刘晨
刘逸	信息专业	王名	

2. 关系模式

关系模式是对关系的描述。那么一个关系需要描述哪些方面呢？

首先，我们已经知道，关系实质上是一张二维表，表的每一行为一个元组，每一列为一个属性。一个元组就是该关系所涉及的属性集的笛卡尔积的一个元素。关系是元组的集合，也就是笛卡尔积的一个子集。因此关系模式必须指出这个元组集合的结构，即它由哪些属性构成，这些属性来自哪些域，以及属性与域之间的映象关系。

其次，一个关系通常是由赋予它的元组语义来确定的，元组语义实质上是一个 n 目谓词(n 是属性集中属性的个数)。凡使该 n 目谓词为真的笛卡尔积中的元素(或者说凡符合元组语义的元素)的全体就构成了该关系模式的关系。现实世界随着时间在不断地变化，因而在不同的时刻，关系模式的关系也会有所变化。但是，现实世界的许多已有事实限定了关系模式所有可能的关系必须满足一定的完整性约束条件。这些约束或者通过对属性取值范围的

限定,例如,职工年龄小于 65 岁(65 以后必须退休),或者通过属性值间的相互关连(主要体现于值的相等与否)反映出来。关系模式应当刻划出这些完整性约束条件。

因此一个关系模式应当是一个五元组。

定义 2.4 关系的描述称为**关系模式**(relation schema)。它可以形式化地表示为

$$R(U, D, DOM, F)$$

其中 R 为关系名,U 为组成该关系的属性名集合,D 为属性组 U 中属性所来自的域,DOM 为属性向域的映象集合,F 为属性间数据的依赖关系集合。

属性间的数据依赖将在第 4 章讨论,本章中关系模式仅涉及关系名、诸属性名、域名、属性向域的映象四部分。例如,在上面的例子中,由于导师和研究生出自同一个域,所以取了不同于域名的属性名,关系模式中必须给以映象,说明它们分别出自哪个域,如,

$$DOM(SUPERVISOR\text{-}PERSON) = DOM(POSTGRADUATE\text{-}PERSON) = PERSON$$

关系模式通常可以简记为

$$R(U)$$

或

$$R(A_1, A_2, \cdots, A_n)$$

其中 R 为关系名,$A_1, A_2, \cdots, A_n$ 为属性名。而域名及属性向域的映象常常直接说明为属性的类型、长度。

关系实际上就是关系模式在某一时刻的状态或内容。也就是说,关系模式是型,关系是它的值。关系模式是静态的、稳定的,而关系是动态的、随时间不断变化的,因为关系操作在不断地更新着数据库中的数据。但在实际当中,常常把关系模式和关系统称为关系,读者可以通过上下文加以区别。

3. 关系数据库

在关系模型中,实体以及实体间的联系都是用关系来表示的。例如,导师实体、研究生实体、导师与研究生之间的一对多联系都可以分别用一个关系来表示。在一个给定的现实世界领域中,相应于所有实体及实体之间的联系的关系的集合构成一个关系数据库。

关系数据库也有型和值之分。关系数据库的型也称为关系数据库模式,是对关系数据库的描述,它包括若干域的定义以及在这些域上定义的若干关系模式。关系数据库的值也称为关系数据库,是这些关系模式在某一时刻对应的关系的集合。关系数据库模式与关系数据库通常统称为关系数据库。

2.3 关系的完整性

关系模型的完整性规则是对关系的某种约束条件。关系模型中可以有三类完整性约束:实体完整性、参照完整性和用户定义的完整性。其中实体完整性和参照完整性是关系模型必须满足的完整性约束条件,被称作是关系的两个不变性,应该由关系系统自动支持。

1. 实体完整性(entity integrity)

一个基本关系通常对应现实世界的一个实体集。例如,学生关系对应学生的集合。现

实世界中的实体是可区分的,即它们具有某种唯一性标识。相应地,关系模型中以主码作为唯一性标识。主码中的属性即主属性不能取空值。所谓空值就是"不知道"或"无意义"的值。如果主属性取空值,就说明存在某个不可标识的实体,即存在不可区分的实体,这与现实世界的应用环境相矛盾,因此这个实体一定不是一个完整的实体。

规则2.1 实体完整性规则:若属性A是基本关系R的主属性,则属性A不能取空值。

例如,在关系"SAP(SUPERVISOR,SPECIALITY,POSTGRADUATE)"中,研究生姓名POSTGRADUATE属性为主码(假设研究生不会重名),则研究生姓名不能取空值。

实体完整性规则规定基本关系的所有主属性都不能取空值,而不仅是主码整体不能取空值。例如,学生选课关系"选修(学号,课程号,成绩)"中,(学号,课程号)为主码,则学号和课程号两属性都不能取空值。

2. 参照完整性(referential integrity)

现实世界中的实体之间往往存在某种联系,在关系模型中实体及实体间的联系都是用关系来描述的。这样就自然存在着关系与关系间的引用。先来看3个例子。

例1 学生实体和专业实体可以用下面的关系表示,其中主码用下划线标识:

学生(<u>学号</u>,姓名,性别,专业号,年龄)

专业(<u>专业号</u>,专业名)

这两个关系之间存在着属性的引用,即学生关系引用了专业关系的主码"专业号"。显然,学生关系中的专业号值必须是确实存在的专业的专业号,即专业关系中有该专业的记录。这也就是说,学生关系中的某个属性的取值需要参照专业关系的属性取值。

例2 学生、课程、学生与课程之间的多对多联系可以如下3个关系表示:

学生(<u>学号</u>,姓名,性别,专业号,年龄)

课程(<u>课程号</u>,课程名,学分)

选修(<u>学号</u>,<u>课程号</u>,成绩)

这3个关系之间也存在着属性的引用,即选修关系引用了学生关系的主码"学号"和课程关系的主码"课程号"。同样,选修关系中的学号值必须是确实存在的学生的学号,即学生关系中有该学生的记录;选修关系中的课程号值也必须是确实存在的课程的课程号,即课程关系中有该课程的记录。换句话说,选修关系中某些属性的取值需要参照其他关系的属性取值。

不仅两个或两个以上的关系间可以存在引用关系,同一关系内部属性间也可能存在引用关系。

例3 在关系

学生2(<u>学号</u>,姓名,性别,专业号,年龄,班长)

中,"学号"属性是主码,"班长"属性表示该学生所在班级的班长的学号,它引用了本关系"学号"属性,即"班长"必须是确实存在的学生的学号。

定义2.5 设F是基本关系R的一个或一组属性,但不是关系R的码,如果F与基本关系S的主码Ks相对应,则称F是基本关系R的外码(foreign key),并称基本关系R为参照关系(referencing relation)，基本关系 S 为被参照关系(referenced relation)或目标关系(target relation)。关系 R 和 S 不一定是不同的关系。

显然，目标关系 S 的主码 Ks 和参照关系的外码 F 必须定义在同一个(或一组)域上。

在例 1 中，学生关系的"专业号"属性与专业关系的主码"专业号"相对应，因此"专业号"属性是学生关系的外码。这里专业关系为被参照关系，学生关系为参照关系。如图 2-1(a)所示。

在例 2 中，选修关系的"学号"属性与学生关系的主码"学号"相对应，"课程号"属性与课程关系的主码"课程号"相对应，因此"学号"和"课程号"属性是选修关系的外码。这里学生关系和课程关系均为被参照关系，选修关系为参照关系。如图 2-1(b)所示。

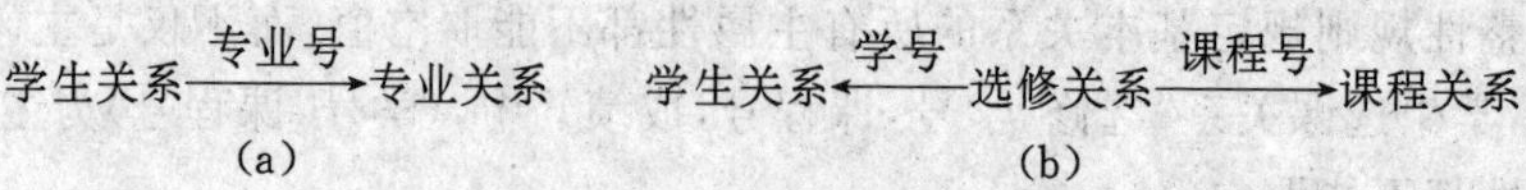

$$\text{学生关系} \xrightarrow{\text{专业号}} \text{专业关系} \qquad \text{学生关系} \xleftarrow{\text{学号}} \text{选修关系} \xrightarrow{\text{课程号}} \text{课程关系}$$

$$\text{(a)} \qquad\qquad\qquad\qquad \text{(b)}$$

图 2-1　关系的参照图

在例 3 中，"班长"属性与本关系主码"学号"属性相对应，因此"班长"是外码。这里学生 2 关系既是参照关系也是被参照关系。

需要指出的是，外码并不一定要与相应的主码同名(如例 3)。不过，在实际应用当中，为了便于识别，当外码与相应的主码属于不同关系时，往往给它们取相当的名字。

参照完整性规则就是定义外码与主码之间的引用规则。

规则 2.2 参照完整性规则：若属性(或属性组) F 是基本关系 R 的外码，它与基本关系 S 的主码 Ks 相对应(基本关系 R 和 S 不一定是不同的关系)，则对于 R 中每个元组在 F 上的值必须为：

- 或者取空值(F 的每个属性值均为空值)；
- 或者等于 S 中某个元组的主码值。

例如，对于例 1，学生关系中每个元组的专业号属性只能取下面两类值：

(1) 空值，表示尚未给该学生分配专业；

(2) 非空值，这时该值必须是专业关系中某个元组的专业号值，表示该学生不可能分配到一个不存在的专业中。即被参照关系"专业"中一定存在一个元组，它的主码值等于该参照关系"学生"中的外码值。

对于例 2，按照参照完整性规则，学号和课程号属性也可以取两类值：空值或目标关系中已经存在的值。但由于学号和课程号是选修关系中的主属性，按照实体完整性规则，它们均不能取空值。所以选修关系中的学号和课程号属性实际上只能取相应被参照关系中已经存在的主码值。

参照完整性规则中，R 与 S 可以是同一个关系。例如，对于例 3，按照参照完整性规则，班长属性值可以取两类值

(1) 空值，表示该学生所在班级尚未选出班长；

(2) 非空值，这时该值必须是本关系中某个元组的学号值。

3. 用户定义的完整性(user-defined integrity)

实体完整性和参照性适用于任何关系数据库系统。除此之外，不同的关系数据库系统根

据其应用环境的不同,往往还需要一些特殊的约束条件。用户定义的完整性就是针对某一具体关系数据库的约束条件,它反映某一具体应用所涉及的数据必须满足的语义要求,例如,某个属性必须取唯一值、某个非主属性也不能取空值、某个属性的取值范围在 0~100 之间等。关系模型应提供定义和检验这类完整性的机制,以便用统一的系统的方法处理它们,而不要由应用程序承担这一功能。

2.4 关系代数

关系代数是一种抽象的查询语言,是关系数据操纵语言的一种传统表达方式,它是用对关系的运算来表达查询的。

任何一种运算都是将一定的运算符作用于一定的运算对象上,得到预期的运算结果。所以运算对象、运算符、运算结果是运算的三大要素。

关系代数的运算对象是关系,运算结果也为关系。关系代数用到的运算符包括四类:集合运算符、专门的关系运算符、算术比较符和逻辑运算符,如表 2-4 所示。

比较运算符和逻辑运算符是用来辅助专门的关系运算符进行操作的,所以关系代数的运算按运算符的不同主要分为传统的集合运算和专门的关系运算两类。其中传统的集合运算将关系看成元组的集合,其运算是从关系的“水平”方向即行的角度来进行。而专门的关系运算不仅涉及行而且涉及列。

为了叙述上的方便,先引入几个记号。

1. 设关系模式为 $R(A_1, A_2, \cdots, A_n)$。它的一个关系设为 R。$t \in R$ 表示 t 是 R 的一个元组。$t[A_i]$ 则表示元组 t 中相应于属性 A_i 的一个分量。

2. 若 $A = \{A_{i1}, A_{i2}, \cdots, A_{ik}\}$,其中 $A_{i1}, A_{i2}, \cdots, A_{ik}$ 是 $A_1, A_2, \cdots, A_n$ 中的一部分,则 A 称为属性列或域列。$\overline{A}$ 则表示 $\{A_1, A_2, \cdots, A_n\}$ 中去掉 $\{A_{i1}, A_{i2}, \cdots, A_{ik}\}$ 后剩余的属性组。$t[A] = (t[A_{i1}], t[A_{i2}], \cdots, t[A_{ik}])$ 表示元组 t 在属性列 A 上诸分量的集合。

3. R 为 n 目关系,S 为 m 目关系。$t_r \in R, t_s \in S$。$\widehat{t_r t_s}$ 称为元组的连接(concatenation)。它是一个 $(n+m)$ 列的元组,前 n 个分量为 R 中的一个 n 元组,后 m 个分量为 S 中的一个 m 元组。

4. 给定一个关系 $R(X, Z)$,X 和 Z 为属性组。我们定义,当 $t[X] = x$ 时,x 在 R 中的象集(images set)为:

$$Z_x = \{t[Z] | t \in R, t[X] = x\}$$

它表示 R 中属性组 X 上值为 x 的诸元组在 Z 上分量的集合。

表 2-4　关系代数运算符

运算符		含　义
集运算符	∪	并
	−	差
	∩	交
	×	广义笛卡尔积
专门运算关符	σ	选择
	Ⅱ	投影
	⋈	连接
	÷	除
比较运算符	>	大于
	≥	大于等于
	<	小于
	≤	小于等于
	=	等于
	≠	不等于
逻运算辑符	¬	非
	∧	与
	∨	或

2.4.1 传统的集合运算

传统的集合运算是二目运算,包括并、交、差、广义笛卡尔积四种运算,如图 2-2 所示。

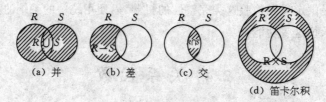

图 2-2 传统的集合运算

1. 并(union)

设关系 R 和关系 S 具有相同的目 n(即两个关系都有 n 个属性),且相应的属性取自同一个域,则关系 R 与关系 S 的并由属于 R 或属于 S 的元组组成。其结果关系仍为 n 目关系。记作:

$$R \cup S = \{t \mid t \in R \vee t \in S\}$$

2. 差(difference)

设关系 R 和关系 S 具有相同的目 n,且相应的属性取自同一个域,则关系 R 与关系 S 的差由属于 R 而不属于 S 的所有元组组成。其结果关系仍为 n 目关系。记作:

$$R - S = \{t \mid t \in R \wedge \neg t \in S\}$$

3. 交(intersection)

设关系 R 和关系 S 具有相同的目 n,且相应的属性取自同一个域,则关系 R 与关系 S 的交由既属于 R 又属于 S 的元组组成。其结果关系仍为 n 目关系。记作

$$R \cap S = \{t \mid t \in R \wedge t \in S\}$$

4. 广义笛卡尔积(extended cartesian product)

两个分别为 n 目和 m 目的关系 R 和 S 的广义笛卡尔积是一个 $(n+m)$ 列的元组的集合。元组的前 n 列是关系 R 的一个元组,后 m 列是关系 S 的一个元组。若 R 有 k_1 个元组,S 有 k_2 个元组,则关系 R 和关系 S 的广义笛卡尔积有 $k_1 \times k_2$ 个元组。记作

$$R \times S = \{\widehat{t_r t_s} \mid t_r \in R \wedge t_s \in S\}$$

表 2-5 中(a),(b)分别为具有三个属性列的关系 R,S。(c)为关系 R 与 S 的并。(d)为关系 R 与 S 的交。(e)为关系 R 和 S 的差。(f)为关系 R 和 S 的广义笛卡尔积。

2.4.2 专门的关系运算

专门的关系运算包括选择、投影、连接、除等。

表 2-5　传统集合运算举例

R

A	B	C
a_1	b_1	c_1
a_1	b_2	c_2
a_2	b_2	c_1

(a)

S

A	B	C
a_1	b_2	c_2
a_1	b_3	c_2
a_2	b_2	c_1

(b)

$R \cup S$

A	B	C
a_1	b_1	c_1
a_1	b_2	c_2
a_2	b_2	c_1
a_1	b_3	c_2

(c)

$R \cap S$

A	B	C
a_1	b_2	c_2
a_2	b_2	c_1

(d)

$R - S$

A	B	C
a_1	b_1	c_1

(e)

$R \times S$

A	B	C	A	B	C
a_1	b_1	c_1	a_1	b_2	c_2
a_1	b_1	c_1	a_1	b_3	c_2
a_1	b_1	c_1	a_2	b_2	c_1
a_1	b_2	c_2	a_1	b_2	c_2
a_1	b_2	c_2	a_1	b_3	c_2
a_1	b_2	c_2	a_2	b_2	c_1
a_2	b_2	c_1	a_1	b_2	c_2
a_2	b_2	c_1	a_1	b_3	c_2
a_2	b_2	c_1	a_2	b_2	c_1

(f)

1. 选择(selection)

选择又称为限制(restriction),它是在关系 R 中选择满足给定条件的诸元组,记作

$$\sigma_F(R) = \{t | t \in R \land F(t) = \text{'真'}\}$$

其中 F 表示选择条件,它是一个逻辑表达式,取逻辑值'真'或'假'。

逻辑表达式 F 的基本形式为

$$X_1 \quad \theta \quad Y_1[\phi \quad X_2 \quad \theta \quad Y_2]\cdots$$

θ 表示比较运算符,它可以是 $>$、$\geqslant$、$<$、$\leqslant$、$=$ 或 $\neq$。X_1,Y_1 等是属性名或常量或简单函数。属性名也可以用它的序号来代替。ϕ 表示逻辑运算符,它可以是 $\neg$、$\land$ 或 $\lor$。[ ]表示任选项,即[ ]中的部分可以要也可以不要,$\ldots$ 表示上述格式可以重复下去。

因此选择运算实际上是从关系 R 中选取使逻辑表达式 F 为真的元组。这是从行的角度进行的运算。如图 2-3(a)所示。

设有一个学生-课程关系数据库,包括学生关系 Student、课程关系 Course 和选修关系 SC。如表 2-6 所示。下面的许多例子将对这三个关系进行运算。

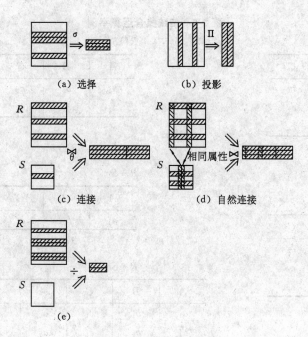

(a) 选择　　　　　　　(b) 投影

(c) 连接　　　　　　　(d) 自然连接

(e)

图 2-3　专门的关系运算

表 2-6　学生-课程数据库

Student 学号 Sno	姓名 Sname	性别 Ssex	年龄 Sage	所在系 Sdept
95001	李勇	男	20	CS
95002	刘晨	女	19	IS
95003	王名	女	18	MA
95004	张立	男	19	IS

(a)

Course 课程号 Cno	课程名 Cname	先行课 Cpno	学分 Ccredit
1	数据库	5	4
2	数学		2
3	信息系统	1	4
4	操作系统	6	3
5	数据结构	7	4
6	数据处理		2
7	PASCAL 语言	6	4

(b)

SC 学号 Sno	课程号 Cno	成绩 Grade
95001	1	92
95001	2	85
95001	3	88
95002	2	90
95002	3	80

(c)

例 1　查询信息系(IS 系)全体学生

$\sigma_{Sdept='IS'}(Student)$

或

$\sigma_{5='IS'}(\text{Student})$

↑

Sdept 的属性序号。

结果如表 2-7(a)所示。

例 2 查询年龄小于 20 岁的元组

$\sigma_{\text{Sage}<20}(\text{Student})$

或

$\sigma_{4<20}(\text{Student})$。

结果如表 2-7(b)所示。

表 2-7 选择运算举例

Sno	Sname	Ssex	Sage	Sdept
95002	刘晨	女	19	IS
95004	张立	男	19	IS

(a)

Sno	Sname	Ssex	Sage	Sdept
95002	刘晨	女	19	IS
95003	王名	女	18	MA
95004	张立	男	19	IS

(b)

2. 投影(projection)

关系 R 上的投影是从 R 中选择出若干属性列组成新的关系。记作

$$\Pi_A(R) = \{\ t[A]\ |\ t\in R\ \}$$

其中 A 为 R 中的属性列。

投影操作是从列的角度进行的运算。如图 2-3(b)所示。

例 3 查询学生关系 Student 在学生姓名和所在系两个属性上的投影

$\Pi_{\text{Sname,Sdept}}(\text{Student})$

或

$\Pi_{2,5}(\text{Student})$

结果如表 2-8(a)。

投影之后不仅取消了原关系中的某些列,而且还可能取消某些元组,因为取消了某些属性列后,就可能出现重复行,应取消这些完全相同的行。

例 4 查询学生关系 Student 中都有哪些系,即查询学生关系 Student 在所在系属性上的投影

$\Pi_{\text{Sdept}}(\text{Student})$

结果如表 2-8(b)。Student 关系原来有四个元组,而投影结果取消了重复的 CS 元组,因此只有三个元组。

3. 连接(join)

连接也称为 θ 连接。它是从两个关系的笛卡尔积中选取属性间满足一定条件的元组。记作

$$R \underset{A\theta B}{\bowtie} S = \{\ \widehat{t_r t_s}\ |\ t_r\in R\ \wedge\ t_s\in S\ \wedge\ t_r[A]\ \theta\ t_s[B]\ \}$$

表 2-8　投影运算举例

Sname	Sdept
李勇	CS
刘晨	IS
王名	MA
张立	IS

(a)

Sdept
CS
IS
MA

(b)

其中 A 和 B 分别为 R 和 S 上度数相等且可比的属性组。θ 是比较运算符。连接运算从 R 和 S 的笛卡尔积 $R \times S$ 中选取(R 关系)在 A 属性组上的值与(S 关系)在 B 属性组上值满足比较关系 θ 的元组。

连接运算中有两种最为重要也最为常用的连接,一种是等值连接(equi-join),另一种是自然连接(Natural join)。

θ 为"="的连接运算称为等值连接。它是从关系 R 与 S 的笛卡尔积中选取 A,B 属性值相等的那些元组。即等值连接为

$$R \underset{A=B}{\bowtie} S = \{\,\widehat{t_r t_s}\,|\,t_r \in R \land t_s \in S \land t_r[A] = t_s[B]\,\}$$

自然连接(Natural join)是一种特殊的等值连接,它要求两个关系中进行比较的分量必须是相同的属性组,并且要在结果中把重复的属性去掉。即若 R 和 S 具有相同的属性组 B,则自然连接可记作

$$R \bowtie S = \{\,\widehat{t_r t_s}\,|\,t_r \in R \land t_s \in S \land t_r[B] = t_s[B]\,\}$$

一般的连接操作是从行的角度进行运算。如图 2-3(c)所示。但自然连接还需要取消重复列,所以是同时从行和列的角度进行运算。如图 2-3(d)所示。

例 5　设关系 R,S 分别为表 2-9 中的(a)和(b),$R \underset{C<E}{\bowtie} S$ 的结果为表 2-9(c),等值连接 $R \underset{R.B=S.B}{\bowtie} S$ 的结果为表 2-9(d),自然连接 $R \bowtie S$ 的结果为表 2-9(e)。

表 2-9　连接运算举例

R

A	B	C
$a1$	$b1$	5
$a1$	$b2$	6
$a2$	$b3$	8
$a2$	$b4$	12

(a)

S

B	E
$b1$	3
$b2$	7
$b3$	10
$b3$	2
$b5$	2

(b)

A	$R.B$	C	$S.B$	E
$a1$	$b1$	5	$b2$	7
$a1$	$b1$	5	$b3$	10
$a1$	$b2$	6	$b2$	7
$a1$	$b2$	6	$b3$	10
$a2$	$b3$	8	$b3$	10

(c)

A	$R.B$	C	$S.B$	E
$a1$	$b1$	5	$b1$	3
$a1$	$b2$	6	$b2$	7
$a2$	$b3$	8	$b3$	10
$a2$	$b3$	8	$b3$	2

(d)

A	B	C	E
$a1$	$b1$	5	3
$a1$	$b2$	6	7
$a2$	$b3$	8	10
$a2$	$b3$	8	2

(e)

4. 除（division）

给定关系 $R(X,Y)$ 和 $S(Y,Z)$，其中 X，Y，Z 为属性组。R 中的 Y 与 S 中的 Y 可以有不同的属性名，但必须出自相同的域集。R 与 S 的除运算得到一个新的关系 $P(X)$，P 是 R 中满足下列条件的元组在 X 属性列上的投影：元组在 X 上分量值 x 的象集 Y_x 包含 S 在 Y 上投影的集合。记作：

$$R \div S = \{t_r[X] | t_r \in R \land Y_x \supseteq \Pi_Y(S)\}$$

其中 Y_x 为 x 在 R 中的象集，$x = t_r[X]$。

除操作是同时从行和列角度进行运算。如图 2-3(e)所示。

例 6 设关系 R，S 分别为表 2-10 中的(a)和(b)，$R \div S$ 的结果为表 2-10(c)

在关系 R 中，A 可以取四个值$\{a1, a2, a3, a4\}$。其中：

$a1$ 的象集为$\{(b1,c2), (b2,c3), (b2,c1)\}$

$a2$ 的象集为$\{(b3,c7), (b2,c3)\}$

$a3$ 的象集为$\{(b4,c6)\}$

$a4$ 的象集为$\{(b6,c6)\}$

S 在(B,C)上的投影为$\{(b1,c2), (b2,c3), (b2,c1)\}$

显然只有 $a1$ 的象集$(B,C)_{a1}$包含 S 在(B,C)属性组上的投影，所以 $R \div S = \{a1\}$

表 2-10　除运算举例

R	A	B	C
	$a1$	$b1$	$c2$
	$a2$	$b3$	$c7$
	$a3$	$b4$	$c6$
	$a1$	$b2$	$c3$
	$a4$	$b6$	$c6$
	$a2$	$b2$	$c3$
	$a1$	$b2$	$c1$

(a)

S	B	C	D
	$b1$	$c2$	$d1$
	$b2$	$c1$	$d1$
	$b2$	$c3$	$d2$

(b)

$R \div S$	A
	$a1$

(c)

下面再以表 2-6 中的关系数据库为例，给出几个综合应用多种关系代数运算进行查询的例子。

例 7 查询至少选修 1 号课程和 3 号课程的学生号码。

首先建立一个临时关系 K

Cno
1
3

然后求：

$\Pi_{Sno,Cno}(SC) \div K$

结果为$\{95001\}$。

求解过程与例 6 类似，先对 SC 关系在 Sno 和 Cno 属性上投影，然后对其中每个元组逐一求出每一学生的象集，并依次检查这些象集是否包含 K。

例 8 查询选修了 2 号课程的学生的学号。

$\Pi_{Sno}(\sigma_{Cno='2'}(SC)) = \{95001, 95002\}$

例 9 查询至少选修了一门其直接先行课为 6 号课程的学生姓名。

$\Pi_{Sname}(\sigma_{Cpno='6'}(Course) \bowtie SC \bowtie \Pi_{Sno,Sname}(Student))$

或

$\Pi_{Sname}(\Pi_{Sno}(\sigma_{Cpno='6'}(Course) \bowtie SC) \bowtie \Pi_{Sno,Sname}(Student))$

例 10 查询选修了全部课程的学生号码和姓名。

$\Pi_{Sno,Cno}(SC) \div \Pi_{Cno}(Course) \bowtie \Pi_{Sno,Sname}(Student)$

本节介绍了 8 种关系代数运算，这些运算经有限次复合后形成的式子称为关系代数表达式。在 8 种关系代数运算中，并、差、笛卡尔积、投影和选择 5 种运算为基本的运算。其他 3 种运算，即交、连接和除，均可以用五种基本运算来表达。引进它们并不增加语言的能力，但可以简化表达。

关系代数语言中比较典型的例子是查询语言 ISBL(information system baselanguage)。ISBL 语言由 IBM United Kingdom 研究中心研制，用于 PRTV(peterlee relational test vehicle)实验系统。

2.5 关 系 演 算

关系演算是以数理逻辑中的谓词演算为基础的。按谓词变元的不同，关系演算可分为元组关系演算和域关系演算。本节通过两个实际的关系演算语言介绍关系演算的思想。

2.5.1 元组关系演算语言 ALPHA

元组关系演算以元组变量作为谓词变元的基本对象。一种典型的元组关系演算语言是 E. F. Codd 提出的 ALPHA 语言，这一语言虽然没有实际实现，但关系数据库管理系统 IN-GRES 所用的 QUEL 语言是参照 ALPHA 语言研制的，与 ALPHA 十分类似。

ALPHA 语言主要有 GET,PUT,HOLD,UPDATE,DELETE,DROP6 条语句，语句的基本格式是：

操作语句　　工作空间名(表达式)：　操作条件

其中表达式用于指定语句的操作对象，它可以是关系名或属性名，一条语句可以同时操作多个关系或多个属性。操作条件是一个逻辑表达式，用于将操作对象限定在满足条件的元组中，操作条件可以为空。除此之外，还可以在基本格式的基础上加上排序要求，定额要求等。

1. 检索操作

检索操作用 GET 语句实现。

(1) 简单检索(即不带条件的检索)

例 1 查询所有被选修课程的课程号码。

GET　W　(SC.Cno)

这里条件为空,表示没有限定条件。W 为工作空间名。

例 2 查询所有学生的数据。

GET　W　(Student)

(2) 限定的检索(即带条件的检索)

例 3 查询信息系(IS)中年龄小于 20 岁的学生的学号和年龄。

GET　W　(Student. Sno,Student. Sage)：Student. Sdept＝'IS' ∧ Student. Sage＜20

(3) 带排序的检索

例 4 查询计算机科学系(CS)学生的学号、年龄,并按年龄降序排序。

GET　W　(Student. Sno,Student. Sage)：Student. Sdept＝'CS' DOWN Student. Sage

(4) 带定额的检索

例 5 取出一个信息系学生的学号。

GET　W　(1)(Student. Sno)：Student. Sdept＝'IS'

所谓带定额的检索是指定检索出元组的个数,方法是在 W 后括号中加上定额数量。排序和定额可以一起使用。

例 6 查询信息系年龄最大的 3 个学生的学号及其年龄。

GET　W　(3)(Student. Sno,Student. Sage)：Student. Sdept＝'IS' DOWN Student. Sage

(5) 用元组变量的检索

因为元组变量是在某一关系范围内变化的,所以元组变量又称为范围变量(range variable)。元组变量主要有两方面的用途:

① 简化关系名。在处理实际问题时,如果关系的名字很长,使用起来就会感到不方便,这时可以设一个较短名字的元组变量来简化关系名。

② 操作条件中使用量词时必须用元组变量。

元组变量是动态的概念,一个关系可以设多个元组变量。

例 7 查询信息系学生的名字。

RANGE Student X
GET　W　(X. Sname)：X. Sdept＝'IS'

这里元组变量 X 的作用是简化关系名 Student。

(6) 用存在量词的检索

例 8 查询选修 2 号课程的学生名字。

RANGE SC X
GET　W　(Student. Sname)：∃ X(X. Sno＝Student. Sno ∧ X. Cno＝'2')

例 9 查询选修了其直接先行课是 6 号课程的学生学号。

RANGE Course CX
GET　W　(SC. Sno)：∃ CX (CX. Cno＝SC. Cno ∧ CX. Cpno＝'6')

例 10 查询至少选修一门其先行课为 6 号课程的学生名字。

RANGE Course CX
        SC   SCX
GET   W(Student.Sname)：$\exists$ SCX (SCX.Sno＝Student.Sno $\wedge$
$$\exists\ CX\ (CX.Cno＝SC.Cno\wedge CX.Cpno＝'6'))$$

本例中的元组关系演算公式可以变换为前束范式(Prenex normal form)的形式：

GET   W (Student.Sname)：$\exists$ SCX$\exists$ CX (SCX.Sno＝Student.Sno $\wedge$
$$CX.Cno＝SCX.Cno\wedge CX.Cpno＝'6')$$

例 8、例 9、例 10 中的元组变量都是为存在量词而设的。其中例 10 需要对两个关系作用存在量词，所以设了两个元组变量。

（7）带有多个关系的表达式的检索

上面所举的各个例子中，虽然查询时可能会涉及多个关系，即公式中可能涉及多个关系，但查询结果都只在一个关系中，即表达式中只有一个关系。实际上表达式中是可以有多个关系的。

例 11 查询成绩为 90 分以上的学生名字与课程名字。

本查询所要求的结果学生名字和课程名字分别在 Student 和 Course 两个关系中。

RANGE SC SCX
GET   W (Student.Sname，Course.Cname)：$\exists$ SCX (SCX.Grade$\geqslant$90 $\wedge$
$$SCX.Sno＝Student.Sno\ \wedge\ Course.Cno＝SCX.Cno)$$

（8）用全称量词的检索

例 12 查询不选 1 号课程的学生名字

RANGE SC SCX
GET   W (Student.Sname)：$\forall$ SCX (SCX.Sno$\neq$Student.Sno $\vee$ SCX.Cno$\neq$'1')

本例实际上也可以用存在量词来表示：

GET   W (Student.Sname)：$\rightarrow\exists$ SCX (SCX.Sno＝Student.Sno $\wedge$ SCX.Cno＝'1')

（9）用两种量词的检索

例 13 查询选修了全部课程的学生姓名。

RANGE Course CX
        SC   SCX
GET   W (Student.Sname)：$\forall$ CX $\exists$ SCX (SCX.Sno＝Student.Sno $\wedge$ SCX.Cno＝CX.Cno)

（10）用蕴函(Implication)的检索

例 14 查询最少选修了 95002 学生所选课程的学生的学号。

本例题的求解思路是，对 Course 中的所有课程，依次检查每一门课程，看 95002 是否选修了该课程，如果选修了，则再看某一个学生是否也选修了该门课。如果对于 95002 所选的每门课程该学生都选修了，则该学生为满足要求的学生。把所有这样的学生全都找出来即完成了本题。

RANGE Couse CX

```
SC      SCX
SC      SCY
```

GET W (Student. Sno): ∀ CX(∃ SCX (SCX. Sno='95002' ∧ SCX. Cno=CX. Cno)

                    => ∃ SCY (SCY. Sno=Student. Sno ∧ SCY. Cno=CX. Cno))

（11）集函数

用户在使用查询语言时,经常要作一些简单的计算,例如,要求符合某一查询要求的元组数,求某个关系中所有元组在某属性上的值的总和或平均值等。为了方便用户,关系数据语言中建立了有关这类运算的标准函数库供用户选用。这类函数通常称为集函数(aggregation function)或内部函数(build-in function)。关系演算中提供了 COUNT,TOTAL,MAX,MIN,AVG 等集函数,其含义如表 2-11 所示。

表 2-11　关系演算中的集函数

函 数 名	功 能
COUNT	对元组计数
TOTAL	求总和
MAX	求最大值
MIN	求最小值
AVG	求平均值

例 15　查询学生所在系的数目。

GET W (COUNT(Student. Sdept))

COUNT 函数在计数时会自动排除重复的 Sdept 值。

例 16　查询信息系学生的平均年龄。

GET W (AVG(Student. Sage): Student. Sdept='IS')

2. 更新操作

（1）修改操作

修改操作用 UPDATE 语句实现。其步骤是:
- 首先用 HOLD 语句将要修改的元组从数据库中读到工作空间中;
- 然后用宿主语言修改工作空间中元组的属性;
- 最后用 UPDATE 语句将修改后的元组送回数据库中。

需要注意的是,单纯检索数据使用 GET 语句即可,但为修改数据而读元组时必须使用 HOLD 语句,HOLD 语句是带上并发控制的 GET 语句。有关并发控制的概念将在第 5 章中详细介绍。

例 17　95007 学生从计算机科学系转到信息系。

HOLD W (Student. Sno, Student. Sdetp): Student. Sno='95007'

                         （从 Student 关系中读出 95007 学生的数据）

MOVE 'IS' TO W. Sdept　　　　（用宿主语言进行修改）

UPDATE W　　　　　　　　　　（把修改后的元组送回 Student 关系）

在该例中用 HOLD 语句来读 95007 的数据,而不是用 GET 语句。

如果修改操作涉及到两个关系的话,就要执行两次 HOLD—MOVE—UPDATE 操作序列。

修改主码的操作是不允许的,例如,不能用 UPDATE 语句将学号 95001 改为 95102。如果需要修改关系中某个元组的主码值,只能先用删除操作删除该元组,然后再把具有新主码值的元组插入到关系中。

（2）插入操作

插入操作用 PUT 语句实现。其步骤是:

- 首先用宿主语言在工作空间中建立新元组;
- 然后用 PUT 语句把该元组存入指定的关系中。

例 18　学校新开设了一门 2 学分的课程"计算机组织与结构",其课程号为 8,直接先行课为 6 号课程。插入该课程元组。

```
MOVE    '8'  TO  W.Cno
MOVE    '计算机组织与结构'  TO   W.Cname
MOVE    '6'  TO  W.Cpno
MOVE    '2'  TO  W.Ccredit
PUT  W  (Course)            (把 W 中的元组插入指定关系 Course 中)
```

PUT 语句只对一个关系操作,也就是说表达式必须为单个关系名。如果插入操作涉及多个关系,必须执行多次 PUT 操作。

（3）删除

删除操作用 DELETE 语句实现。其步骤为:

- 用 HOLD 语句把要删除的元组从数据库中读到工作空间中;
- 用 DELETE 语句删除该元组。

例 19　95110 学生因故退学,删除该学生元组。

```
HOLD   W   (Student)：Student.Sno='95110'
DELETE   W
```

例 20　将学号 95001 改为 95102。

```
HOLD   W   (Student)：Student.Sno='95001'
DELETE   W
MOVE   '95102'  TO  W.Sno
MOVE   '李勇'  TO  W.Sname
MOVE   '男'  TO  W.Ssex
MOVE   '20'  TO  W.Sage
MOVE   'CS'  TO  W.Sdept
PUT W (Student)
```

例 21　删除全部学生。

```
HOLD   W   (Student)
DELETE   W
```

由于 SC 关系与 Student 关系之间具有参照关系,为保证参照完整性,删除 Student 关系中全部元组的操作将导致 DBMS 自动执行删除 SC 关系中全部元组的操作:

```
HOLD   W   (SC)
DELETE   W
```

2.5.2　域关系演算语言 QBE

关系演算的另一种形式是域关系演算。域关系演算以元组变量的分量即域变量作为谓词变元的基本对象。1975 年由 M. M. Zloof 提出的 QBE 就是一个很有特色的域关系演算语言,该语言于 1978 年在 IBM 370 上得以实现。QBE 也指此关系数据库管理系统。

QBE 是 query by example(即通过例子进行查询)的简称,其最突出的特点是它的操作方式。它是一种高度非过程化的基于屏幕表格的查询语言,用户通过终端屏幕编辑程序以填写表格的方式构造查询要求,而查询结果也是以表格形式显示,因此非常直观,易学易用。

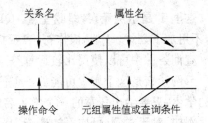

图 2-4　QBE 操作框架

QBE 中用示例元素来表示查询结果可能的例子,示例元素实质上就是域变量。QBE 操作框架如图 2-4 所示。

下面以学生-课程关系数据库为例,说明 QBE 的用法。

1. 检索操作

(1) 简单查询

例 1　求信息系全体学生的姓名。

操作步骤为:

1) 用户提出要求

2) 屏幕显示空白表格

3) 用户在最左边一栏输入关系名 Student

Student			

4) 屏幕显示该关系的栏名,即 Student 关系的各个属性名

Student	Sno	Sname	Ssex	Sage	Sdept

5）用户在上面构造查询要求

Student	Sno	Sname	Ssex	Sage	Sdept
		P. T			CI

　　这里 T 是示例元素，即域变量。QBE 要求示例元素下面一定要加下划线。CI 是查询条件，不用加下划线。P. 是操作符，表示打印（print），实际上就是显示。

　　查询条件中可以使用比较运算符＞，≥，＜，≤，＝和≠。其中＝可以省略。

　　示例元素是这个域中可能的一个值，它不必是查询结果中的元素。比如要求计算机科学系的学生，只要给出任意的一个学生名即可，而不必是信息系的某个学生名。

　　例如，对于本例，可如下构造查询要求：

Student	Sno	Sname	Ssex	Sage	Sdept
		P. 李勇			IS

　　这里的查询条件是 Sdept＝'IS'，其中"＝"被省略。

6）屏幕显示查询结果

Student	Sno	Sname	Ssex	Sage	Sdept
		刘晨 张立			

　　根据用户构造的查询要求，这里只显示信息系的学生姓名属性值。

例 2　查询全体学生的全部数据。

Student	Sno	Sname	Ssex	Sage	Sdept
	P. 95001	P. 李勇	P. 男	P. 20	P. CS

　　显示全部数据也简单地把 P. 操作符作用在关系名上。因此本查询也可以简单地表示如下：

Student	Sno	Sname	Ssex	Sage	Sdept
P.					

显示全部数据也简单地把 P. 操作符作用在关系名上。

（2）条件查询

例 3 求年龄大于 19 岁的学生的学号。

Student	Sno	Sname	Ssex	Sage	Sdept
	P. 95001			>19	

注意，查询条件中只能省略＝比较运算符，其他比较运算符（如＞）不能省略。

例 4 求计算机科学系年龄大于 19 岁的学生的学号。

本查询的条件是 Sdept＝'CS' 和 Sage＞19 两个条件的"与"。在 QBE 中，表示两个条件的"与"有两种方法。

1）把两个条件写在同一行上。

Student	Sno	Sname	Ssex	Sage	Sdept
	P. 95001			>19	CS

2）把两个条件写在不同行上，但使用相同的示例元素值。

Student	Sno	Sname	Ssex	Sage	Sdept
	P. 95001				CS
	P. 95001			>19	

例 5 查询计算机科学系或者年龄大于 19 岁的学生的学号。

本查询的条件是 Sdept＝'CS' 和 Sage＞19 两个条件的"或"。在 QBE 中把两个条件写在不同行上，并且使用不同的示例元素值，即表示条件的"或"。

Student	Sno	Sname	Ssex	Sage	Sdept
	P. 95001				CS
	P. 95002			>19	

对于多行条件的查询，如例 4 中的 2）和例 5，先输入哪一行是任意的，查询结果相同。这就允许查询者以不同的思考方式进行查询，十分灵活、自由。

例 6 查询既选修了 1 号课程又选修了 2 号课程的学生的学号。

本查询条件是在一个属性中的"与"关系，它只能用"与"条件的第 2）种方法表示，即写两行，但示例元素相同。

SC	Sno	Cno	Grade
	P. 95001	1	
	P. 95001	2	

例7 查询选修 1 号课程的学生姓名。

本查询涉及两个关系:SC 关系和 Student 关系。在 QBE 中实现这种查询的方法是通过相同的连接属性值把多个关系连接起来。

Student	Sno	Sname	Ssex	Sage	Sdept
	95001	P. 李勇			

SC	Sno	Cno	Grade
	95001	1	

这里示例元素 Sno 是连接属性,其值在两个表中要相同。

例8 查询未选修 1 号课程的学生姓名。

这里的查询条件中用到逻辑非。在 QBE 中表示逻辑非的方法是将逻辑非写在关系名下面。

Student	Sno	Sname	Ssex	Sage	Sdept
	95001	P. 李勇			

SC	Sno	Cno	Grade
¬	95001	1	

这个查询就是显示学号为 95001 的学生名字,而该学生选修了 1 号课程的情况为假。

例9 查询有两个人以上选修的课程号。

本查询是在一个表内连接。

SC	Sno	Cno	Grade
	95001	P. 1	
	¬95001	1	

这个查询是要显示这样的课程号 1,它不仅被 95001 选修,而且另一个学生(¬95001)也选修了。

(3) 集函数

为了方便用户,QBE 提供了一些集函数,主要包括 CNT,SUM,AVG,MAX,MIN 等,其含义如表 2-12 所示。

表 2-12　QBE 中的集函数

函　数　名	功　　能
CNT	对元组计数
SUM	求总和
AVG	求平均值
MAX	求最大值
MIN	求最小值

例 10　查询信息系学生的平均年龄。

Student	Sno	Sname	Ssex	Sage	Sdept
				P. AVG. ALL.	IS

(4)对查询结果排序

对查询结果按某个属性值的升序排序,只需在相应列中填入"AO.",按降序排序则填"DO."。如果按多列排序,用"AO(i)."或"DO(i)."表示,其中 i 为排序的优先级,i 值越小,优先级越高。

例 11　查询全体男生的姓名,要求查询结果按所在系升序排序,对相同系的学生按年龄降序排序。

Student	Sno	Sname	Ssex	Sage	Sdept
		P.李勇	男	DO(2).	AO(1).

2. 更新操作

(1) 修改操作

修改操作符为"U."。关系的主码不允许修改,如果需要修改某个元组的主码,只能间接进行,即首先删除该元组,然后再插入新的主码的元组。

例 12　把 95001 学生的年龄改为 18 岁。

这是一个简单修改操作,不包含算术表达式,因此可以有两种表示方法:

· 将操作符"U."放在值上。

Student	Sno	Sname	Ssex	Sage	Sdept
	95001			U.18	

· 将操作符"U."放在关系上。

Student	Sno	Sname	Ssex	Sage	Sdept
U.	95001			18	

这里,码 95001 标明要修改的元组。"U."标明所在的行是修改后的新值。由于主码是不能修改的,所以即使在第二种写法中,系统也不会混淆要修改的属性。

例 13　把 95001 学生的年龄增加 1 岁。

这个修改操作涉及表达式,所以只能将操作符"U."放在关系上。

Student	Sno	Sname	Ssex	Sage	Sdept
	95001			x	
U.	95001			x+1	

例 14　将计算机科学系所有学生的年龄都增加 1 岁。

Student	Sno	Sname	Ssex	Sage	Sdept
	95001			x	CS
U.	95001			x+1	

（2）插入操作

插入操作符为"I."。新插入的元组必须具有码值,其他属性值可以为空。

例 15　把信息系女生 95701,姓名张三,年龄 17 岁存入数据库中。

Student	Sno	Sname	Ssex	Sage	Sdept
I.	95701	张三	女	17	IS

（3）删除操作

删除操作符为"D."。

例 16　删除学生 95089。

Student	Sno	Sname	Ssex	Sage	Sdept
D.	95089				

由于 SC 关系与 Student 关系之间具有参照关系,为保证参照完整性,删除 95089 学生后,通常还应删除 95089 学生选修的全部课程。

SC	Sno	Cno	Grade
D.	95089		

2.6　关系数据库管理系统

2.2 节至 2.5 节中比较详细地讨论了关系模型的三个基本要素:关系数据结构、关系的完整性和三类等价的关系操作。

关系数据库管理系统简称为关系系统,是指支持关系模型的系统。由于关系模型中并非每一部分都是同等重要的,所以我们并不苛求一个实际的关系系统必须完全支持关系模型。

不支持关系数据结构的系统显然不能称为关系系统。

仅支持关系数据库,但没有选择、投影和连接运算功能的系统,用户使用起来仍不方便,不能提高用户的生产率,而提高用户生产率正是关系系统的主要目标之一,所以这种系统仍不能算作关系系统。

支持选择、投影和连接运算,但要求定义物理存取路径,例如,要求用户建立索引并打开索引才能按索引字段检索记录,也就是说,这三种运算依赖于物理存取路径,这样就降低或丧失了数据的物理独立性,这种系统也不能算作真正的关系系统。

但是我们并不要求关系系统的选择、投影、连接运算和关系代数中的相应运算完全一样,而只要求有等价的运算功能。

选择、投影、连接运算是最有用的运算,能解决绝大部分实际问题,所以要求关系系统只要支持这三种最主要的运算即可,并不要求它必须提供关系代数的全部运算功能。

因此,一个数据库管理系统可定义为关系系统,当且仅当它至少支持:

• 关系数据库(即关系数据结构)。也就是说,从用户观点看,数据库是由表构成的,并且系统中只有表这种结构;

• 支持选择、投影和(自然)连接运算。对这些运算不要求用户定义任何物理存取路径。

上面关于系统的定义实际上是对关系系统的最低要求,许多实际系统都不同程度地超过了这些要求。按照 E. F. Codd 的思想,依据关系系统支持关系模型的程度不同,可以把关系系统分为四类,如图 2-5 所示。

(a) 表式系统　　(b) (最小)关系系统　　(c) 关系完备系统　　(d) 全关系系统

图 2-5　关系系统分类

图中的圆表示关系数据模型。每个圆分为三部分,分别表示模型的三个组成部分,其中 S 表示数据结构(structure),I 表示完整性约束(integrity),M 表示数据操纵(manipulation)。图中的阴影部分表示各类系统支持模型的程度。

1. 表式系统　这类系统仅支持关系数据结构(即表),不支持集合级的操作。表式系统实际上不能算关系系统。倒排表列(inverted list)系统就属于这一类。

2. (最小)关系系统　即上面定义的关系系统,它支持关系数据结构和选择、投影、连接三种关系操作。许多微机关系系统如 FoxBASE,FoxPro 等就属于这一类。

3. 关系上完备的系统这类系统支持关系数据结构和所有的关系代数操作(功能上与关系代数等价)。目前许多中大型关系系统如 DB2,ORACLE 等就属于这一类。

4. 全关系系统　这类系统支持关系模型的所有特征,特别是数据结构中域的概念,实体完整性和参照完整性。虽然 DB2,ORACLE 等系统已经接近这个目标,但到目前为止尚没有一个系统是全关系系统。

尽管不同的关系系统对关系模型的支持程度不同,但它们的体系结构都符合三级模式结构,提供了模式、外模式、内模式以及模式与外模式之间的映象、模式与内模式之间的映象。我们所说的表就是关系系统的模式,在表上面可以定义视图,这就是关系系统的外模式,关系系统通常都提供了定义视图即外模式的语句。内模式则是实际存储在磁盘或磁带上的文件。模式与外模式之间的映象、模式与内模式之间的映象由关系系统自动提供和维护。

习　题

1. 常用的关系数据语言有哪几种?
2. 解释下列概念,并说明它们之间的联系与区别:
   (1) 码,候选码,外部码
   (2) 笛卡尔、关系、元组、属性、域
   (3) 关系模式、关系模型、关系数据库
3. 关系模型的完整性规则有哪几类?
4. 在关系模型的参照完整性规则中,为什么外部码属性的值也可以为空? 什么情况下才可以为空?
5. 等值连接与自然连接的区别是什么?
6. 关系代数的基本运算有哪些? 如何用这些基本运算来表示其他的关系基本运算?
7. 设有下列四个关系模式:
   S(SNO,SNAME,CITY);
   P(PNO,PNAME,COLOR,WEIGHT);
   J(JNO,JNAME,CITY);
   SPJ(SNO,PNO,JNO,QTY);
其中供应商表 S 由供应商号(SNO)、供应商姓名(SNAME)、供应商所在城市(CITY)组成,记录各个供应商的情况。

SNO	SNAME	CITY
S1	精　益	天津
S2	万　胜	北京
S3	东　方	北京
S4	丰泰隆	上海
S5	康　健	南京

零件表 P 由零件号(PNO)、零件名称(PNAME)、零件颜色(COLOR)、零件重量(WEIGHT)组成,记录各种零件的情况。

PNO	PNAME	COLOR	WEIGHT
P1	螺　母	红	12
P2	螺　栓	绿	17
P3	螺丝刀	蓝	14
P4	螺丝刀	红	14
P5	凸　轮	蓝	40
P6	齿　轮	红	30

工程项目表 J 由项目号(JNO)、项目名(JNAME)、项目所在城市(CITY)组成,记录各个工程项目的情况。

JNO	JNAME	CITY
J1	三　建	北京
J2	一　汽	长春
J3	弹 簧 厂	天津
J4	造 船 厂	天津
J5	机 车 厂	唐山
J6	无线电厂	常州
J7	半导体厂	南京

供应情况表 SPJ 由供应商号(SNO)、零件号(PNO)、项目号(JNO)、供应数量(QTY)组成,记录各供应商供应各种零件给各工程项目的数量。

SNO	PNO	JNO	QTY
S1	P1	J1	200
S1	P1	J3	100
S1	P1	J4	700
S1	P2	J2	100
S2	P3	J1	400
S2	P3	J2	200
S2	P3	J4	500
S2	P3	J5	400
S2	P5	J1	400
S2	P5	J2	100
S3	P1	J1	200
S3	P3	J1	200
S4	P5	J1	100
S4	P6	J3	300
S4	P6	J4	200
S5	P2	J4	100
S5	P3	J1	200
S5	P6	J2	200
S5	P6	J4	500

试分别用关系代数、ALPHA 语言、QBE 语言完成下列操作:

(1) 求供应工程 J1 零件的供应商号 SNO;

(2) 求供应工程 J1 零件 P1 的供应商号 SNO;

(3) 求供应工程 J1 红色零件的供应商号 SNO;

(4) 求没有使用天津供应商生产的红色零件的工程号 JNO;

(5) 求至少用了 S1 供应商所供应的全部零件的工程号 JNO。

8. 关系系统可以分为哪几类? 各类关系系统的定义是什么?

第 3 章 关系数据库标准语言 SQL

结构化查询语言(structured query language,简称 SQL)是一种介于关系代数与关系演算之间的语言,其功能包括查询、操纵、定义和控制 4 个方面,是一个通用的、功能极强的关系数据库语言。目前已成为关系数据库的标准语言。

3.1 SQL 概 述

SQL 语言是 1974 年由 Boyce 和 Chamberlin 提出的。1975 年至 1979 年 IBM 公司 San Jose Research Laboratory 研制的关系数据库管理系统原型系统 System R 实现了这种语言。由于它功能丰富,语言简洁,使用方法灵活,倍受用户及计算机工业界欢迎,被众多计算机公司和软件公司所采用。经各公司的不断修改、扩充和完善,SQL 语言最终发展成为关系数据库的标准语言。

第一个 SQL 标准是 1986 年 10 月由美国国家标准局(American National Standard Institute,简称 ANSI)公布的,所以也称该标准为 SQL—86。1987 年国际标准化组织(International Organization for Standardization,简称 ISO)也通过了这一标准。此后 ANSI 不断修改和完善 SQL 标准,并于 1989 年第二次公布 SQL 标准(SQL—89),1992 年又公布了 SQL—92 标准。目前 ANSI 正在酝酿新的 SQL 标准:SQL3。

自 SQL 成为国际标准语言以后,各个数据库厂家纷纷推出各自支持的 SQL 软件或与 SQL 的接口软件。这就有可能使将来大多数数据库均用 SQL 作为共同的数据存取语言和标准接口,使不同数据库系统之间的互操作有了共同的基础。这个意义十分重大。因此,有人把确立 SQL 为关系数据库语言标准及其后的发展称为是一场革命。

SQL 成为国际标准,对数据库以外的领域也产生了很大影响,有不少软件产品将 SQL 语言的数据查询功能与图形功能、软件工程工具、软件开发工具、人工智能程序结合起来。SQL 已成为关系数据库领域中一个主流语言。

3.1.1 SQL 的特点

SQL 语言之所以能够为用户和业界所接受,成为国际标准,是因为它是一个综合的、通用的、功能极强、同时又简洁易学的语言。SQL 语言集数据查询(data query)、数据操纵(data manipulation)、数据定义(data definition)和数据控制(data control)功能于一体,充分体现了关系数据语言的特点和优点。其主要特点包括:

1. 综合统一

数据库的主要功能是通过数据库支持的数据语言来实现的。

非关系模型(层次模型、网状模型)的数据语言一般都分为模式数据定义语言(schema data definition language,简称模式 DDL)、外模式数据定义语言(subschema data definition language,简称外模式 DDL 或子模式 DDL)、与数据存储有关的描述语言(data storage description language,简称 DSDL)、以及数据操纵语言(data manipulation language,简称 DML),分别用于定义模式、外模式、内模式和进行数据的存取与处置。当用户数据库投入运行后,如果需要修改模式,必须停止现有数据库的运行,转储数据,修改模式并编译后再重装数据库,因此很麻烦。

而 SQL 语言则集数据定义语言(DDL)、数据操纵语言(DML)、数据控制语言(DCL)的功能于一体,语言风格统一,可以独立完成数据库生命周期中的全部活动,包括定义关系模式、录入数据以建立数据库、查询、更新、维护、数据库重构、数据库安全性控制等一系列操作的要求,这就为数据库应用系统开发提供了良好的环境。例如,用户在数据库投入运行后,还可根据需要随时地逐步地修改模式,并不影响数据库的运行,从而使系统具有良好的可扩充性。

另外,在关系模型中,实体和实体间的联系均用关系表示,这种数据结构的单一性带来了数据操作符的统一性,查找、插入、删除、更新等每一种操作都只需一种操作符,从而克服了非关系系统由于信息表示方式的多样性带来的操作复杂性。

2. 高度非过程化

非关系数据模型的数据操纵语言是面向过程的语言,用其完成某项请求,必须指定存取路径。而用 SQL 语言进行数据操作,用户只需提出"做什么",而不必指明"怎么做",因此用户无需了解存取路径,存取路径的选择以及 SQL 语句的操作过程由系统自动完成。这不但大大减轻了用户负担,而且有利于提高数据独立性。

3. 面向集合的操作方式

非关系数据模型采用的是面向记录的操作方式,任何一个操作其对象都是一条记录。例如,查询所有平均成绩在 80 分以上的学生姓名,用户必须说明完成该请求的具体处理过程,即如何用循环结构按照某条路径一条一条地把满足条件的学生记录读出来。而 SQL 语言采用集合操作方式,不仅查找结果可以是元组的集合,而且一次插入、删除、更新操作的对象也可以是元组的集合。

4. 以同一种语法结构提供两种使用方式

SQL 语言既是自含式语言,又是嵌入式语言。作为自含式语言,它能够独立地用于联机交互的使用方式,用户可以在终端键盘上直接键入 SQL 命令对数据库进行操作。作为嵌入式语言,SQL 语句能够嵌入到高级语言(例如 C,COBOL,FORTRAN、PL/1)程序中,供程序员设计程序时使用。而在两种不同的使用方式下,SQL 语言的语法结构基本上是一致的。这种以统一的语法结构提供两种不同的使用方式的作法,为用户提供了极大的灵活性与方便性。

5. 语言简洁,易学易用

SQL 语言功能极强,但由于设计巧妙,语言十分简洁,完成数据定义、数据操纵、数据控制的核心功能只用了 9 个动词：CREATE，DROP，ALTER，SELECT，INSERT，UP-

DATE,DELETE,GRANT,REVOKE,如表 3-1 所示。而且 SQL 语言语法简单,接近英语口语,因此容易学习,容易使用。

表 3-1　SQL 语言的动词

SQL 功能	动　　词
数据查询	SELECT
数据定义	CREATE,DROP,ALTER
数据操纵	INSERT,UPDATE,DELETE
数据控制	GRANT,REVOKE

3.1.2　SQL 语言的基本概念

SQL 语言支持关系数据库三级模式结构,如图 3-1 所示。其中外模式对应于视图(view)和部分基本表(base table),模式对应于基本表,内模式对应于存储文件。

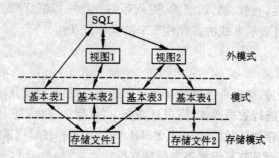

图 3-1　SQL 对关系数据库模式的支持

基本表是本身独立存在的表,在 SQL 中一个关系对应一个表。一些基本表对应一个存储文件,一个表可以带若干索引,索引存放在存储文件中。

存储文件的逻辑结构组成了关系数据库的内模式。存储文件的物理文件结构是任意的。

视图是从基本表或其他视图中导出的表,它本身不独立存储在数据库中,也就是说数据库中只存放视图的定义而不存放视图对应的数据,这些数据仍存放在导出视图的基本表中,因此视图是一个虚表。

用户可以用 SQL 语言对视图和基本表进行查询。在用户眼中,视图和基本表都是关系,而存储文件对用户是透明的。

从 3.2 节开始,将逐一介绍各 SQL 语句的功能和格式。为了突出基本概念和语句功能,我们略去了许多语法细节。而各个 DBMS 产品在实现标准 SQL 语言时也各有差别,一般都做了某种扩充。因此,读者具体使用某个 DBMS 产品时,应仔细参阅系统提供的有关手册。

3.2　数 据 定 义

关系数据库由模式、外模式和内模式组成,即关系数据库的基本对象是表、视图和索引。因此 SQL 的数据定义功能包括定义表、定义视图和定义索引,如表 3-2 所示。由于视图是基于基本表的虚表,索引是依附于基本表的,因此 SQL 通常不提供修改视图定义和修改索引定义的操作。用户如果想修改视图定义或索引定义,只能先将它们删除掉,然后再重建。不过有些关系数据库产品如 ORACLE 允许直接修改视图定义。

表 3-2　SQL 的数据定义语句

操作对象	操 作 方 式		
	创　建	删　除	修　改
表	CREATE TABLE	DROP TABLE	ALTER TABLE
视图	CREATE VIEW	DROP VIEW	
索引	CREATE INDEX	DROP INDEX	

本节只介绍如何定义基本表和索引,视图的概念及其定义方法将在 3.4 节专门讨论。

3.2.1　定义、删除与修改基本表

1. 定义基本表

建立数据库最重要的一步就是定义一些基本表。SQL 语言使用 CREATE TABLE 语句定义基本表,其一般格式如下:

CREATE TABLE <表名>（<列名> <数据类型>［列级完整性约束条件］

　　　　　　　［,<列名> <数据类型>［列级完整性约束条件］...］

　　　　　　　［,<表级完整性约束条件>］);

其中<表名>是所要定义的基本表的名字,它可以由一个或多个属性(列)组成。建表的同时通常还可以定义与该表有关的完整性约束条件,这些完整性约束条件被存入系统的数据字典中,当用户操作表中数据时由 DBMS 自动检查该操作是否违背这些完整性约束条件。如果完整性约束条件涉及到该表的多个属性列,则必须定义在表级上,否则既可以定义在列级,也可以定义在表级。

例 1　建立一个“学生”表 Student,它由学号 Sno、姓名 Sname、性别 Ssex、年龄 Sage、所在系 Sdept 5 个属性组成,其中学号属性不能为空,并且其值是唯一的。

```
CREATE TABLE Student
        (Sno          CHAR(5) NOT NULL UNIQUE,
         Sname        CHAR(20),
         Ssex         CHAR(2),
         Sage         INT,
         Sdept        CHAR(15));
```

系统执行上面的 CREATE TABLE 语句后,就在数据库中建立一个新的空的“学生”表 Student,并将有关“学生”表的定义及有关约束条件存放在数据字典中,如表3-3所示。

定义表的各个属性时需要指明其数据类型及长度。不同的数据库系统支持的数据类型不完全相同,例如,IBM DB2 SQL 主要支持以下数据类型:

SMALLINT　　　　　　　　　　半字长二进制整数。

INTEGER 或 INT　　　　　　　全字长二进制整数。

DECIMAL(p[,q])或 DEC (p[,q])　压缩十进制数,共 p 位,其中小数点后有 q 位。

　　　　　　　　　　　　　　　$0 \leqslant q \leqslant p \leqslant 15, q = 0$时可以省略。

FLOAT		双字长浮点数。
CHARTER(n)或 CHAR(n)		长度为 n 的定长字符串。
VARCHAR(n)		最大长度为 n 的变长字符串。
GRAPHIC(n)		长度为 n 的定长图形字符串。
VARGRAPHIC(n)		最大长度为 n 的变长图形字符串。
DATE		日期型,格式为 YYYY-MM-DD。
TIME		时间型,格式为 HH.MM.SS.XX。
TIMESTAMP		日期加时间。

表 3-3 Student

Sno	Sname	Ssex	Sage	Sdept
↑	↑	↑	↑	↑
字符型 长度为 5 不能为空值 取值唯一	字符型 长度为 20	字符型 长度为 1	整数	字符型 长度为 15

2. 修改基本表

随着应用环境和应用需求的变化,有时需要修改已建立好的基本表,包括增加新列、增加新的完整性约束条件、修改原有的列定义或删除已有的完整性约束条件等。SQL 语言用 ALTER TABLE 语句修改基本表,其一般格式为:

```
ALTER TABLE <表名>
    [ADD <新列名> <数据类型> [完整性约束]]
    [DROP <完整性约束名>]
    [MODIFY <列名> <数据类型>];
```

其中<表名>指定需要修改的基本表,ADD 子句用于增加新列和新的完整性约束条件,DROP 子句用于删除指定的完整性约束条件,MODIFY 子句用于修改原有的列定义。

例 2 向 Student 表增加"入学时间"列,其数据类型为日期型。

ALTER TABLE Student ADD Scome DATE;

不论基本表中原来是否已有数据,新增加的列一律为空值。

例 3 将年龄的数据类型改为半字长整数。

ALTER TABLE Student MODIFY Sage SMALLINT;

修改原有的列定义有可能会破坏已有数据。

例 4 删除关于学号必须取唯一值的约束。

ALTER TABLE Student DROP UNIQUE(Sno);

经过上述修改后,Student 表如表 3-4 所示。

表 3-4

Sno	Sname	Ssex	Sage	Sdept	Scome

↑	↑	↑	↑	↑	↑
字符型 长度为 5 不能为空值	字符型 长度为 20	字符型 长度为 1	小整数	字符型 长度为 15	日期型

SQL 没有提供删除属性列的语句,用户只能间接实现这一功能,即先将原表中要保留的列及其内容复制到一个新表中,然后删除原表,并将新表重命名为原表名。

3. 删除基本表

当某个基本表不再需要时,可以使用 SQL 语句 DROP TABLE 进行删除。其一般格式为:

DROP TABLE <表名>;

例 5   删除 Student 表。

DROP TABLE Student;

基本表定义一旦删除,表中的数据和在此表上建立的索引都将自动被删除掉,而建立在此表上的视图虽仍然保留,但已无法引用。因此执行删除操作一定要格外小心。

3.2.2   建立与删除索引

建立索引是加快表的查询速度的有效手段。当我们需要在一本书中查找某些信息时,往往首先通过目录找到所需信息的对应页码,然后再从该页码中找出所要的信息,这种做法比直接翻阅书的内容速度要快。如果把数据库表比作一本书,那么表的索引就是这本书的目录,可见通过索引可以大大加快表的查询。

SQL 语言支持用户根据应用环境的需要,在基本表上建立一个或多个索引,以提供多种存取路径,加快查找速度。一般说来,建立与删除索引由数据库管理员(DBA)或表的属主(即建立表的人)负责完成。系统在存取数据时会自动选择合适的索引作为存取路径,用户不必也不能选择索引。

1. 建立索引

在 SQL 语言中,建立索引使用 CREATE INDEX 语句,其一般格式为

CREATE [UNIQUE] [CLUSTER] INDEX <索引名>
    ON <表名>(<列名>[<次序>][,<列名>[<次序>]]...);

其中,<表名>指定要建索引的基本表的名字。索引可以建在该表的一列或多列上,各列名之间用逗号分隔。每个<列名>后面还可以用<次序>指定索引值的排列次序,包括 ASC

（升序）和 DESC（降序）两种，缺省值为 ASC。

UNIQUE 表示此索引的每一个索引值只对应唯一的数据记录。

CLUSTER 表示要建立的索引是聚簇索引。所谓聚簇索引是指索引项的顺序与表中记录的物理顺序一致的索引组织。例如，执行下面的 CREATE INDEX 语句：

CREATE CLUSTER INDEX Stusname ON Student(Sname);

将会在 Student 表的 Sname（姓名）列上建立一个聚簇索引，而且 Student 表中的记录将按照 Sname 值的升序存放。

用户可以在最常查询的列上建立聚簇索引以提高查询效率。显然在一个基本表上最多只能建立一个聚集索引。建立聚簇索引后，更新索引列数据时，往往导致表中记录的物理顺序的变更，代价较大，因此对于经常更新的列不宜建立聚簇索引。

例 6 为学生-课程数据库中的 Student，Course，SC 3 个表建立索引。其中 Student 表按学号升序建立唯一索引，Course 表按课程号升序建立唯一索引，SC 表按学号升序和课程号降序建唯一索引。

CREATE UNIQUE INDEX Stusno ON Student(Sno);
CREATE UNIQUE INDEX Coucno ON Course(Cno);
CREATE UNIQUE INDEX SCno ON SC(Sno ASC,Cno DESC);

2. 删除索引

索引一经建立，就由系统使用和维护它，不需用户干预。建立索引是为了减少查询操作的时间，但如果数据增删改频繁，系统会花费许多时间来维护索引。这时，可以删除一些不必要的索引。

在 SQL 语言中，删除索引使用 DROP INDEX 语句，其一般格式为

DROP INDEX <索引名>;

例 7 删除 Student 表的 Stusname 索引。

DROP INDEX Stusname;

删除索引时，系统会同时从数据字典中删去有关该索引的描述。

3.3 查　询

建立数据库的目的是为了查询数据，因此，可以说数据库查询是数据库的核心操作。SQL 语言提供了 SELECT 语句进行数据库的查询，该语句具有灵活的使用方式和丰富的功能。其一般格式为：

SELECT [ALL|DISTINCT] <目标列表达式>[,<目标列表达式>]…
FROM <表名或视图名>[,<表名或视图名>]…
[WHERE <条件表达式>]
[GROUP BY <列名 1> [HAVING <条件表达式>]]
[ORDER BY <列名 2> [ASC|DESC]];

整个 SELECT 语句的含义是，根据 WHERE 子句的条件表达式，从 FROM 子句指定的

基本表或视图中找出满足条件的元组,再按 SELECT 子句中的目标列表达式,选出元组中的属性值形成结果表。如果有 GROUP 子句,则将结果按<列名 1>的值进行分组,该属性列值相等的元组为一个组,每个组产生结果表中的一条记录。通常会在每组中作用集函数。如果 GROUP 子句带 HAVING 短语,则只有满足指定条件的组才予输出。如果有 ORDER 子句,则结果表还要按<列名 2>的值的升序或降序排序。

SELECT 语句既可以完成简单的单表查询,也可以完成复杂的连接查询和嵌套查询。下面以一个"学生-课程"数据库为例说明 SELECT 语句的各种用法。

"学生-课程"数据库中包括三个表:

1. "学生"表 Student 由学号(Sno)、姓名(Sname)、性别(Ssex)、年龄(Sage)、所在系(Sdept)5 个属性组成,可记为

  Student(Sno,Sname,Ssex,Sage,Sdept)

其中 Sno 为主码。

2. "课程"表 Course 由课程号(Cno)、课程名(Cname)、先修课号(Cpno)、学分(Ccredit)4 个属性组成,可记为:

  Course(Cno,Cname,Cpno,Ccredit)

其中 Cno 为主码。

3. "学生选课"表 SC 由学号(Sno)、课程号(Cno)、成绩(Grade)3 个属性组成,可记为:

  SC(Sno,Cno,Grade)

其中(Sno,Cno)为主码。

3.3.1 单表查询

单表查询是指仅涉及一个数据库表的查询,比如选择一个表中的某些列值、选择一个表中的某些特定行等。单表查询是一种最简单的查询操作。

1. 选择表中的若干列

选择表中的全部列或部分列,这类运算又称为投影。其变化方式主要表现在 SELECT 子句的<目标表达式>上。

1) 查询指定列

在很多情况下,用户只对表中的一部分属性列感兴趣,这时可以通过在 SELECT 子句的<目标列表达式>中指定要查询的属性,有选择地列出感兴趣的列。

例 1 查询全体学生的学号与姓名。

SELECT Sno,Sname
FROM Student;

<目标列表达式>中各个列的先后顺序可以与表中的顺序不一致。也就是说,用户在查询时可以根据应用的需要改变列的显示顺序。

例 2 查询全体学生的姓名、学号、所在系。

```
SELECT Sname，Sno，Sdept
FROM Student；
```

这时结果表中的列的顺序与基表中不同,是按查询要求,先列出姓名属性,然后再列学号属性和所在系属性。

2）查询全部列

将表中的所有属性列都选出来,可以有两种方法。一种方法就是在 SELECT 关键字后面列出所有列名。如果列的显示顺序与其在基表中的顺序相同,也可以简单地将<目标列表达式>指定为 ＊ 。

例3　查询全体学生的详细记录。

```
SELECT ＊
FROM Student；
```

该 SELECT 语句实际上是无条件地把 Student 表的全部信息都查询出来,所以也称为全表查询,这是最简单的一种查询。

3）查询经过计算的值

SELECT 子句的<目标列表达式>不仅可以是表中的属性列,也可以是有关表达式,即可以将查询出来的属性列经过一定的计算后列出结果。

例4　查询全体学生的姓名及其出生年份。

```
SELECT Sname，1996－Sage
FROM Student；
```

本例中,<目标列表达式>中第二项不是通常的列名,而是一个计算表达式,是用当前的年份(假设为1996年)减去学生的年龄,这样,所得的即是学生的出生年份。输出的结果为:

Sname	1996－Sage
李勇	1976
刘晨	1977
王名	1978
张立	1978

<目标列表达式>不仅可以是算术表达式,还可以是字符串常量、函数等。

例5　查询全体学生的姓名、出生年份和所有系,要求用小写字母表示所有系名。

```
SELECT Sname，'Year of Birth：'，1996－Sage，LOWER(Sdept)
FROM Student；
```

结果为:

Sname	'Year of Birth：'	1996－Sage	ISLOWER(Sdept)
李勇	Year of Birth：	1976	cs
刘晨	Year of Birth：	1977	is
王名	Year of Birth：	1978	ma
张立	Year of Birth：	1978	is

用户可以通过指定别名来改变查询结果的列标题,这对于含算术表达式、常量、函数名的目标列表达式尤为有用。例如,对于上例,可以如下定义列别名

```
SELECT Sname NAME，'Year of Birth：'BIRTH，1996－Sage BIRTHDAY，
        ISLOWER(Sdept) DEPARTMENT
FROM Student；
```

结果为:

NAME	BIRTH	BIRTHDAY	DEPARTMENT
李勇	Year of Birth：	1976	cs
刘晨	Year of Birth：	1977	is
王名	Year of Birth：	1978	ma
张立	Year of Birth：	1978	is

2. 选择表中的若干元组

通过<目标列表达式>的各种变幻,可以根据实际需要,从一个指定的表中选择出所有元组的全部或部分列。如果只想选择部分元组的全部或部分列,则还需要指定 DISTINCT 短语或指定 WHERE 子句。

1) 消除取值重复的行

两个本来并不完全相同的元组,投影到指定的某些列上后,可能变成完全相同的行了。

例6 查询所有选修过课的学生的学号。

```
SELECT Sno
FROM SC；
```

假设 SC 表中有下列数据

Sno	Cno	Grade
95001	1	92
95001	2	85
95001	3	88
95002	2	90
95002	3	80

执行上面的 SELECT 语句后,结果为:

Sno
95001
95001
95001
95002
95002

该查询结果里包含了许多重复的行。如果想去掉结果表中的重复行,必须指定 DISTINCT 短语:

```
SELECT DISTINCT Sno
FROM SC；
```

执行结果为：

Sno
———— ———— ————
95001
95002

如果没有指定 DISTINCT 短语，则缺省为 ALL，即要求结果表中保留取值重复的行。也就是说

SELECT Sno
FROM SC；

与

SELECT ALL Sno
FROM SC；

完全等价。

2）查询满足条件的元组

查询满足指定条件的元组可以通过 WHERE 子句实现。WHERE 子句常用的查询条件如表3-5所示。

表3-5　常用的查询条件

查询条件	谓　词
比较	＝，＞，＜，＞＝，＜＝，！＝，＜＞，！＞，！＜，NOT＋含上述比较运算符的条件表达式
确定范围	BETWEEN AND，NOT BETWEEN AND
确定集合	IN，NOT IN
字符匹配	LIKE，NOT LIKE
空值	IS NULL，IS NOT NULL
多重条件	AND，OR

① 比较大小

用于进行比较的运算符一般包括：

＝	等于
＞	大于
＜	小于
＞＝	大于等于
＜＝	小于等于
！＝或＜＞	不等于

有些产品中还包括：

！＞	不大于
！＜	不小于

逻辑运算符 NOT 可与比较运算符同用，对条件求非。

例7　查计算机系全体学生的名单。

SELECT Sname

```
FROM Student
WHERE Sdept = 'CS';
```

例 8 查所有年龄在 20 岁以下的学生姓名及其年龄。

```
SELECT Sname, Sage
FROM Student
WHERE Sage < 20;
```

或

```
SELECT Sname, Sage
FROM Student
WHERE NOT Sage >= 20;
```

例 9 查考试成绩有不及格的学生的学号。

```
SELECT DISTINCT Sno
FROM SC
WHERE Grade < 60;
```

这里使用了 DISTINCT 短语,当一个学生有多门课程不及格,他的学号也只列一次。

② 确定范围

谓词 BETWEEN … AND … 和 NOT BETWEEN … AND … 可以用来查找属性值在(或不在)指定范围内的元组,其中 BETWEEN 后是范围的下限(即低值),AND 后是范围的上限(即高值)。

例 10 查询年龄在 20 至 23 岁之间的学生的姓名、系别和年龄。

```
SELECT Sname, Sdept, Sage
FROM Student
WHERE Sage BETWEEN 20 AND 23;
```

与 BETWEEN … AND … 相对的谓词是 NOT BETWEEN … AND … 。

例 11 查询年龄不在 20 至 23 岁之间的学生姓名、系别和年龄。

```
SELECT Sname, Sdept, Sage
FROM Student
WHERE Sage NOT BETWEEN 20 AND 23;
```

③ 确定集合

谓词 IN 可以用来查找属性值属于指定集合的元组。

例 12 查信息系(IS)、数学系(MA)和计算机科学系(CS)的学生的姓名和性别。

```
SELECT Sname, Ssex
FROM Student
WHERE Sdept IN ('IS', 'MA', 'CS');
```

与 IN 相对的谓词是 NOT IN,用于查找属性值不属于指定集合的元组。

例 13 查既不是信息系、数学系,也不是计算机科学系的学生的姓名和性别。

```
SELECT Sname, Ssex
FROM Student
```

WHERE Sdept NOT IN ('IS', 'MA', 'CS');

④ 字符匹配

谓词 LIKE 可以用来进行字符串的匹配。其一般语法格式如下:

[NOT] LIKE '<匹配串>' [ESCAPE '<换码字符>']

其含义是查找指定的属性列值与<匹配串>相匹配的元组。<匹配串>可以是一个完整的字符串,也可以含有通配符%和_。其中:

%(百分号)　代表任意长度(长度可以为0)的字符串。

　　　　　　例如 a%b 表示以 a 开头,以 b 结尾的任意长度的字符串。acb,addgb,ab 等都满足该匹配串。

_(下横线)　代表任意单个字符。

　　　　　　例如 a_b 表示以 a 开头,以 b 结尾的长度为 3 的任意字符串。acb,afb 等满足该匹配串。

例 14　查询学号为 95001 的学生的详细情况。

SELECT ＊
FROM Student
WHERE Sno LIKE '95001';

该语句实际上与下面的语句完全等价:

SELECT ＊
FROM Student
WHERE Sno = '95001';

也就是说,如果 LIKE 后面的匹配串中不含通配符,则可以用=(等于)运算符取代 LIKE 谓词,用!=或<>(不等于)运算符取代 NOT LIKE 谓词。

例 15　查所有姓刘的学生的姓名、学号和性别。

SELECT Sname, Sno, Ssex
FROM Student
WHERE Sname LIKE '刘%';

例 16　查姓"欧阳"且全名为 3 个汉字的学生的姓名。

SELECT Sname
FROM Student
WHERE Sname LIKE '欧阳__';

注意,由于一个汉字占两个字符的位置,所以匹配串欧阳后面需要跟 2 个_。

例 17　查名字中第二字为"阳"字的学生的姓名和学号。

SELECT Sname, Sno
FROM Student
WHERE Sname LIKE '__阳%';

例 18　查所有不姓刘的学生姓名。

SELECT Sname
FROM Student

WHERE Sname NOT LIKE '刘%'；

如果用户要查询的匹配字符串本身就含有%或_,比如要查名字为 DB_Design 的课程的学分,应如何实现呢? 这时就要使用 ESCAPE '<换码字符>' 短语对通配符进行转义了。

例 19　查 DB_Design 课程的课程号和学分。

SELECT Cno, Ccredit
FROM Course
WHERE Cname LIKE 'DB_Design' ESCAPE '\'；

ESCAPE '\' 短语表示\为换码字符,这样匹配串中紧跟在\后面的字符"_"不再具有通配符的含义,而是取其本身含义,被转义为普通的"_"字符。

例 20　查以"DB_"开头,且倒数第 3 个字符为 i 的课程的详细情况。

SELECT *
FROM Course
WHERE Cname LIKE 'DB_%i__' ESCAPE '\'；

注意这里的匹配字符串'DB_%i_'。第一个_前面有换码字符\,所以它被转义为普通的_字符。而%、第 2 个_和第 3 个_前面均没有换码字符\,所以它们仍作为通配符。其执行结果为:

Cno	Cname	Ccredit
8	DB_Design	4
10	DB_Programing	2
13	DB_DBMS Design	4

⑤ 涉及空值的查询

谓词 IS NULL 和 IS NOT NULL 可用来查询空值和非空值。

例 21　某些学生选修某门课程后没有参加考试,所以有选课记录,但没有考试成绩,下面来查一下缺少成绩的学生的学号和相应的课程号。

SELECT Sno, Cno
FROM SC
WHERE Grade IS NULL；

注意这里的 'IS' 不能用等号('=')代替。

例 22　查所有有成绩的记录的学生学号和课程号。

SELECT Sno, Cno
FROM SC
WHERE Grade IS NOT NULL；

⑥ 多重条件查询

逻辑运算符 AND 和 OR 可用来联结多个查询条件。如果这两个运算符同时出现在同一个 WHERE 条件子句中,则 AND 的优先级高于 OR,但用户可以用括号改变优先级。

例 23　查 CS 系年龄在 20 岁以下的学生姓名。

SELECT Sname

FROM Student
WHERE Sdept='CS' AND Sage<20;

例 12 中的 IN 谓词实际上是多个 OR 运算符的缩写,因此,例 12 中的查询也可以用 OR 运算符写成如下等价形式:

SELECT Sname,Ssex
FROM Student
WHERE Sdept='IS' OR Sdept='MA' OR Sdept='CS';

3. 对查询结果排序

如果没有指定查询结果的显示顺序,DBMS 将按其最方便的顺序(通常是元组在表中的先后顺序)输出查询结果。用户也可以用 ORDER BY 子句指定按照一个或多个属性列的升序(ASC)或降序(DESC)重新排列查询结果,其中升序 ASC 为缺省值。

例 24   查询选修了 3 号课程的学生的学号及其成绩,查询结果按分数的降序排列。

SELECT Sno,Grade
FROM SC
WHERE Cno='3'
ORDER BY Grade DESC;

前面已经提到,可能有些学生选修了 3 号课程后没有参加考试,即成绩列为空值。用 ORDER BY 子句对查询结果按成绩排序时,若按升序排,成绩为空值的元组将最后显示,若按降序排,成绩为空值的元组将最先显示。例如,上述查询可以得到如下结果表:

```
Sno      Grade
---- ---- ------- ----------
95010
95024
95007     92
95003     82
95010     82
95009     75
95014     61
95002     55
```

例 25   查询全体学生情况,查询结果按所在系升序排列,对同一系中的学生按年龄降序排列。

SELECT *
FROM Student
ORDER BY Sdept,Sage DESC;

4. 使用集函数

为了进一步方便用户,增强检索功能,SQL 提供了许多集函数,主要包括:

```
COUNT([DISTINCT|ALL] *)              统计元组个数
COUNT([DISTINCT|ALL] <列名>)          统计一列中值的个数
SUM([DISTINCT|ALL] <列名>)            计算一列值的总和(此列必须是数值型)
```

AVG（[DISTINCT|ALL] ＜列名＞）　　　计算一列值的平均值(此列必须是数值型)
MAX（[DISTINCT|ALL] ＜列名＞）　　　求一列值中的最大值
MIN （[DISTINCT|ALL] ＜列名＞）　　　求一列值中的最小值

如果指定 DISTINCT 短语,则表示在计算时要取消指定列中的重复值。如果不指定
DISTINCT 短语或指定 ALL 短语(ALL 为缺省值),则表示不取消重复值。

例 26　查询学生总人数。

```
SELECT COUNT( * )
FROM Student;
```

例 27　查询选修了课程的学生人数。

```
SELECT COUNT(DISTINCT Sno)
FROM SC;
```

学生每选修一门课,在 SC 中都有一条相应的记录,而一个学生一般都要选修多门课
程,为避免重复计算学生人数,必须在 COUNT 函数中用 DISTINCT 短语。

例 28　计算 1 号课程的学生平均成绩。

```
SELECT AVG(Grade)
FROM SC
WHERE Cno='1';
```

例 29　查询学习 1 号课程的学生最高分数。

```
SELECT MAX(Grade)
FROM SC
WHERE Cno='1';
```

5. 对查询结果分组

GROUP BY 子句可以将查询结果表的各行按一列或多列取值相等的原则进行分组。
对查询结果分组的目的是为了细化集函数的作用对象。如果未对查询结果分组,集函数
将作用于整个查询结果,即整个查询结果只有一个函数值,如上面的例 26,例 27,例 28,例
29。否则,集函数将作用于每一个组,即每一组都有一个函数值。

例 30　查询各个课程号与相应的选课人数。

```
SELECT Cno, COUNT(Sno)
FROM SC
GROUP BY Cno;
```

该 SELECT 语句对 SC 表按 Cno 的取值进行分组,所有具有相同 Cno 值的元组为一
组,然后对每一组作用集函数 COUNT 以求得该组的学生人数。查询结果为:

Cno	COUNT(Sno)
1	22
2	34
3	44
4	33
5	48

如果分组后还要求按一定的条件对这些组进行筛选,最终只输出满足指定条件的组,则可以使用 HAVING 短语指定筛选条件。

例 31 查询信息系选修了 3 门以上课程的学生的学号。为简单起见,这里假设 SC 表中有一列 Dept,它记录了学生所在系。

```
SELECT Sno
FROM SC
WHERE Dept='IS;'
GROUP BY Sno
HAVING COUNT( * )>3;
```

查选修课程超过 3 门的信息系学生的学号,首先需要通过 WHERE 子句从基本表中求出信息系的学生。然后求其中每个学生选修了几门课,为此需要用 GROUP BY 子句按 Sno 进行分组,再用集函数 COUNT 对每一组计数。如果某一组的元组数目大于 3,则表示此学生选修的课超过 3 门,应将他的学生号选出来。HAVING 短语指定选择组的条件,只有满足条件(即元组个数>3)的组才会被选出来。

WHERE 子句与 HAVING 短语的根本区别在于作用对象不同。WHERE 子句作用于基本表或视图,从中选择满足条件的元组。HAVING 短语作用于组,从中选择满足条件的组。

3.3.2 连接查询

一个数据库中的多个表之间一般都存在某种内在联系,它们共同提供有用的信息。前面的查询都是针对一个表进行的。若一个查询同时涉及两个以上的表,则称之为连接查询。连接查询实际上是关系数据库中最主要的查询,主要包括等值连接查询、非等值连接查询、自身连接查询、外连接查询和复合条件连接查询。

1. 等值与非等值连接查询

当用户的一个查询请求涉及到数据库的多个表时,必须按照一定的条件把这些表连接在一起,以便能够共同提供用户需要的信息。用来连接两个表的条件称为连接条件或连接谓词,其一般格式为:

[<表名 1>.]<列名 1> <比较运算符> [<表名 2>.]<列名 2>

其中比较运算符主要有:=、>、<、>=、<=、! =。

此外,连接谓词词还可以使用下面形式:

[<表名 1>.]<列名 1> BETWEEN [<表名 2>.]<列名 2> AND [<表名 2>.]<列名 3>

当连接运算符为=时,称为等值连接。使用其它运算符称为非等值连接。

连接谓词中的列名称为连接字段。连接条件中的各连接字段类型必须是可比的,但不必是相同的。例如,可以都是字符型,或都是日期型;也可以一个是整型,另一个是实型,整型和实型都是数值型,因此是可比的。但若一个是字符型,另一个是整数型就不允许了,因为它们是不可比的类型。

从概念上讲,DBMS 执行连接操作的过程是,首先在表 1 中找到第一个元组,然后从头开始顺序扫描或按索引扫描表 2,查找满足连接条件的元组,每找到一个元组,就将表 1 中的第一个元组与该元组拼接起来,形成结果表中的一个元组。表 2 全部扫描完毕后,再到表 1 中找第二个元组,然后再从头开始顺序扫描或按索引扫描表 2,查找满足连接条件的元组,每找到一个元组,就将表 1 中的第二个元组与该元组拼接起来,形成结果表中的一个元组。重复上述操作,直到表 1 全部元组都处理完毕为止。

例 32 查询每个学生及其选修课程的情况。

学生情况存放在 Student 表中,学生选课情况存放在 SC 表中,所以本查询实际上同时涉及 Student 与 SC 两个表中的数据。这两个表之间的联系是通过两个表都具有的属性 Sno 实现的。要查询学生及其选修课程的情况,就必须将这两个表中学号相同的元组连接起来。这是一个等值连接。完成本查询的 SQL 语句为:

```
SELECT Student. * , SC. *
FROM Student,SC
WHERE Student. Sno=SC. Sno;
```

假设 Student 表有下列数据:

Student 表

Sno	Sname	Ssex	Sage	Sdept
95001	李勇	男	20	CS
95002	刘晨	女	19	IS
95003	王名	女	18	MA
95004	张立	男	18	IS

SC 表中有下列数据:

SC 表

Sno	Cno	Grade
95001	1	92
95001	2	85
95001	3	88
95002	2	90
95002	3	80

执行该查询,DBMS 首先在 Student 表中找到第一个元组,其中 Sno=95001,然后从头开始扫描 SC 表,查找 SC 表中所有 Sno=95001 的元组,共找到 3 个元组,每找到一个元组都将表 Student 中的第一个元组与其拼接起来,这样就形成了结果表中的前三个元组。再到 Student 表中找第二个元组,其中 Sno=95002,同样方法可以在 SC 关系找到两个 Sno=95002 的元组,拼接后形成结果表的第四至第五个元组。而 Student 表中的第三和第四个元组,在 SC 表中没有相应的元组。该查询的执行结果为:

Student. Sno	Sname	Ssex	Sage	Sdept	SC. Sno	Cno	Grade
95001	李勇	男	20	CS	95001	1	92
95001	李勇	男	20	CS	95001	2	85
95001	李勇	男	20	CS	95001	3	88
95002	刘晨	女	19	IS	95002	2	90
95002	刘晨	女	19	IS	95002	3	80

从上例中可以看到,进行多表连接查询时,SELECT 子句与 WHERE 子句中的属性名前都加上了表名前缀,这是为了避免混肴。如果属性名在参加连接的各表中是唯一的,则可以省略表名前缀。

连接运算中有两种特殊情况,一种称为卡氏积连接,另一种称为自然连接。

卡氏积是不带连接谓词的连接。两个表的卡氏积即是两表中元组的交叉乘积,也即其中一表中的每一元组都要与另一表中的每一元组作拼接,因此结果表往往很大。例如 Student 表和 SC 表的卡氏积:

```
SELECT Student. * , SC. *
FROM Student , SC;
```

将会产生 4×5＝20 个元组。卡氏积连接的结果通常会产生一些没有意义的元组,例如,学号为 95001 的学生记录与学号为 95002 的选课记录连接就没有任何实际意义,所以这种运算很少使用。

如果是按照两个表中的相同属性进行等值连接,且目标列中去掉了重复的属性列,但保留了所有不重复的属性列,则称之为自然连接。

例 33 自然连接 Student 和 SC 表。

```
SELECT Student. Sno , Sname , Ssex , Sage , Sdept , Cno , Grade
FROM Student , SC
WHERE Student. Sno＝SC. Sno;
```

在本查询中,由于 Sname,Ssex, Sage,Sdept,Cno 和 Grade 属性列在 Student 与 SC 表中是唯一的,因此引用时可以去掉表名前缀。而 Sno 在两个表中都出现了,因此,引用时必须加上表名前缀。该查询的执行结果为:

Student. Sno	Sname	Ssex	Sage	Sdept	Cno	Grade
95001	李勇	男	20	CS	1	92
95001	李勇	男	20	CS	2	85
95001	李勇	男	20	CS	3	88
95002	刘晨	女	19	IS	2	90
95002	刘晨	女	19	IS	3	80

2. 自身连接

连接操作不仅可以在两个表之间进行,也可以是一个表与其自己进行连接,这种连接称为表的自身连接。

例 34 查询每一门课的间接先修课(即先修课的先修课)。

我们先来分析一下,题目要求查询每一门课程的先修课的先修课,在"课程"表即 Course 关系中,只有每门课的直接先修课信息,而没有先修课的先修课,要得到这个信息, 必须先对一门课找到其先修课,再按此先修课的课程号,查找它的先修课程,这相当于将 Course 表与其自身连接后,取第一个副本的课程号与第二个副本的先修课号做为目标列中 的属性。具体写 SQL 语句时,为清楚起见,我们可以为 Course 表取两个别名,一个是 FIRST,另一个是 SECOND,也可以在考虑问题时就把 Course 表想成是两个完全一样的 表,一个是 FIRST 表,另一个是 SECOND 表。如表 3-6,表 3-7 所示。

表 3-6 FIRST 表(Course 表)			
Cno	Cname	Cpno	Ccredit
1	数据库	5	4
2	数学		2
3	信息系统	1	4
4	操作系统	6	3
5	数据结构	7	4
6	数据处理		2
7	PASCAL 语言	6	4

表 3-7 SECOND 表(Course 表)			
Cno	Cname	Cpno	Ccredit
1	数据库	5	4
2	数学		2
3	信息系统	1	4
4	操作系统	6	3
5	数据结构	7	4
6	数据处理		2
7	PASCAL 语言	6	4

完成该查询的 SQL 语句为:

```
SELECT FIRST.Cno, SECOND. Cpno
FROM Course FIRST, Course SECOND
WHERE FIRST.Cpno=SECOND.Cno;
```

我们在 FROM 子句中为 Course 表定义了两个不同的别名,这样就可以在 SELECT 子 句和 WHERE 子句中的属性名前分别用这两个别名加以区分。结果表如下:

Cno	Cpno
1	7
3	5
5	6

3. 外连接

在通常的连接操作中,只有满足连接条件的元组才能作为结果输出,如在例 32 和例 33 的结果表中没有关于 95003 和 95004 两个学生的信息,原因在于他们没有选课,在 SC 表中 没有相应的元组。但是有时我们想以 Student 表为主体列出每个学生的基本情况及其选课 情况,若某个学生没有选课,则只输出其基本情况信息,其选课信息为空值即可,这时就需要 使用外连接(Outer Join)。外连接的运算符通常为 * 。有的关系数据库中也用+。

这样,就可以如下改写例 33:

```
SELECT Student. Sno, Sname, Ssex, Sage, Sdept, Cno, Grade
FROM Student, SC
```

WHERE Student.Sno=SC.Sno(*);

外连接就好像是为 * 号指定的表(即 SC 表)增加一个"万能"的行,这个行全部由空值组成,它可以和另一个表(即 Student 表)中所有不能与 SC 表其他行连接的元组进行连接,即与 Student 表中的 95003 和 95004 元组进行连接。由于这个"万能"行的各列全部是空值,因此在连接结果中,95003 和 95004 两行中来自 SC 表的属性值全部是空值。其执行结果如下:

Student.Sno	Sname	Ssex	Sage	Sdept	Cno	Grade
95001	李勇	男	20	CS	1	92
95001	李勇	男	20	CS	2	85
95001	李勇	男	20	CS	3	88
95002	刘晨	女	19	IS	2	90
95002	刘晨	女	19	IS	3	80
95003	王名	女	18	MA		
95004	张立	男	18	IS		

上例中外连接符 * 出现在连接运算符的右边,所以也称其为左外连接。相应地,如果外连接符出现在连接运算符的左边,则称为右外连接。

4. 复合条件连接

上面各个连接查询中,WHERE 子句中只有一个条件,即用于连接两个表的谓词。WHERE 子句中有多个条件的连接操作,称为复合条件连接。

例 35 查询选修 2 号课程且成绩在 90 分以上的所有学生。

本查询涉及 Student 与 SC 两个表的信息,这两个表之间的联系是通过两个表都具有的属性 Sno 实现的。Student 与 SC 表以 Sno 为连接属性做自然连接得到的结果就是每个学生选修课程的情况。在此之上再加上题目中的限定条件——选修 2 号课程且成绩在 90 分以上,即可得到满足要求的元组。SQL 语句如下:

```
SELECT Student.Sno, Sname
FROM Student, SC
WHERE Student.Sno=SC.Sno AND
      SC.Cno='2' AND
      SC.Grade≥90;
```

结果表为:

Student.Sno	Sname
95002	刘晨

连接操作除了可以是两表连接,一个表与其自身连接外,还可以是两个以上的表进行连接,后者通常称为多表连接。

例 36 查询每个学生选修的课程名及其成绩。

本例与例 33 的区别在于,例 33 中只要查出学生选修课程的课程号即可,而这里要求查出课程名。所以本查询实际上涉及到 3 个表，存放关于学生数据的学生表 Student、存放关于学生选修课程信息的学生选课表 SC 和存放关于课程信息的课程表 Course，完成该查询的 SQL 语句如下：

SELECT Student. Sno，Sname，Course. Cname，SC. Grade
FROM Student，SC，Course
WHERE Student. Sno＝SC. Sno and SC. Cno＝Course. Cno；

执行该查询后结果表为：

Student. Sno	Sname	Cname	Grade
95001	李勇	数据库	92
95001	李勇	数学	85
95001	李勇	信息系统	88
95002	刘晨	数学	90
95002	刘晨	信息系统	80

3.3.3 嵌套查询

在 SQL 语言中，一个 SELECT-FROM-WHERE 语句称为一个查询块。将一个查询块嵌套在另一个查询块的 WHERE 子句或 HAVING 短语的条件中的查询称为嵌套查询或子查询。例如：

SELECT Sname
FROM Student
WHERE Sno IN
　　　　(SELECT Sno
　　　　　FROM SC
　　　　　WHERE Cno＝'2')；

在这个例子中，下层查询块 SELECT Sno FROM SC WHERE Cno＝'2'是嵌套在上层查询块 SELECT Sname FROM Student WHERE Sno IN 的 WHERE 条件中的。上层的查询块又称为外层查询或父查询或主查询，下层查询块又称为内层查询或子查询。SQL 语言允许多层嵌套查询。即一个子查询中还可以嵌套其它子查询。需要特别指出的是，子查询的 SELECT 语句中不能使用 ORDER BY 子句，ORDER BY 子句永远只能对最终查询结果排序。

嵌套查询的求解方法是由里向外处理。即每个子查询在其上一级查询处理之前求解，子查询的结果用于建立其父查询的查找条件。

嵌套查询使得可以用一系列简单查询构成复杂的查询，从而明显地增强了 SQL 的查询能力。以层层嵌套的方式构造程序正是 SQL(structured query language)中"结构化"的含义所在。

1. 带有 IN 谓词的子查询

带有 IN 谓词的子查询是指父查询与子查询之间用 IN 进行连接，判断某个属性列值是否在子查询的结果中。由于在嵌套查询中，子查询的结果往往是一个集合，所以谓词 IN 是嵌套查询中最经常使用的谓词。

例 37 查询与"刘晨"在同一个系学习的学生。

查询与"刘晨"在同一个系学习的学生,可以首先确定"刘晨"所在系名,然后再查找所有在该系学习的学生。所以可以分步来完成此查询:

① 确定"刘晨"所在系名

```
SELECT Sdept
FROM Student
WHERE Sname='刘晨';
```

结果为:

```
 Sdept
……………
 IS
```

② 查找所有在 IS 系学习的学生。

```
SELECT Sno, Sname, Sdept
FROM Student
WHERE Sdept='IS';
```

结果为:

Sno	Sname	Sdept
95001	刘晨	IS
95004	张立	IS

分步写查询毕竟比较麻烦,上述查询实际上可以用子查询来实现,即将第一步查询嵌入到第二步查询中,用以构造第二步查询的条件。SQL 语句如下:

```
SELECT Sno, Sname, Sdept
FROM Student
WHERE Sdept IN
      (SELECT Sdept
       FROM Student
       WHERE Sname='刘晨');
```

DBMS 求解该查询时,实际上也是分步去做的,类似于我们自己写的分步过程。即首先求解子查询,确定"刘晨"所在系,得到结果 'IS',然后求解父查询,查所有在 'IS' 系学习的学生。这也就是说,用子查询构造查询语句,实际上是把分步过程留给 DBMS 了。

本例中的查询也可以用前面学过的表的自身连接查询来完成:

```
SELECT S1.Sno, S1.Sname, S1.Sdept
FROM Student S1, Student S2
WHERE S1.Sdept = S2.Sdept AND
      S2.Sname='刘晨';
```

可见,实现同一个查询可以有多种方法,当然不同的方法其执行效率可能会有差别,甚至会差别很大。

本例中父查询和子查询均引用了 Student 表,也可以像表的自身连接查询那样用别名将父查询中的 Student 表与子查询中的 Student 表区分开:

```
SELECT Sno,Sname,Sdept
FROM Student S1
WHERE S1.Sdept IN
      (SELECT Sdept
       FROM Student S2
       WHERE S2.Sname='刘晨');
```

例 38 查询选修了课程名为'信息系统'的学生学号和姓名。

经过分析可以知道,本查询涉及学号、姓名和课程名 3 个属性。有关学号和姓名的信息存放在 Student 表中,有关课程名的信息存放在 Course 表中,但 Student 与 Course 两个表之间没有直接联系,必须通过 SC 表建立它们二者之间的联系。所以本查询实际上涉及 3 个关系:Student,SC 和 Course。

完成此查询的基本思路是:

① 首先在 Course 关系中找出'信息系统'课程的课程号 Cno。

② 然后在 SC 关系中找出 Cno 等于第一步给出的 Cno 集合中某个元素的 Sno。

③ 最后在 Student 关系中选出 Sno 等于第二步中求出 Sno 集合中某个元素的元组,取出 Sno 和 Sname 送入结果表列。

将上述想法写成 SQL 语句就是:

```
SELECT Sno,Sname
FROM Student
WHERE Sno IN
      (SELECT Sno
       FROM SC
       WHERE Cno IN
              (SELECT Cno
               FROM Course
               WHERE Cname='信息系统'));
```

DBMS 按照由内向外的原则求解此 SQL 语句。首先处理最内层查询块,即课程名'信息系统'的课程号:

```
SELECT Cno
FROM Course
WHERE Cname='信息系统'
```

查询结果为 3。从而可以把上面的 SQL 语句简化为:

```
SELECT Sno,Sname
FROM Student
WHERE Sno IN
      (SELECT Sno
       FROM SC
       WHERE Cno IN ('3'));
```

对此 SQL 语句再处理内层查询,

```
SELECT Sno
FROM SC
WHERE Cno IN ('3');
```

结果为 95001 和 95002。从而可以把上面的 SQL 语句进一步简化为：

```
SELECT Sno, Sname
FROM Student
WHERE Sno IN ('95001', '95002');
```

这样就可以求解到最终结果：

Sno	Sname
95001	李勇
95002	刘晨

本查询同样可以用连接查询实现：

```
SELECT Student. Sno, Sname
FROM Student, SC, Course
WHERE Student. Sno=SC. Sno AND
      SC. Cno=Course. Cno AND
      Course. Cname='信息系统';
```

从例 37 和例 38 可以看到，查询涉及多个关系时，用嵌套查询逐步求解，层次清楚，易于理解，具备结构化程序设计的优点。当然有些嵌套查询是可以用连接运算替代（有些是不能替代的）。到底采用哪种方法用户可以根据自己的习惯以及执行效率确定。

例 37 和例 38 中的各个子查询都只执行一次，其结果用于父查询，子查询的查询条件不依赖于父查询，这类子查询称为不相关子查询。不相关子查询是最简单的一类子查询。

2. 带有比较运算符的子查询

带有比较运算符的子查询是指父查询与子查询之间用比较运算符进行连接。当用户能确切知道内层查询返回的是单值时，可以用>、<、=、>=、<=、！=或<>等比较运算符。

例如，在例 37 中，由于一个学生只可能在一个系学习，也就是说内查询刘晨所在系的结果是一个唯一值，因此该查询也可以用比较运算符来实现，其 SQL 语句如下：

```
SELECT Sno, Sname, Sdept
FROM Student
WHERE Sdept =
     (SELECT Sdept
      FROM Student
      WHERE Sname='刘晨');
```

需要注意的是，子查询一定要跟在比较符之后，下列写法是错误的：

```
SELECT Sno, Sname, Sdept
FROM Student
WHERE (SELECT Sdept
```

```
FROM Student
    WHERE Sname='刘晨') = Sdept;
```

例 38 中信息系统的课程号是唯一的,但选修该课程的学生并不只一个,所以例 38 也可以用=运算符和 IN 谓词共同完成:

```
SELECT Sno,Sname
FROM Student
WHERE Sno IN
        (SELECT Sno
         FROM SC
         WHERE Cno =
                (SELECT Cno
                 FROM Course
                 WHERE Cname='信息系统'));
```

3. 带有 ANY 或 ALL 谓词的子查询

子查询返回单值时可以用比较运算符外,而使用 ANY 或 ALL 谓词时则必须同时使用比较运算符。其语义为:

> ANY	大于子查询结果中的某个值
< ANY	小于子查询结果中的某个值
>= ANY	大于等于子查询结果中的某个值
<= ANY	小于等于子查询结果中的某个值
= ANY	等于子查询结果中的某个值
!= ANY 或 <> ANY	不等于子查询结果中的某个值
> ALL	大于子查询结果中的所有值
< ALL	小于子查询结果中的所有值
>= ALL	大于等于子查询结果中的所有值
<= ALL	小于等于子查询结果中的所有值
= ALL	等于子查询结果中的所有值(通常没有实际意义)
!= ALL 或 <> ALL	不等于子查询结果中的任何一个值

例 39 查询其他系中比 IS 系任一学生年龄小的学生名单。

```
SELECT Sname,Sage
FROM Student
WHERE Sage < ANY
        (SELECT Sage
         FROM Student
         WHERE Sdept='IS')
    AND Sdept <> 'IS'
ORDER BY Sage DESC;
```

注意,Sdept <> 'IS' 条件是父查询块中的条件,不是子查询块中的条件。查询结果如下:

Sname	Sage
…… …… ……	…… …… ……
王名	18

DBMS 执行此查询时,首先处理子查询,找出 'IS' 系中所有学生的年龄,构成一个集合 (19,18);然后处理父查询,找所有不是 'IS' 系(Sdept <> 'IS')且年龄小于 19 或 18 元组,从中取姓名和年龄属性列,按年龄的降序排列,构造查询结果表。

本查询实际上也可以用集函数实现。即首先用子查询找出 'IS' 的最大年龄(19),然后在父查询中查所有非 'IS' 系且年龄小于 19 岁的学生姓名及其年龄。SQL 语句如下:

```
SELECT Sname, Sage
FROM Student
WHERE Sage <
          (SELECT MAX(Sage)
           FROM Student
           WHERE Sdept='IS')
       AND Sdept <> 'IS'
ORDER BY Sage DESC;
```

例 40　查询其他系中比 IS 系所有学生年龄都小的学生名单。

```
SELECT Sname, Sage
FROM Student
WHERE Sage < ALL
          (SELECT Sage
           FROM Student
           WHERE Sdept='IS')
       AND Sdept <> 'IS'
ORDER BY Sage DESC;
```

查询结果为空表:

Sname	Sage
....	....

DBMS 执行此查询时,首先处理子查询,找出 'IS' 系中所有学生的年龄,构成一个集合 (19,18);然后处理父查询,找所有不是 'IS' 系且年龄既小于 19 也小于 18 的元组,从中取姓名和年龄属性列,按年龄的降序排列,构造查询结果表。

本查询同样也可以用集函数实现。即首先用子查询找出 'IS' 系的最小年龄(18),然后在父查询中查所有非 'IS' 系且年龄小于 18 岁的学生姓名及其年龄。SQL 语句如下:

```
SELECT Sname, Sage
FROM Student
WHERE Sage <
          (SELECT MIN(Sage)
           FROM Student
           WHERE Sdept='IS')
       AND Sdept <> 'IS'
ORDER BY Sage DESC;
```

事实上,用集函数实现子查询通常比直接用 ANY 或 ALL 查询效率要高。ANY 和 ALL 与集函数的对应关系如表 3-8 所示。

表 3-8　ANY,ALL 谓词与集函数及 IN 谓词的等价转换关系

	=	<>或! =	<	<=	>	>=
ANY	IN	--	< MAX	<= MAX	> MIN	>= MIN
ALL	--	NOT IN	< MIN	<= MIN	> MAX	>= MAX

4. 带有 EXISTS 谓词的子查询

EXISTS 代表存在量词∃。带有 EXISTS 谓词的子查询不返回任何实际数据,它只产生逻辑真值"true"或逻辑假值"false"。

例 41 查询所有选修了 1 号课程的学生姓名。

查询所有选修了 1 号课程的学生姓名涉及 Student 关系和 SC 关系,可以在 Student 关系中依次取每个元组的 Sno 值,用此 Student. Sno 值去检查 SC 关系,若 SC 中存在这样的元组,其 SC. Sno 值等于用来检查的 Student. Sno 值,并且其 SC. Cno = '1',则取此 Student. Sname 送入结果关系。将此想法写成 SQL 语句就是:

```
SELECT Sname
FROM Student
WHERE EXISTS
      (SELECT *
       FROM SC
       WHERE Sno = Student. Sno AND Cno = '1');
```

使用存在量词 EXISTS 后,若内层查询结果非空,则外层的 WHERE 子句返回真值,否则返回假值。

由 EXISTS 引出的子查询,其目标列表达式通常都用 * ,因为带 EXISTS 的子查询只返回真值或假值,给出列名也无实际意义。

这类查询与前面的不相关子查询有一个明显区别,即子查询的查询条件依赖于外层父查询的某个属性值(在本例中是依赖于 Student 表的 Sno 值),我们称这类查询为相关子查询(correlated subquery)。求解相关子查询不能像求解不相关子查询那样,一次将子查询求解出来,然后求解父查询。相关子查询的内层查询由于与外层查询有关,因此必须反复求值。从概念上讲,相关子查询的一般处理过程如下。

首先取外层查询中 Student 表的第一个元组,根据它与内层查询相关的属性值(即 Sno 值)处理内层查询,若 WHERE 子句返回值为真(即内层查询结果非空),则取此元组放入结果表;然后再检查 Student 表的下一个元组;重复这一过程,直至 Student 表全部检查完毕为止。

本例中的查询也可以用连接运算来实现,读者可以参照有关的例子,自己给出相应的 SQL 语句。

与 EXISTS 谓词相对应的是 NOT EXISTS 谓词。使用存在量词 NOT EXISTS 后,若内层查询结果为空,则外层的 WHERE 子句返回真值,否则返回假值。

例 42 查询所有未修 1 号课程的学生姓名。

```
SELECT Sname
FROM Student
WHERE NOT EXISTS
      (SELECT *
```

```
      FROM SC
      WHERE Sno＝Student.Sno AND Cno＝'1');
```

　　一些带 EXISTS 或 NOT EXISTS 谓词的子查询不能被其他形式的子查询等价替换，但所有带 IN 谓词、比较运算符、ANY 和 ALL 谓词的子查询都能用带 EXISTS 谓词的子查询等价替换。例如，带有 IN 谓词的例 37 可以用如下带 EXISTS 谓词的子查询替换：

```
SELECT Sno，Sname，Sdept
FROM Student S1
WHERE EXISTS
      (SELECT  *
       FROM Student S2
       WHERE S2.Sdept＝S1.Sdept AND
             S2.Sname＝'刘晨');
```

　　由于带 EXISTS 量词的相关子查询只关心内层查询是否有返回值，并不需要查具体值，因此其效率并不一定低于不相关子查询，甚至有时是最高效的方法。

　　SQL 语言中没有全称量词∀（For all）。因此必须利用谓词演算将一个带有全称量词的谓词转换为等价的带有存在量词的谓词：

$$(\forall x)p \equiv \neg(\exists x(\neg p))$$

　　例 43　查询选修了全部课程的学生姓名。

　　由于没有全称量词，我们将题目的意思转换成等价的存在量词的形式：查询这样的学生姓名，没有一门课程是他不选的。该查询涉及 3 个关系，存放学生姓名的 Student 表，存放所有课程信息的 Course 表，存放学生选课信息的 SC 表。其 SQL 语句为：

```
SELECT Sname
FROM Student
WHERE NOT EXISTS
      (SELECT  *
       FROM Course
       WHERE NOT EXISTS
           (SELECT  *
            FROM SC
            WHERE Sno＝Student.Sno
               AND Cno＝Course.Cno));
```

　　SQL 语言中也没有蕴函（Implication）逻辑运算。因此必须利用谓词演算将一个逻辑蕴函的谓词转换为等价的带有存在量词的谓词：

$$p \rightarrow q \equiv \neg p \vee q$$

　　例 44　查询至少选修了学生 95002 选修的全部课程的学生号码。

　　本题的查询要求可以做如下解释，查询这样的学生，凡是 95002 选修的课，他都选修了。换句话说，若有一个学号为 x 的学生，对所有的课程 y，只要学号为 95002 的学生选修了课程 y，则 x 也选修了 y；那么就将他的学号选出来。该查询可以形式化地表示如下：

　　用 p 表示谓词 '学生 95002 选修了课程 y'

　　用 q 表示谓词 '学生 x 选修了课程 y'

　　则上述查询可表示为$(\forall y)(p \rightarrow q)$

该查询可以转换为如下等价形式：

$$(\forall y)(p \rightarrow q) \equiv \neg \exists y(\neg(p \rightarrow q)) \equiv \neg \exists y(\neg(\neg p \vee q)) \equiv \neg \exists y(p \wedge \neg q)$$

它所表达的语义为：不存在这样的课程 y，学生 95002 选修了 y，而学生 x 没有选。用 SQL 语言可表示如下：

```
SELECT DISTINCT Sno
FROM SC SCX
WHERE NOT EXISTS
    (SELECT *
     FROM SC SCY
     WHERE SCY.Sno='95002' AND
           NOT EXISTS
           (SELECT *
            FROM SC SCZ
            WHERE SCZ.Sno=SCX.Sno AND
                  SCZ.Cno=SCY.Cno));
```

3.3.4 集合查询

每一个 SELECT 语句都能获得一个或一组元组。若要把多个 SELECT 语句的结果合并为一个结果，可用集合操作来完成。集合操作主要包括并操作 UNION、交操作 INTERSECT 和差操作 MINUS。

使用 UNION 将多个查询结果合并起来，形成一个完整的查询结果时，系统会自动去掉重复的元组。需要注意的是，参加 UNION 操作的各数据项数目必须相同；对应项的数据类型也必须相同。

例 45 查询计算机科学系的学生及年龄不大于 19 岁的学生。

```
SELECT *
FROM Student
WHERE Sdept='CS'
UNION
SELECT *
FROM Student
WHERE Sage<=19;
```

本查询实际上是求计算机科学系的所有学生与年龄不大于 19 岁的学生的并集。第一个 SELECT 语句可查出 95001 和 95004 两个元组，第二个 SELECT 语句可查出 95002，95003 和 95004 3 个元组，取并集并去掉重复的元组，得到结果表：

Sno	Sname	Ssex	Sage	Sdept
95001	李勇	男	20	CS
95002	刘晨	女	19	IS
95003	王名	女	18	MA
95004	张立	男	18	CS

例 46 查询选修了课程 1 或者选修了课程 2 的学生。

本例实际上是查选修课程 1 的学生集合与选修课程 2 的学生集合的并集。

```
SELECT Sno
FROM SC
WHERE Cno='1'
UNION
SELECT Sno
FROM SC
WHERE Cno='2';
```

假设 SC 表中有如下数据：

Sno	Cno	Grade
95001	1	92
95001	2	85
95001	3	88
95002	2	90
95002	3	80

则查询结果为：

Sno
95001
95002

标准 SQL 中没有直接提供集合交操作和集合差操作，但可以用其他方法来实现。具体实现方法依查询不同而不同。

例 47 查询计算机科学系的学生与年龄不大于 19 岁的学生的交集。

本查询换种说法就是，查询计算机科学系中年龄不大于 19 岁的学生。

```
SELECT *
FROM Student
WHERE Sdept='CS' AND
        Sage<=19;
```

例 48 查询选修课程 1 的学生集合与选修课程 2 的学生集合的交集。

本例实际上是查询既选修了课程 1 又选修了课程 2 的学生。

```
SELECT Sno
FROM SC
WHERE Cno='1' AND
        Sno IN
            (SELECT Sno
             FROM SC
             WHERE Cno='2');
```

例 49 查询计算机科学系的学生与年龄不大于 19 岁的学生的差集。

本查询换种说法就是，查询计算机科学系中年龄大于 19 岁的学生。

```
SELECT *
FROM Student
WHERE Sdept='CS' AND
        Sage>19;
```

例 50 查询选修课程 1 的学生集合与选修课程 2 的学生集合的差集。

本例实际上是查询选修了课程 1 但没有选修课程 2 的学生。

```
SELECT Sno
FROM SC
WHERE Cno='1' AND
        Sno NOT IN
            (SELECT Sno
             FROM SC
             WHERE Cno='2');
```

3.3.5 小结

SELECT 语句是 SQL 的核心语句,其语句成份多样,尤其是目标列表达式和条件表达式,可以有多种可选形式,这里总结一下它们的一般格式。

SELECT 语句的一般格式:

SELECT [ALL|DISTINCT] <目标列表达式>[别名][,<目标列表达式>[别名]]…

FROM <表名或视图名>[别名][,<表名或视图名>[别名]]…

[WHERE <条件表达式>]

[GROUP BY <列名 1>[HAVING <条件表达式>]]

[ORDER BY <列名 2>[ASC|DESC]];

1. 目标列表达式有以下可选格式:

1) *

2) <表名>. *

3) COUNT([DISTINCT|ALL] *)

4) [<表名>.]<属性列名表达式>[,[<表名>.]<属性列名表达式>]…

其中<属性列名表达式>可以是由属性列、作用于属性列的聚集函数和常量的任意算术运算(+、一、* 、/)组成的运算公式。

集函数的一般格式为:

$$\left.\begin{array}{l} \text{COUNT} \\ \text{SUM} \\ \text{AVG} \\ \text{MAX} \\ \text{MIN} \end{array}\right\} ([\text{DISTINCT}|\text{ALL}]<列名>)$$

2. WHERE 子句的条件表达式有以下可选格式:

$$1) \quad <属性列名> \theta \left\{\begin{array}{l} <属性列名> \\ <常量> \\ [\text{ANY}/\text{ALL}] (\text{SELECT 语句}) \end{array}\right.$$

2) <属性列名> [NOT] BETWEEN $\left\{\begin{array}{l}<属性列名>\\<常量>\\(\text{SELECT 语句})\end{array}\right\}$ AND $\left\{\begin{array}{l}<属性列名>\\<常量>\\(\text{SELECT 语句})\end{array}\right\}$

3) <属性列名> [NOT] IN $\left\{\begin{array}{l}(<值1>[,<值2>...])\\(\text{SELECT 语句})\end{array}\right\}$

4) <属性列名> [NOT] LIKE <匹配串>

5) <属性列名> IS [NOT] NULL

6) [NOT] EXISTS (SELECT 语句)

7) <条件表达式> $\left\{\begin{array}{l}\text{AND}\\\text{OR}\end{array}\right\}$ <条件表达式> $\left\{\begin{array}{l}\text{AND}\\\text{OR}\end{array}\right\}$ <条件表达式> $\bigg\}$ ...

3.4 数据更新

SQL 中数据更新包括插入数据、修改数据和数据删除数据三条语句。

3.4.1 插入数据

SQL 的数据插入语句 INSERT 通常有两种形式。一种是插入一个元组,另一种是插入子查询结果。后者可以一次插入多个元组。

1. 插入单个元组

插入单个元组的 INSERT 语句的格式为:

INSERT
INTO <表名> [(<属性列1>[,<属性列2>...)]
VALUES (<常量1> [,<常量2>]...);

其功能是将新元组插入指定表中。其中新记录属性列 1 的值为常量 1,属性列 2 的值为常量 2,……。如果某些属性列在 INTO 子句中没有出现,则新记录在这些列上将取空值。

但必须注意的是,在表定义时说明了 NOT NULL 的属性列不能取空值。否则会出错。

如果 INTO 子句中没有指明任何列名,则新插入的记录必须在每个属性列上均有值。

例 1 将一个新学生记录(学号:95020;姓名:陈冬;性别:男;所在系:IS;年龄:18 岁)插入 Student 表中。

INSERT
INTO Student
VALUES ('95020', '陈冬', '男', 18, 'IS');

例 2 插入一条选课记录('95020', '1')。

INSERT
INTO SC(Sno, Cno)
VALUES ('95020', '1');

新插入的记录在 Grade 列上取空值。

2. 插入子查询结果

子查询不仅可以嵌套在 SELECT 语句中,用以构造父查询的条件(如 3.3.3 节所述),也可以嵌套在 INSERT 语句中,用以生成要插入的数据。

插入子查询结果的 INSERT 语句的格式为

INSERT
INTO <表名> [(<属性列 1> [,<属性列 2>...)]

子查询;

其功能是以批量插入,一次将子查询的结果全部插入指定表中。

例 3 对每一个系,求学生的平均年龄,并把结果存入数据库。

对于这道题,首先要在数据库中建立一个有两个属性列的新表,其中一列存放系名,另一列存放相应系的学生平均年龄。

```
CREATE TABLE Deptage
        (Sdept CHAR(15)
         Avgage SMALLINT);
```

然后对数据库的 Student 表按系分组求平均年龄,再把系名和平均年龄存入新表中。

```
INSERT
INTO Deptage(Sdept, Avgage)
SELECT Sdept, AVG(Sage)
FROM Student
GROUP BY Sdept;
```

3.4.2 修改数据

修改操作又称为更新操作,其语句的一般格式为

```
UPDATE<表名>
SET <列名>=<表达式>[,<列名>=<表达式>]...
[WHERE <条件>];
```

其功能是修改指定表中满足 WHERE 子句条件的元组。其中 SET 子句用于指定修改方法,即用<表达式>的值取代相应的属性列值。如果省略 WHERE 子句,则表示要修改表中的所有元组。

1. 修改某一个元组的值

例 4 将学生 95001 的年龄改为 22 岁。

```
UPDATE Student
SET Sage=22
WHERE Sno='95001';
```

2. 修改多个元组的值

例 5 将所有学生的年龄增加 1 岁。

```
UPDATE Student
SET Sage=Sage+1;
```

3. 带子查询的修改语句

子查询也可以嵌套在 UPDATE 语句中,用以构造执行修改操作的条件。

例 6 将计算机科学系全体学生的成绩置零。

```
UPDATE SC
SET Grade=0
WHERE 'CS'=
      (SELETE Sdept
       FROM Student
       WHERE Student. Sno=SC. Sno);
```

4. 修改操作与数据库的一致性

UPDATE 语句一次只能操作一个表。这会带来一些问题。例如,学号为 95007 的学生因病休学一年,复学后需要将其学号改为 96089,由于 Student 表和 SC 表都有关于 95007 的信息,因此两个表都需要修改,这种修改只能通过两条 UPDATE 语句进行。

第一条 UPDATE 语句修改 Student 表:

```
UPDATE Student
SET Sno='96089'
WHERE Sno='95007';
```

第二条 UPDATE 语句修改 SC 表:

```
UPDATE SC
SET Sno='96089'
WHERE Sno='95007';
```

在执行了第一条 UPDATE 语句之后,数据库中的数据已处于不一致状态,因为这时实际上已没有学号为 95007 的学生了,但 SC 表中仍然记录着关于 95007 学生的选课信息,即数据的参照完整性受到破坏。只有执行了第二条 UPDATE 语句之后,数据才重新处于一致状态。但如果执行完一条语句之后,机器突然出现故障,无法再继续执行第二条 UPDATE 语句,则数据库中的数据将永远处于不一致状态。因此必须保证这两条 UPDATE 语句要么都做,要么都不做。为解决这一问题,数据库系统通常都引入了事务(transaction)的概念,将在第五章详细介绍。

3.4.3 删除数据

删除语句的一般格式为

```
DELETE
FROM <表名>
[WHERE <条件>];
```

DELETE 语句的功能是从指定表中删除满足 WHERE 子句条件的所有元组。如果省略

WHERE 子句,表示删除表中全部元组,但表的定义仍在字典中。也就是说,DELETE 语句删除的是表中的数据,而不是关于表的定义。

1. 删除某一个元组的值

例 7 删除学号为 95019 的学生记录。

```
DELETE
FROM Student
WHERE Sno='95019';
```

DELETE 操作也是一次只能操作一个表,因此同样会遇到 UPDATE 操作中提到的数据不一致问题。比如 95019 学生被删除后,有关他的选课信息也应同时删除,而这必须用一条独立的 DELETE 语句完成。

2. 删除多个元组的值

例 8 删除所有的学生选课记录。

```
DELETE
FROM SC;
```

这条 DELETE 语句将使 SC 成为空表,它删除了 SC 的所有元组。

3. 带子查询的删除语句

子查询同样也可以嵌套在 DELETE 语句中,用以构造执行删除操作的条件。

例 9 删除计算机科学系所有学生的选课记录。

```
DELETE
FROM SC
WHERE 'CS'=
    (SELETE Sdept
     FROM Student
     WHERE Student.Sno=SC.Sno);
```

3.5 视　　图

视图是关系数据库系统提供给用户以多种角度观察数据库中数据的重要机制。

视图是从一个或几个基本表(或视图)导出的表,它与基本表不同,是一个虚表。换句话说,数据库中只存放视图的定义,而不存放视图对应的数据,这些数据仍存放在原来的基本表中。基本表中的数据发生变化,从视图中查询出的数据也就随之改变了。从这个意义上讲,视图就像一个窗口,透过它可以看到数据库中自己感兴趣的数据及其变化。

视图一经定义,就可以和基本表一样被查询、被删除,也可以在一个视图之上再定义新的视图,但对视图的更新(增、删、改)操作则有一定的限制。

已在 3.1.2 节中简单介绍过视图的基本概念。本节将专门讨论视图的定义、操作及优点。

3.5.1 定义视图

1. 建立视图

SQL 语言用 CREATE VIEW 命令建立视图，其一般格式为

CREATE VIEW <视图名>[(<列名>[,<列名>]…)]
    AS <子查询>
    [WITH CHECK OPTION];

其中子查询可以是任意复杂的 SELECT 语句，但通常不允许含有 ORDER BY 子句和 DISTINCT 短语。

WITH CHECK OPTION 表示对视图进行 UPDATE，INSERT 和 DELETE 操作时要保证更新、插入或删除的行满足视图定义中的谓词条件（即子查询中的条件表达式）。

如果 CREATE VIEW 语句仅指定了视图名，省略了组成视图的各个属性列名，则隐含该视图由子查询中 SELECT 子句目标列中的诸字段组成。但在下列三种情况下必须明确指定组成视图的所有列名：

- 其中某个目标列不是单纯的属性名，而是集函数或列表达式。
- 多表连接时选出了几个同名列作为视图的字段。
- 需要在视图中为某个列启用新的更合适的名字。

需要说明的是，组成视图的属性列名必须依照上面的原则，或者全部省略或者全部指定，没有第三种选择。

例1 建立信息系学生的视图。

CREATE VIEW IS_Student
    AS
    SELECT Sno，Sname，Sage
    FROM Student
    WHERE Sdept='IS';

本例中省略了视图 IS_Student 的列名，隐含了该视图由子查询中 SELECT 子句中的 3 个目标列名组成。DBMS 执行此语句就相当于建立如下虚表：

IS_Student 表

Sno	Sname	Sage
95002	刘晨	19
95004	张立	18

↑	↑	↑
字符型	字符型	小整数
长度为5	长度为20	
不能为空值		
取值唯一		

但实际上，DBMS 执行 CREATE VIEW 语句的结果只是把对视图的定义存入数据字典，并不执行其中的 SELECT 语句。只是在对视图查询时，才按视图的定义从基本表中将数据查

出。

例2 建立信息系学生的视图,并要求进行修改和插入操作时仍须保证该视图只有信息系的学生。

```
CREATE VIEW IS_Student
        AS
        SELECT Sno, Sname, Sage
        FROM Student
        WHERE Sdept='IS'
        WITH CHECK OPTION;
```

由于在定义 IS_Student 视图时加上了 WITH CHECK OPTION 子句,以后对该视图进行插入、修改和删除操作时,DBMS 会自动加上 Sdept = 'IS' 的条件。

若一个视图是从单个基本表导出的,并且只是去掉了基本表的某些行和某些列,但保留了码,称这类视图为行列子集视图。IS_Student 视图就是一个行列子集视图。

视图不仅可以建立在单个基本表上,也可以建立在多个基本表上。

例3 建立信息系选修了 1 号课程的学生的视图。

```
CREATE VIEW IS_S1(Sno, Sname, Grade)
        AS
        SELECT Student.Sno, Sname, Grade
        FROM Student, SC
        WHERE Sdept='IS' AND
                Student.Sno=SC.Sno AND
                SC.Cno='1';
```

由于视图 IS_S1 的属性列中包含了 Student 表与 SC 表的同名列 Sno,所以必须在视图名后面明确说明视图的各个属性列名。

视图不仅可以建立在一个或多个基本表上,也可以建立在一个或多个已定义好的视图上,或同时建立在基本表与视图上。

例4 建立信息系选修了 1 号课程且成绩在 90 分以上的学生的视图。

```
CREATE VIEW IS_S2
        AS
        SELECT Sno, Sname, Grade
        FROM IS_S1
        WHERE Grade>=90;
```

这里的视图 IS_S2 就是建立在视图 IS_S1 之上的。

定义基本表时,为了减少数据库中的冗余数据,表中只存放基本数据,由基本数据经过各种计算派生出的数据一般是不存储的。但由于视图中的数据并不实际存储,所以定义视图时可以根据应用的需要,设置一些派生属性列。这些派生属性由于在基本表中并不实际存在,所以有时也称他们为虚拟列。带虚拟列的视图称为带表达式的视图。

例5 定义一个反映学生出生年份的视图。

```
CREATE VIEW BT_S(Sno, Sname, Sbirth)
        AS SELECT Sno, Sname, 1996-Sage
        FROM Student;
```

由于 BT_S 视图中的出生年份值是通过一个表达式计算得到的,不是单纯的属性名,所以定义视图时必须明确定义该视图的各个属性列名。BT_S 视图是一个带表达式的视图。

还可以用带有集函数和 GROUP BY 子句的查询来定义视图。这种视图称为分组视图。

例 6 将学生的学号及其平均成绩定义为一个视图。

假设 SC 表中“成绩”列 Grade 为数字型,否则无法求平均值。

```
CREAT VIEW S_G(Sno, Gavg)
      AS SELECT Sno, AVG(Grade)
      FROM SC
      GROUP BY Sno;
```

由于 AS 子句中 SELECT 语句的目标列平均成绩是通过作用集函数得到的,所以 CREATE VIEW 中必须明确定义组成 S_G 视图的各个属性列名。S_G 是一个分组视图。

例 7 将 Student 表中所有女生记录定义为一个视图。

```
CREATE VIEW F_Student(stdnum,name,sex,age,dept)
      AS SELECT *
      FROM Student
      WHERE Ssex='女';
```

这里视图 F_Student 是由子查询“SELECT *”建立的。由于该视图一旦建立后,Student 表就构成了视图定义的一部分,如果以后修改了基本表 Student 的结构,则 Student 表与 F_Student 视图的映象关系受到破坏,因而该视图就不能正确工作了。为避免出现这类问题,可以采用下列两种方法:

1) 建立视图时明确指明属性列名,而不是简单地用 SELECT *。即

```
CREATE VIEW F_Student(stdnum,name,sex,age,dept)
      AS SELECT Sno, Sname, Ssex, Sage, Sdept
      FROM Student
      WHERE Ssex='女';
```

这样,如果为 Student 表增加新列,原视图仍能正常工作,只是新增的列不在视图中而已。

2) 在修改基本表之后删除原来的视图,然后重建视图。这是最保险的方法。

2. 删除视图

视图建好后,若导出此视图的基本表被删除了,该视图将失效,但一般不会被自动删除。删除视图通常需要显式地使用 DROP VIEW 语句进行。该语句的格式为

DROP VIEW <视图名>;

一个视图被删除后,由该视图导出的其他视图也将失效,用户应该使用 DROP VIEW 语句将他们一一删除。

例 8 删除视图 IS_S1。

DROP VIEW IS_S1;

执行此语句后,IS_S1 视图的定义将从数据字典中删除。由 IS_S1 视图导出的 IS_S2 视

图的定义虽仍在数据字典中,但该视图已无法使用了,因此应该同时删除。

3. 小结

定义视图包括建立视图和删除视图。在 SQL 语言中,CREATE VIEW 语句用于建立视图,DROP VIEW 语句用于删除视图。

CREATE VIEW 语句中的子查询可以有多种形式,从而可以建立多种不同类型的视图。概括起来,视图主要有以下类型:

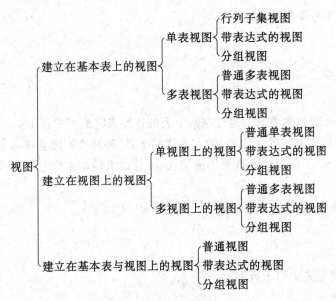

对用户而言,不同类型视图的区别仅在于系统对更新视图时的某些限制上,除此之外,别无差别。

3.5.2 查询视图

视图定义后,用户就可以像对基本表进行查询一样对视图进行查询了。也就是说,在 3.3.1 节中介绍的对基本表的各种查询操作一般都可以作用于视图。

DBMS 执行对视图的查询时,首先进行有效性检查,检查查询涉及的表、视图等是否在数据库中存在,如果存在,则从数据字典中取出查询涉及的视图的定义,把定义中的子查询和用户对视图的查询结合起来,转换成对基本表的查询,然后再执行这个经过修正的查询。将对视图的查询转换为对基本表的查询的过程称为视图的消解(view resolution)。

例 9 在信息系学生的视图中找出年龄小于 20 岁的学生。

```
SELECT Sno,Sage
FROM IS_Student
WHERE Sage<20;
```

DBMS 执行此查询时,将其与 IS_Student 视图定义中的子查询

```
SELECT Sno,Sname,Sage
FROM Student
WHERE Sdept='IS';
```

结合起来,转换成对基本表 Student 的查询。修正后的查询语句为

```
SELECT Sno , Sage
FROM Student
WHERE Sdept='IS' AND Sage<20;
```

视图是定义在基本表上的虚表,它可以和其他基本表一起使用,实现连接查询或嵌套查询。这也就是说,在关系数据库的三级模式结构中,外模式不仅包括视图,而且还可以包括一些基本表。

例 10 查询信息系选修了 1 号课程的学生。

```
SELECT Sno , Sname
FROM IS_Student , SC
WHERE IS_Student. Sno=SC. Sno AND
        SC. Cno='1';
```

本查询涉及虚表 IS_Student 和基本表 SC,通过这两个表的连接来完成用户请求。

在一般情况下,视图查询的转换是直接了当的。但有些情况下,这种转换不能直接进行,查询时就会出现问题。例如,在 S_G 视图中查询平均成绩在 90 分以上的学生学号和成绩,SQL 语句为

```
SELECT *
FROM S_G
WHERE Gavg>=90;
```

将此 SQL 语句与 S_G 视图定义中的子查询

```
SELECT Sno , AVG(Grade)
FROM SC
GROUP BY Sno;
```

结合后,形成下列查询语句:

```
SELECT Sno , AVG(Grade)
FROM SC
WHERE AVG(Grade)>=90
GROUP BY Sno;
```

但实际上,WHERE 子句中是不能用集函数作为条件表达式的,因此执行此修正后的查询将会出现语法错误。正确的查询语句应该是

```
SELECT Sno , AVG(Grade)
FROM SC
GROUP BY Sno
HAVING AVG(Grade)>=90;
```

但目前多数关系数据库系统不能做这种转换,也就是说在这些系统中上述查询是不允许的。

一般说来,DBMS 对行列子集视图的查询均能进行正确转换。但对非行列子集的查询就不一定能够保证转换的正确性了,因此对这类视图进行查询时应尽量避免视图中的特殊属性出现在查询条件中。

3.5.3 更新视图

更新视图包括插入(INSERT)、删除(DELETE)和修改(UPDATE)三类操作。

由于视图是不实际存储数据的虚表,因此对视图的更新,最终要转换为对基本表的更新。

为防止用户通过视图对数据进行增、删、改时,无意或故意操作不属于视图范围内的基本表数据,可在定义视图时加上 WITH CHECK OPTION 子句,这样在视图上增、删、改数据时,DBMS 会进一步检查视图定义中的条件,若不满足条件,则拒绝执行该操作。

例 11 将信息系学生视图 IS_Student 中学号为 95002 的学生姓名改为"刘辰"。

```
UPDATE IS_Student
SET Sname='刘辰'
WHERE Sno='95002';
```

与查询视图类似,DBMS 执行此语句时,首先进行有效性检查,检查所涉及的表、视图等是否在数据库中存在,如果存在,则从数据字典中取出该语句涉及的视图的定义,把定义中的子查询和用户对视图的更新操作结合起来,转换成对基本表的更新,然后再执行这个经过修正的更新操作。转换后的更新语句为

```
UPDATE Student
SET Sname='刘辰'
WHERE Sno='95002' AND Sdept='IS';
```

例 12 向信息系学生视图 IS_Student 中插入一个新的学生记录,其中学号为 95029,姓名为赵新,年龄为 20 岁。

```
INSERT
INTO IS_Student
VALUES('95029', '赵新', 20);
```

DBMS 将其转换为对基本表的更新

```
INSERT
INTO Student(Sno,Sname,Sage,Sdept)
VALUES('95029', '赵新', 20, 'IS');
```

这里系统自动将系名 'IS' 放入 VALUES 子句中。

例 13 删除信息系学生视图 IS_Student 中学号为 95029 的记录。

```
DELETE
FROM IS_Student
WHERE Sno='95029';
```

DBMS 将其转换为对基本表的更新:

```
DELETE
FROM Student
WHERE Sno='95029' AND Sdept='IS';
```

在关系数据库中,并不是所有的视图都是可更新的,因为有些视图的更新不能唯一地有

意义地转换成对相应基本表的更新。

例如,前面定义的视图 S_G 是由'学号'和'平均成绩'两个属性列组成的,其中平均成绩一项是由 Student 表中多个元组分组后计算平均值得来的。如果想把视图 S_G 中学号为95001 的学生的平均成绩改成 90 分,SQL 语句如下:

```
UPDATE S_G
SET Gavg=90
WHERE Sno='95001';
```

但这个对视图的更新是无法转换成对基本表 SC 的更新的,因为系统无法修改各科成绩,以使平均成绩成为 90。所以 S_G 视图是不可更新的。

一般对所有行列子集视图都可以执行修改和删除元组的操作,如果基本表中所有不允许空值的列都出现在视图中,则也可以对其执行插入操作。除行列子集视图外,还有些视图理论上是可更新的,但它们的确切特征还是尚待研究的课题。另外还有些视图从理论上是不可更新的。

目前各个关系数据库系统一般都只允许对行列子集视图的更新,而且各个系统对视图的更新还有更进一步的规定,由于各系统实现方法上的差异,这些规定也不尽相同。例如,DB2 规定:

1. 若视图是由两个以上基本表导出的,则此视图不允许更新。

2. 若视图的字段来自字段表达式或常数,则不允许对此视图执行 INSERT 和 UP-DATE 操作,但允许执行 DELETE 操作。

3. 若视图的字段来自集函数,则此视图不允许更新。

4. 若视图定义中含有 GROUP BY 子句,则此视图不允许更新。

5. 若视图定义中含有 DISTINCT 短语,则此视图不允许更新。

6. 若视图定义中有嵌套查询,并且内层查询的 FROM 子句中涉及的表也是导出该视图的基本表,则此视图不允许更新。例如,将成绩在平均成绩之上的元组定义成一个视图 GOOD_SC:

```
CREATE VIEW GOOD_SC
    AS SELECT Sno, Cno, Grade
        FROM SC
        WHERE Grade >
          (SELECT AVG(Grade)
            FROM SC);
```

导出视图 GOOD_SC 的基本表是 SC,内层查询中涉及的表也是 SC,所以视图 GOOD_SC 是不允许更新的。

7. 一个不允许更新的视图上定义的视图也不允许更新。

应该指出的是,不可更新的视图与不允许更新的视图是两个不同的概念。前者指理论上已证明其是不可更新的视图。后者指实际系统中不支持其更新,但它本身有可能是可更新的视图。

3.5.4 视图的用途

视图最终是定义在基本表之上的,对视图的一切操作最终也要转换为对基本表的操作。

而且对于非行列子集视图进行查询或更新时还有可能出现问题。既然如此，为什么还要定义视图呢？这是因为合理使用视图能够带来许多好处。

1. 视图能够简化用户的操作

视图机制使用户可以将注意力集中在他所关心的数据上。如果这些数据不是直接来自基本表，则可以通过定义视图，使用户眼中的数据库结构简单、清晰，并且可以简化用户的数据查询操作。例如，那些定义了若干张表连接的视图，就将表与表之间的连接操作对用户隐蔽起来了。换句话说，也就是用户所做的只是对一个虚表的简单查询，而这个虚表是怎样得来的，用户无需了解。

2. 视图使用户能以多种角度看待同一数据

视图机制能使不同的用户以不同的方式看待同一数据，当许多不同种类的用户使用同一个数据库时，这种灵活性是非常重要的。

3. 视图对重构数据库提供了一定程度的逻辑独立性

第1章中已经介绍过数据的物理独立性与逻辑独立性的概念。数据的物理独立性是指用户和用户程序不依赖于数据库的物理结构。数据的逻辑独立性是指当数据库重构造时，如增加新的关系或对原有关系增加新的字段等，用户和用户程序不会受影响。层次数据库和网状数据库一般能较好地支持数据的物理独立性，而对于逻辑独立性则不能完全地支持。

在关系数据库中，数据库的重构造往往是不可避免的。重构数据库最常见的是将一个表"垂直"地分成多个表。例如，将学生关系

Student(Sno，Sname，Ssex，Sage，Sdept)分为
SX(Sno，Sname，Sage)

和

SY(Sno，Ssex，Sdept)

两个关系。这时原表 Student 为 SX 表和 SY 表自然连接的结果。如果建立一个视图 Student：

```
CREATE VIEW Student(Sno，Sname，Ssex，Sage，Sdept)
        AS
        SELECT SX.Sno，SX.Sname，SY.Ssex，SX.Sage，SY.Sdept
        FROM SX，SY
        WHERE SX.Sno＝SY.Sno；
```

这样尽管数据库的逻辑结构改变了，但应用程序并不必修改，因为新建立的视图定义了用户原来的关系，使用户的外模式保持不变，用户的应用程序通过视图仍然能够查找数据。

当然，视图只能在一定程度上提供数据的逻辑独立性，比如由于对视图的更新是有条件的，因此应用程序中修改数据的语句可能仍会因基本表结构的改变而改变。

4. 视图能够对机密数据提供安全保护

有了视图机制，就可以在设计数据库应用系统时，对不同的用户定义不同的视图，使机

密数据不出现在不应看到这些数据的用户视图上,这样就由视图的机制自动提供了对机密数据的安全保护功能。例如,Student 表涉及 3 个系的学生数据,可以在其上定义 3 个视图,每个视图只包含 1 个系的学生数据,并只允许每个系的学生查询自己所在系的学生视图。

3.6　数据控制

由 DBMS 提供统一的数据控制功能是数据库系统的特点之一。数据控制也称为数据保护,包括数据的安全性控制、完整性控制、并发控制和恢复。关于数据保护的概念将在第 5 章中详细讨论。这里主要介绍 SQL 的数据控制功能。

SQL 语言提供了数据控制功能,能够在一定程度上保证数据库中数据的完全性、完整性,并提供了一定的并发控制及恢复能力。

数据库的完整性是指数据库中数据的正确性与相容性。SQL 语言定义完整性约束条件的功能主要体现在 CREATE TABLE 语句中,可以在该语句中定义码、取值唯一的列、参照完整性及其他一些约束条件,同前面已经介绍的一样。

并发控制指的是当多个用户并发地对数据库进行操作时,对他们加以控制、协调,以保证并发操作正确执行,并保持数据库的一致性。恢复指的是当发生各种类型的故障,使数据库处于不一致状态时,将数据库恢复到一致状态的功能。SQL 语言也提供了并发控制及恢复的功能,支持事务、提交、回滚等概念,SQL 语言在这方面的能力在第 5 章中做进一步介绍。

数据库的安全性是指保护数据库,防止不合法的使用所造成的数据泄露和破坏。数据库系统中保证数据安全性的主要措施是进行存取控制,即规定不同用户对于不同数据对象所允许执行的操作,并控制各用户只能存取他有权存取的数据。不同的用户对不同的数据应具有何种操作权力,是由 DBA 和表的建立者(即表的属主)根据具体情况决定的,SQL 语言则为 DBA 和表的属主定义与回收这种权力提供了手段。

1. 授权

SQL 语言用 GRANT 语句向用户授予操作权限,GRANT 语句的一般格式为

```
GRANT <权限>[,<权限>]…
      [ON <对象类型> <对象名>]
      TO <用户>[,<用户>]…
      [WITH GRANT OPTION];
```

其语义为将对指定操作对象的指定操作权限授予指定的用户。

不同类型的操作对象有不同的操作权限,常见的操作权限如表 3-9 所示。

对属性列和视图的操作权限有五类:查询(SELECT)、插入(INSERT)、修改(UP-DATE)、删除(DELETE)以及这四种权限的总和(ALL PRIVILEGES)。对基本表的操作权限有七类:查询(SELECT)、插入(INSERT)、修改(UPDATE)、删除(DELETE)、修改表(ALTER)和建立索引(INDEX)以及这六种权限的总和(ALL PRIVILEGES)。对数据库可以有建立表(CREATETAB)的权限,该权限属于 DBA,可由 DBA 授予普通用户,普通用户拥有此权限后可以建立基本表,基本表的属主(owner)拥有对该表的一切操作权限。

表 3-9　不同对象类型允许的操作权限

对　象	对象类型	操　作　权　限
属性列	TABLE	SELECT，INSERT，UPDATE，DELETE ALL PRIVILEGES
视图	TABLE	SELECT，INSERT，UPDATE，DELETE ALL PRIVILEGES
基本表	TABLE	SELECT，INSERT，UPDATE，DELETE ALTER，INDEX，ALL PRIVILEGES
数据库	DATABASE	CREATETAB

接受权限的用户可以是一个或多个具体用户,也可以是 PUBLIC,即全体用户。

如果指定了 WITH GRANT OPTION 子句,则获得某种权限的用户还可以把这种权限再授予别的用户。如果没有指定 WITH GRANT OPTION 子句,则获得某种权限的用户只能使用该权限,但不能传播该权限。

例 1　把查询 Student 表权限授给用户 U1。

GRANT SELECT ON TABLE Student TO U1；

例 2　把对 Student 表和 Course 表的全部权限授予用户 U2 和 U3。

GRANT ALL PRIVILEGES ON TABLE Student，Course TO U2，U3；

例 3　把对表 SC 的查询权限授予所有用户。

GRANT SELECT ON TABLE SC TO PUBLIC；

例 4　把查询 Student 表和修改学生学号的权限授给用户 U4。

这里实际上要授予 U4 用户的是对基本表 Student 的 SELECT 权限和对属性列 Sno 的 UPDATE 权限。授予关于属性列的权限时必须明确指出相应属性列名。完成本授权操作的 SQL 语句为

GRANT UPDATE(Sno)，SELECT ON TABLE Student TO U4；

例 5　把对表 SC 的 INSERT 权限授予 U5 用户,并允许他再将此权限授予其他用户。

GRANT INSERT ON TABLE SC TO U5 WITH GRANT OPTION；

执行此 SQL 语句后,U5 不仅拥有了对表 SC 的 INSERT 权限,还可以传播此权限,即由 U5 用户发上述 GRANT 命令给其他用户。例如,U5 可以将此权限授予 U6：

GRANT INSERT ON TABLE SC TO U6 WITH GRANT OPTION；

同样,U6 还可以将此权限授予 U7：

GRANT INSERT ON TABLE SC TO U7；

因为 U6 未给 U7 传播的权限,因此 U7 不能再传播此权限。

例 6　DBA 把在数据库 S_C 中建立表的权限授予用户 U8。

GRANT CREATETAB ON DATABASE S_C TO U8；

由上面的例子可以看到,GRANT 语句可以一次向一个用户授权,如例 1 所示,这是最简单的一种授权操作;也可以一次向多个用户授权,如例 2、例 3 等所示;还可以一次传播多个同类对象的权限,如例 2 所示;甚至一次可以完成对基本表、视图和属性列这些不同对象的授权,如例 4 所示;但授予关于 DATABASE 的权限必须与授予关于 TABLE 的权限分开,因为它们使用不同的对象类型关键字。

2. 收回权限

授予的权限可以由 DBA 或其他授权者用 REVOKE 语句收回,REVOKE 语句的一般格式为

REVOKE <权限>[,<权限>]...
　　[ON <对象类型> <对象名>]
　　FROM <用户>[,<用户>]...;

例 7　把用户 U4 修改学生学号的权限收回。

REVOKE UPDATE(Sno) ON TABLE Student FROM U4;

例 8　收回所有用户对表 SC 的查询权限。

REVOKE SELECT ON TABLE SC FROM PUBLIC;

例 9　把用户 U5 对 SC 表的 INSERT 权限收回。

REVOKE INSERT ON TABLE SC FROM U5;

在例 5 中,U5 又将对 SC 表的 INSERT 权限授予了 U6,而 U6 又将其授予了 U7,执行此 REVOKE 语句后,DBMS 在收回 U5 对 SC 表的 INSERT 权限的同时,还会自动收回 U6 和 U7 对 SC 表的 INSERT 权限,即收回权限的操作会级联下去的。但如果 U6 或 U7 还从其他用户处获得对 SC 表的 INSERT 权限,则他们仍具有此权限,系统只收回直接或间接从 U5 处获得的权限。

可见,SQL 提供了非常灵活的授权机制。用户对自己建立的基本表和视图拥有全部的操作权限,并且可以用 GRANT 语句把其中某些权限授予其他用户。被授权的用户如果有"继续授权"的许可,还可以把获得的权限再授予其他用户。DBA 拥有对数据库中所有对象的所有权限,并可以根据应用的需要将不同的权限授予不同的用户。而所有授予出去的权力在必要时又都可以用 REVOKE 语句收回。

3.7　嵌入式 SQL

SQL 语言是面向集合的描述性语言,具有功能强、效率高、使用灵活、易于掌握等特点。但 SQL 语言是非过程性语言,本身没有过程性结构,大多数语句都是独立执行,与上下文无关,而绝大多数完整的应用都是过程性的,需要根据不同的条件来执行不同的任务,因此,单纯用 SQL 语言很难实现这样的应用。

为了解决这一问题,SQL 语言提供了两种不同的使用方式。一种是在终端交互式方式下使用,前面介绍的就是做为独立语言由用户在交互环境下使用的 SQL 语言。另一种是将

SQL 语言嵌入到某种高级语言如 PL/1,COBOL,FORTRAN,C 中使用,利用高级语言的过程性结构来弥补 SQL 语言在实现复杂应用方面的不足,这种方式下使用的 SQL 语言称为嵌入式 SQL(embedded SQL),而嵌入 SQL 的高级语言称为主语言或宿主语言。

一般来讲,在终端交互方式下使用的 SQL 语句也可用在应用程序中。当然这两种方式细节上会有许多差别,在程序设计的环境下,SQL 语句要做某些必要的扩充。

3.7.1　嵌入式 SQL 的一般形式

对宿主型数据库语言 SQL,DBMS 可采用两种方法处理,一种是预编译,另一种是修改和扩充主语言使之能处理 SQL 语句。目前采用较多的是预编译的方法,即由 DBMS 的预处理程序对源程序进行扫描,识别出 SQL 语句,把它们转换成主语言调用语句,以使主语言编译程序能识别它,最后由主语言的编译程序将整个源程序编译成目标码。

在嵌入式 SQL 中,为了能够区分 SQL 语句与主语言语句,所有 SQL 语句都必须加前缀 EXEC SQL。SQL 语句的结束标志则随主语言的不同而不同,例如,在 PL/1 和 C 中以分号(;)结束,在 COBOL 中以 END-EXEC 结束。这样,以 C 或 PL/1 作为主语言的嵌入式 SQL 语句的一般形式为

EXEC SQL ＜SQL 语句＞;

以 COBOL 作为主语言的嵌入式 SQL 语句的一般形式为:

EXEC SQL ＜SQL 语句＞ END-EXEC

例如,如下一条交互形式的 SQL 语句

DROP TABLE Student;

嵌入到 C 程序中,应写作

EXEC SQL DROP TABLE Student;

嵌入 SQL 语句根据其作用的不同,可分为可执行语句和说明性语句两类。可执行语句又分为数据定义、数据控制、数据操纵三种。

在宿主程序中,任何允许出现可执行的高级语言语句的地方,都可以写可执行 SQL 语句;任何允许出现说明性高级语言语句的地方,都可以写说明性 SQL 语句。

3.7.2　嵌入式 SQL 语句与主语言之间的通信

将 SQL 嵌入到高级语言中混合编程,SQL 语句负责操纵数据库,高级语言语句负责控制程序流程。这时程序中会含有两种不同计算模型的语句,一种是描述性的面向集合的 SQL 语句,一种是过程性的高级语言语句,它们之间应该如何通信呢?

数据库工作单元与源程序工作单元之间通信主要包括:

① 向主语言传递 SQL 语句的执行状态信息,使主语言能够据此控制程序流程。

② 主语言向 SQL 语句提供参数。

③ 将 SQL 语句查询数据库的结果交主语言进一步处理。

在嵌入式 SQL 中,向主语言传递 SQL 执行状态信息主要用 SQL 通信区(SQL communication area,简称 SQLCA)实现;主语言向 SQL 语句输入数据主要用主变量(host variable)实现;SQL 语句向主语言输出数据主要用主变量和游标(cursor)实现。

1. SQL 通信区

SQL 语句执行后,系统要反馈给应用程序若干信息,主要包括描述系统当前工作状态和运行环境的各种数据,这些信息将送到 SQL 通信区 SQLCA 中。应用程序从 SQLCA 中取出这些状态信息,据此决定接下来执行的语句。

SQLCA 是一个数据结构,在应用程序中用 EXEC SQL INCLUDE SQLCA 加以定义。SQLCA 中有一个存放每次执行 SQL 语句后返回代码的变量 SQLCODE。应用程序每执行完一条 SQL 语句之后都应该测试一下 SQLCODE 的值,以了解该 SQL 语句执行情况并做相应处理。如果 SQLCODE 等于预定义的常量 SUCCESS,则表示 SQL 语句成功,否则表示遇到例外情况或出错。例如,在执行删除语句 DELETE 后,根据不同的执行情况,SQLCA 中有下列不同的信息:

- 违反数据保护规则,操作拒绝。
- 没有满足条件的行,一行也没有删除。
- 成功删除,并有删除的行数(SQLCODE=SUCCESS)。
- 无条件删除警告信息。
- 由于各种原因,执行出错。

2. 主变量

嵌入式 SQL 语句中可以使用主语言的程序变量来输入或输出数据。把在 SQL 语句中使用的主语言程序变量简称为主变量。

主变量根据其作用的不同,分为输入主变量和输出主变量。输入主变量由应用程序对其赋值,SQL 语句引用;输出主变量由 SQL 语句对其赋值或设置状态信息,返回给应用程序。一个主变量有可能既是输入主变量又是输出主变量。利用输入主变量,可以指定向数据库中插入的数据,可以将数据库中的数据修改为指定值,可以指定执行的操作,可以指定WHERE 子句或 HAVING 子句中的条件。利用输出主变量,可以得到 SQL 语句的结果数据和状态。

一个主变量可以附带一个任选的指示变量(indicator variable)。所谓指示变量是一个整型变量,用来"指示"所指主变量的值或条件。输入主变量可以利用指示变量赋空值,输出主变量可以利用指示变量检测出是否空值,值是否被截断。

使用主变量及指示变量的方法是,所有主变量和指示变量必须在 SQL 语句 BEGIN DECLARE SECTION 与 END DECLARE SECTION 之间进行说明。说明之后,主变量可以在 SQL 语句中任何一个能够使用表达式的地方出现,为了与数据库对象名(表名、视图名、列名等)区别,SQL 语句中的主变量名前要加冒号(:)作为标志。同样,SQL 语句中的指示变量前也必须加冒号标志,并且要紧跟在所指主变量之后。而在 SQL 语句之外,主变量和指示变量均可以直接引用,不必加冒号。

3. 游标

SQL 语言与主语言具有不同数据处理方式。SQL 语言是面向集合的,一条 SQL 语句原则上可以产生或处理多条记录。而主语言是面向记录的,一组主变量一次只能存放一条记录。所以仅使用主变量并不能完全满足 SQL 语句向应用程序输出数据的要求,为此嵌入式 SQL 引入了游标的概念,用游标来协调这两种不同的处理方式。游标是系统为用户开设的一个数据缓冲区,存放 SQL 语句的执行结果。每个游标区都有一个名字。用户可以用 SQL 语句逐一从游标中获取记录,并赋给主变量,交由主语言进一步处理。

小结

由此可以看到,在嵌入式 SQL 中,SQL 语句与主语言语句分工非常明确。SQL 语句用来直接与数据库打交道,主语言语句用来控制程序流程以及对 SQL 语句的执行结果做进一步加工处理。SQL 语句用主变量从主语言中接收执行参数,操纵数据库;SQL 语句的执行状态由 DBMS 送至 SQLCA 中;主语言程序从 SQLCA 中取出状态信息,据此决定下一步操作;如果 SQL 语句从数据库中成功地检索出数据,则通过主变量传给主语言做进一步处理。SQL 语言和主语言的不同数据处理方式通过游标来协调。这实际上反映了嵌入式 SQL 的工作原理。

为了能够更好地理解上面的概念,下面给出带有嵌入式 SQL 的一小段 C 程序。

```
…………
EXEC SQL INCLUDE SQLCA;………………            (1) 定义 SQL 通信区
EXEC SQL BEGIN DECLARE SECTION;………          (2) 说明主变量
        CHAR    title_id(7);
        CHAR    title(81);
        INT     royalty;
EXEC SQL END DECLARE SECTION;
main()
{
        EXEC SQL DECLARE C1 CURSOR FOR………(3) 游标操作(定义游标)
            SELECT tit_id, tit, roy FROM titles;
            /*从 titles 表中查询 tit_id, tit, roy */

        EXEC SQL OPEN C1;………………           (4) 游标操作(打开游标)
        for(;;)
        {
            EXEC SQL FETCH C1 INTO :title_id, :title, :royalty;
                                ……………  (5) 游标操作(推进游标指针并将当前数
                                               据放入主变量)

            if (sqlca.sqlcode != SUCCESS) ……   (6) 利用 SQLCA 中的状态信息决定何时
                                                  退出循环
                break;
            printf("Title ID: %s, Royalty: %d", title_id, royalty);
            printf("Title: %s", title);
            /*打印查询结果 */
        }
        EXEC SQL CLOSE C1;………………       (7) 游标操作(关闭游标)
}
```

3.7.3 不用游标的 SQL 语句

不用游标的 SQL 语句有：
- 说明性语句
- 数据定义语句
- 数据控制语句
- 查询结果为单记录的 SELECT 语句
- 非 CURRENT 形式的 UPDATE 语句
- 非 CURRENT 形式的 DELETE 语句
- INSERT 语句

所有的说明性语句及数据定义与控制语句都不需要使用游标。它们是嵌入式 SQL 中最简单的一类语句，不需要返回结果数据，也不需要使用主变量。在主语言中嵌入说明性语句及数据定义与控制语句，只要给语句加上前缀 EXEC SQL 和语句结束符即可。INSERT 语句也不需要使用游标，但通常需要使用主变量。SELECT 语句、UPDATE 语句、DELETE 语句则更复杂些。

1. 说明性语句

交互式 SQL 中没有说明性语句，说明性语句是专为在嵌入式 SQL 中说明 SQLCA 和主变量等而设置的，主要有下列语句：

```
EXEC SQL INCLUDE SQLCA;
EXEC SQL BEGIN DECLARE SECTION;

EXEC SQL END DECLARE SECTION;
```

后两条语句必须配对出现，相当于一个括号，两条语句中间是主变量的说明。

2. 数据定义语句

例1 建立一个"学生"表 Student。

```
EXEC SQL CREATE TABLE Student
            (Sno      CHAR(5) NOT NULL UNIQUE,
             Sname    CHAR(20),
             Ssex     CHAR(1),
             Sage     INT,
             Sdept    CHAR(15));
```

数据定义语句中不允许使用主变量。例如，下列语句是错误的：

```
EXEC SQL DROP TABLE :table_name;
```

3. 数据控制语句

例2 把查询 Student 表权限授给用户 U1。

```
EXEC SQL GRANT SELECT ON TABLE Student TO U1;
```

4. 查询结果为单记录的 SELECT 语句

在嵌入式 SQL 中,查询结果为单记录的 SELECT 语句需要用 INTO 子句指定查询结果的存放地点。该语句的一般格式为

EXEC SQL SELECT [ALL|DISTINCT] <目标列表达式>[,<目标列表达式>]...
     INTO <主变量>[<指示变量>][,<主变量>[<指示变量>]]...
     FROM <表名或视图名>[,<表名或视图名>]...
     [WHERE <条件表达式>]
     [GROUP BY <列名1> [HAVING <条件表达式>]]
     [ORDER BY <列名2> [ASC|DESC]];

该语句对交互式 SELECT 语句的扩充就是多了一个 INTO 子句,把从数据库中找到的符合条件的记录,放到 INTO 子句指出的主变量中去。其他子句的含义不变。使用该语句需要注意以下几点:

① INTO 子句、WHERE 子句的条件表达式和 HAVING 短语的条件表达式中均可以使用主变量,但这些主变量必须事先加以说明,并且引用时前面要加上冒号。

② 查询返回的记录中,可能某些列值为空值 NULL。如果 INTO 子句中主变量后面跟有指示变量,则当查询得出的某个数据项为空值时,系统会自动将相应主变量后面的指示变量置为负值,但不向该主变量执行赋值操作,即主变量值仍保持执行 SQL 语句之前的值。所以当发现指示变量值为负值时,不管主变量为何值,均应认为主变量值为 NULL。指示变量只能用于 INTO 子句中,并且也必须事先加以说明,引用时前面要加上冒号。

③ 如果数据库中没有满足条件的记录,即查询结果为空,则 DBMS 将 SQLCODE 的值置为 100。

④ 如果查询结果实际上并不是单条记录,而是多条记录,则程序出错,DBMS 会在 SQLCA 中返回错误信息。

例 3 根据学生号码查询学生信息。假设已将要查询的学生的学号赋给了主变量 givensno。

EXEC SQL SELECT Sno, Sname, Ssex, Sage, Sdept
    INTO : Hsno, : Hname, : Hsex, : Hage, : Hdept
    FROM Student
    WHERE Sno= : givensno;

上面的 SELECT 语句中 Hsno, Hname, Hsex, Hage, Hdept 和 givensno 均是主变量,并均已在前面的程序中说明过了。

例 4 查询某个学生选修某门课程的成绩。假设已将要查询的学生的学号赋给了主变量 givensno,将课程号赋给了主变量 givencno。

EXEC SQL SELECT Sno, Cno, Grade
    INTO : Hsno, : Hcno, : Hgrade : Gradeid
    FROM SC
    WHERE Sno= : givensno AND Cno= : givencno;

由于学生选修一门课后有可能没有参加考试,也就是说其成绩为空值,所以在该例 IN-

TO 子句中加了指示变量 Gradeid，用于指示主变量 Hgrade 是否为空值。指示变量也需要和所有主变量一起在前面程序中事先说明。执行此语句后，如果 Gradeid 小于 0，则不论 Hgrade 为何值，均认为该学生成绩为空值。

虽然对于仅返回一行结果数据的 SELECT 语句可以不使用游标，但从应用程序独立性角度考虑，最好还是使用游标。因为如果以后数据库改变了，该 SELECT 语句可能会返回多行数据，这时不使用游标就会出错。

5. 非 CURRENT 形式的 UPDATE 语句

在 UPDATE 语句中，SET 子句和 WHERE 子句中均可以使用主变量，其中 SET 子句中还可以使用指示变量。

例 5 将全体学生 1 号课程的考试成绩增加若干分。假设增加的分数已赋给主变量 Raise。

```
EXEC SQL UPDATE SC
        SET Grade＝Grade＋ ：Raise
        WHERE Cno＝'1'；
```

该操作实际上是一个集合操作，DBMS 会修改所有学生的 1 号课程的 Grade 属性列。

例 6 修改某个学生 1 号课程的成绩。假设该学生的学号已赋给主变量 givensno，修改后的成绩已赋给主变量 newgrade。

```
EXEC SQL UPDATE SC
        SET Grade＝ ：newgrade
        WHERE Sno＝ ：givensno；
```

例 7 将计算机系全体学生年龄置 NULL 值。

```
Sageid＝－1；
EXEC SQL UPDATE Student
        SET Sage＝ ：Raise ：Sageid
        WHERE Sdept＝'CS'；
```

将指示变量 Sageid 赋一个负值后，无论主变量 Raise 为何值，DBMS 都会将 CS 系所有记录的年龄属性置空值。它等价于

```
EXEC SQL UPDATE Student
        SET Sage＝NULL
        WHERE Sdept＝'CS'；
```

6. 非 CURRENT 形式的 DELETE 语句

DELETE 语句的 WHERE 子句中可以使用主变量指定删除条件。

例 8 某个学生退学了，现要将有关他的所有选课记录删除掉。假设该学生的姓名已赋给主变量 stdname。

```
EXEC SQL DELETE
        FROM SC
        WHERE Sno＝
```

```
                    (SELECT Sno
                     FROM Student
                     WHERE Sname= : stdname);
```

另一种等价实现方法为

```
EXEC SQL DELETE
            FROM SC
            WHERE  : stdname=
                    (SELECT Sname
                     FROM Student
                     WHERE Studnet. Sno=SC. sno);
```

显然第一种方法更直接,从而也更高效些。

如果该学生选修了多门课程,执行上面的语句时,DBMS 会自动执行集合操作,即把他选修的所有课程都删除掉。

7. INSERT 语句

INSERT 语句的 VALUES 子句中可以使用主变量和指示变量。

例 9 某个学生新选修了某门课程,将有关记录插入 SC 表中。假设学生的学号已赋给主变量 stdno,课程号已赋给主变量 couno。

```
gradeid= -1;
EXEC SQL INSERT
            INTO SC(Sno, Cno, Grade)
            VALUES( : stdno,  : couno,  : gr : gradeid);
```

由于该学生刚选修课程,尚未考试,因此成绩列为空。所以本例中用指示变量指示相应的主变量为空值。

3.7.4 使用游标的 SQL 语句

必须使用游标的 SQL 语句有:
- 查询结果为多条记录的 SELECT 语句。
- CURRENT 形式的 UPDATE 语句。
- CURRENT 形式的 DELETE 语句。

1. 查询结果为多条记录的 SELECT 语句

一般情况下,SELECT 语句查询结果都是多条记录,而高级语言一次只能处理一条记录,因此需要以游标机制作为桥梁,将多条记录一次一条送至宿主程序处理,从而把对集合的操作转换为对单个记录的处理。

使用游标的步骤为:

1)说明游标。用 DECLARE 语句为一条 SELECT 语句定义游标。DECLARE 语句的一般形式为

```
EXEC SQL DECLARE <游标名> CURSOR FOR <SELECT 语句>;
```

其中 SELECT 语句可以是简单查询,也可以是复杂的连接查询和嵌套查询。

定义游标仅仅是一条说明性语句,这时 DBMS 并不执行 SELECT 指定的查询操作。

2) 打开游标。用 OPEN 语句将上面定义的游标打开。OPEN 语句的一般形式为

EXEC SQL OPEN <游标名>;

打开游标实际上是执行相应的 SELECT 语句,把所有满足查询条件的记录从指定表取到缓冲区中。这时游标处于活动状态,指针指向查询结果集中第一条记录。

3) 推进游标指针并取当前记录。用 FETCH 语句把游标指针向前推进一条记录,同时将缓冲区中的当前记录取出来送至主变量供主语言进一步处理。FETCH 语句的一般形式为

EXEC SQL FETCH <游标名>
                INTO <主变量>[<指示变量>][,<主变量>[<指示变量>]]...;

其中主变量必须与 SELECT 语句中的目标列表达式具有一一对应关系。

FETCH 语句通常用在一个循环结构中,通过循环执行 FETCH 语句逐条取出结果集中的行进行处理。

为进一步方便用户处理数据,现在许多关系数据库管理系统对 FETCH 语句做了扩充,允许用户向任意方向以任意步长移动游标指针,而不仅仅是把游标指针向前推进一行了。

4) 关闭游标。用 CLOSE 语句关闭游标,释放结果集占用的缓冲区及其他资源。CLOSE 语句的一般形式为

EXEC SQL CLOSE <游标名>;

游标被关闭后,就不再和原来的查询结果集相联系。但被关闭的游标可以再次被打开,与新的查询结果相联系。

例 10 查询某个系全体学生的信息。要查询的系名由用户在程序运行过程中指定,放在主变量 deptname 中

```
......
EXEC SQL INCLUDE SQLCA;
EXEC SQL BEGIN DECLARE SECTION;
    ......
    /* 说明主变量 deptname,HSno,HSname,HSsex,HSage 等 */
    ......
    ......
EXEC SQL END DECLARE SECTION;

......
......
gets(deptname);                    /* 为主变量 deptname 赋值 */
......

EXEC SQL DECLARE SX CURSOR FOR
        SELECT Sno, Sname, Ssex, Sage
        FROM Student
        WHERE SDept=:deptname;            /* 语句①:说明游标 */
```

```
EXEC SQL OPEN SX;                                    /* 语句②:打开游标 */

WHILE(1)          /* 用循环结构逐条处理结果集中的记录 */
{
    EXEC SQL FETCH SX INTO :HSno, :HSname, :HSsex, :HSage;
        /* 语句③:游标指针向前推进一行,然后从结果集中取当前行,送相应主变量 */

    if (sqlca.sqlcode ! = SUCCESS)
        break;
        /* 若所有查询结果均已处理完或出现 SQL 语句错误,则退出循环 */

    /* 由主语言语句进行进一步处理 */
    ......
    ......
};
EXEC SQL CLOSE SX;                /* 语句④:关闭游标 */
......
......
```

本例要查询 deptname 系的所有学生的学号、姓名、性别和年龄。

首先定义游标 SX,将其与查询结果集(即 deptname 系的所有学生的学号、姓名、性别和年龄)相联系(语句①)。这时相应的 SELECT 语句并没有真正执行。

然后打开游标 SX,这时 DBMS 执行与 SX 相联系的 SELECT 语句,即查询 deptname 系的所有学生的学号、姓名、性别和年龄(语句②),之后 SX 处于活动状态。

接下来在一个循环结构中逐行取结果集中的数据,分别将学号 Sno、姓名 Sname、性别 Ssex 和年龄 Sage 送至主变量 HSno,HSname,HSsex 和 HSage 中(语句③)。主语言语句将对这些主变量做进一步处理。

最后关闭游标 SX(语句④)。这时 SX 不再与 deptname 系的学生数据相联系。

被关闭的游标 SX 实际上可以再次被打开,与新的查询结果相联系。例如,可以在例 1 中再加上一层外循环,每次对 deptname 赋新的值,这样 SX 就每次和不同的系的学生集合相联系。如例 11 所示。

例 11 查询某些系全体学生的信息。

```
......
EXEC SQL INCLUDE SQLCA;
EXEC SQL BEGIN DECLARE SECTION;
    ......
    /* 说明主变量 deptname,HSno,HSname,HSsex,HSage 等 */
    ......
    ......
EXEC SQL END DECLARE SECTION;


......
......
......

EXEC SQL DECLARE SX CURSOR FOR
        SELECT Sno, Sname, Ssex, Sage
```

```
            FROM Student
            WHERE SDept＝：deptname；              /＊ 说明游标 ＊/

  WHILE (gets(deptname)！＝NULL)                  /＊ 接收主变量 deptname 的值 ＊/
  {
  /＊ 下面开始处理 deptname 指定系的学生信息，每次循环中 deptname 可具有不同的值 ＊/

      EXEC SQL OPEN SX；                        /＊ 打开游标 ＊/

      WHILE (1) {         /＊ 用循环结构逐条处理结果集中的记录 ＊/
              EXEC SQL FETCH SX INTO ：HSno，：HSname，：HSsex，：HSage；
                  /＊ 游标指针向前推进一行，然后从结果集中取当前行，送相应主变量 ＊/

              if (sqlca. sqlcode !＝ SUCCESS)
                  break；
                  /＊ 若所有查询结果均已处理完或出现 SQL 语句错误，则退出循环 ＊/

              /＊ 由主语言语句进行进一步处理 ＊/
              ……
              ……
      }；/＊ 内循环结束 ＊/
      EXEC SQL CLOSE SX；           /＊ 关闭游标 ＊/
  }；/＊ 外循环结束 ＊/
  ……
  ……
```

2. CURRENT 形式的 UPDATE 语句和 DELETE 语句

非 CURRENT 形式的 UPDATE 语句和 DELETE 语句都是集合操作，一次修改或删除所有满足条件的记录。如果只想修改或删除其中某个记录，则需要用带游标的 SELECT 语句查出所有满足条件的记录，从中进一步找出要修改或删除的记录，然后修改或删除之。具体如下。

1）用 DECLARE 语句说明游标。如果是为 CURRENT 形式的 UPDATE 语句作准备，则 SELECT 语句中要用

FOR UPDATE OF ＜列名＞

子句指明将来检索出的数据在指定列是可修改的。

2）用 OPEN 语句打开游标，把所有满足查询条件的记录从指定表取到缓冲区中。

3）用 FETCH 语句推进游标指针，并把当前记录从缓冲区中取出来送至主变量。

4）检查该记录是否是要修改或删除的记录。如果是，则用 UPDATE 语句或 DELETE 语句修改或删除该记录。这时 UPDATE 语句和 DELETE 语句中要用

WHERE CURRENT OF ＜游标名＞

子句，表示修改或删除的是该游标中最近一次取出的记录，即游标指针指向的记录。

第 3 和 4 步通常用在一个循环结构中，通过循环执行 FETCH 语句，逐条取出结果集中的行进行判断和处理。

5）处理完毕用 CLOSE 语句关闭游标，释放结果集占用的缓冲区和其他资源。

例 12　查询某个系全体学生的信息(要查询的系名由主变量 deptname 指定),然后根据用户的要求修改其中某些记录的年龄字段。

```
......
EXEC SQL INCLUDE SQLCA;
EXEC SQL BEGIN DECLARE SECTION;
       ......
       /* 说明主变量 deptname,HSno,HSname,HSsex,HSage,NEWAge 等 */
       ......
       ......

EXEC SQL END DECLARE SECTION;
......
......
gets(deptname);                    /* 为主变量 deptname 赋值 */
......

EXEC SQL DECLARE SX CURSOR FOR
          SELECT Sno, Sname, Ssex, Sage
          FROM Student
          WHERE SDept = : deptname
          FOR UPDATE OF Sage;                /* 说明游标 */

EXEC SQL OPEN SX;                            /* 打开游标 */
 WHILE(1) {       /* 用循环结构逐条处理结果集中的记录 */
       EXEC SQL FETCH SX INTO : HSno, : HSname, : HSsex, : HSage;
            /* 游标指针向前推进一行,然后从结果集中取当前行,送相应主变量 */

       if (sqlca. sqlcode ! = SUCCESS)
            break;
            /* 若所有查询结果均已处理完或出现 SQL 语句错误,则退出循环 */

       printf("%s, %s, %s, %d", Sno, Sname, Ssex, Sage); /* 显示该记录 */

       printf("UPDATE AGE ? ");      /* 问用户是否要修改 */
       scanf("%c",&yn);

       if (yn='y' || yn='Y')         /* 需要修改 */
       {
            printf("INPUT NEW AGE: ");
            scanf("%d",&NEWAge);                /* 输入新的年龄值 */

            EXEC SQL UPDATE Student
                 SET Sage= : NEWAge
                 WHERE CURRENT OF SX;      /* 修改当前记录的年龄字段 */
       };
       ......
       ......
 };
```

```
EXEC SQL CLOSE SX；              /* 关闭游标 */
……
……
```

例 13　查询某个系全体学生的信息(要查询的系名由主变量 deptname 指定),然后根据用户的要求修改删除其中某些记录。

```
……
EXEC SQL INCLUDE SQLCA；
EXEC SQL BEGIN DECLARE SECTION；
        ……
        /* 说明主变量 deptname,HSno,HSname,HSsex,HSage 等 */
        ……
        ……
EXEC SQL END DECLARE SECTION；

……
……
gets(deptname)；              /* 为主变量 deptname 赋值 */
……

EXEC SQL DECLARE SX CURSOR FOR
        SELECT Sno, Sname, Ssex, Sage
        FROM Student
        WHERE SDept = : deptname；              /* 说明游标 */

EXEC SQL OPEN SX；                             /* 打开游标 */

WHILE(1){              /* 用循环结构逐条处理结果集中的记录 */
        EXEC SQL FETCH SX INTO : HSno, : HSname, : HSsex, : HSage；
                /* 游标指针向前推进一行,然后从结果集中取当前行,送相应主变量 */

        if (sqlca. sqlcode ! = SUCCESS)
            break；
                /* 若所有查询结果均已处理完或出现 SQL 语句错误,则退出循环 */

        printf("%s, %s, %s, %d", Sno, Sname, Ssex, Sage)；/* 显示该记录 */

        printf("DELETE ? ")；    /* 问用户是否要删除 */
        scanf("%c",&yn)；

        if (yn='y' ‖ yn='Y')    /* 需要删除 */
                EXEC SQL DELETE
                    FROM Student
                    WHERE CURRENT OF SX；    /* 删除当前记录 */

        ……
        ……

};
```

```
EXEC SQL CLOSE SX; /* 关闭游标 */
......
......
```

注意,当游标定义中的 SELECT 语句带有 UNION 或 ORDER BY 子句时,或者该 SE-LECT 语句相当于定义了一个不可更新的视图时,不能使用 CURRENT 形式的 UPDATE 语句和 DELETE 语句。

3.7.5 动态 SQL 简介

3.6.3 和 3.6.4 节中介绍的嵌入式 SQL 语句为编程提供了一定的灵活性,使用户可以在程序运行过程中根据实际需要输入 WHERE 子句或 HAVING 子句中某些变量的值。这些 SQL 语句的共同特点是,语句中主变量的个数与数据类型在预编译时都是确定的,只有是主变量的值是程序运行过程中动态输入的,我们称这类嵌入式 SQL 语句为静态 SQL 语句。

静态 SQL 语句提供的编程灵活性在许多情况下仍显得不足,有时候需要编写更为通用的程序。例如,查询学生选课关系 SC,任课教师想查选修某门课程的所有学生的学号及其成绩,班主任想查某个学生选修的所有课程的课程号及相应成绩,学生想查某个学生选修某门课程的成绩,也就是说查询条件是不确定的,要查询的属性列也是不确定的,这时就无法用一条静态 SQL 语句实现了。

实际上,如果在预编译时下列信息不能确定,就必须使用动态 SQL 技术:

- SQL 语句正文
- 主变量个数
- 主变量的数据类型
- SQL 语句中引用的数据库对象(例如,列、索引、基本表、视图等)

动态 SQL 方法允许在程序运行过程中临时"组装"SQL 语句,主要有三种形式:

1. 语句可变

可接收完整的 SQL 语句。即允许用户在程序运行时临时输入完整的 SQL 语句。

2. 条件可变

对于非查询语句,条件子句有一定的可变性。例如,删除学生选课记录,既可以是因某门课临时取消,需要删除有关该课程的所有选课记录,也可以是因为某个学生退学,需要删除该学生的所有选课记录。

对于查询语句,SELECT 子句是确定的,即语句的输出是确定的,其他子句(如 WHERE 子句、HAVING 短语)有一定的可变性。例如,查询学生人数,可以是查某个系的学生总数、查某个性别的学生人数、查某个年龄段的学生人数、查某个系某个年龄段的学生人数等,这时 SELECT 子句的目标列表达式是确定的(COUNT(*)),但 WHERE 子句的条件是不确定的。

3. 数据库对象、查询条件均可变。对于查询语句,SELECT 子句中的列名、FROM 子句中的表名或视图名、WHERE 子句和 HAVING 短语中的条件等均可由用户临时构造,即语句的输入和输出可能都是不确定的。例如,前面查询学生选课关系 SC 的例子。对于非查询语句,涉及的数据库对象及条件也是可变的。

这几种动态形式几乎可覆盖所有的可变要求。为了实现上述三种可变形式,SQL 提供了相应的语句,例如,EXECUTE IMMEDIATE,PREPARE,EXECUTE,DESCRIBE 等。使用动态 SQL 技术更多的是涉及程序设计方面的知识,而不是 SQL 语言本身,所以这里就不详细介绍了,有兴趣的读者可以参阅有关书籍。

习　题

1. SQL 语言有什么特点?

2. 用 SQL 语言建立第 2 章第 7 题中的四个表。

3. 针对第 2 题创建的表,用 SQL 语言完成第 2 章第 7 题中的各项操作。

4. 针对第 2 题创建的表,用 SQL 语言进行下列各项操作:

   (1) 统计每种零件的供应总量;

   (2) 求零件供应总量在 1000 种以上的供应商名字;

   (3) 在 S 表中插入一条供应商信息:(S6,华天,深圳);

   (4) 把全部红色零件的颜色改为粉红色;

   (5) 将 S1 供应给 J1 的零件 P1 改为由 P2 供给;

   (6) 删去全部蓝色零件及相应的 SPJ 记录。

5. 视图有什么优点?

6. 在上面各表的基础上创建下列视图 VSJ,它记录了给"三建"工程项目的供应零件的情况,包括供应商号、零件号和零件数量;并对该视图查询 S1 供应商的供货情况。

7. 针对第 2 题创建的表,用 SQL 语言进行下列各项操作:

   (1) 将 S,P,J 和 SPJ 表的所有权限授予用户张成。

   (2) 将 SPJ 表的 SELECT 权和 QTY 列的 UPDATE 权授予用户徐天,并允许他传播这些权限。

   (3) 回收刘澜用户对 S 表 SNO 列的修改权。

8. 嵌入式 SQL 语句与主语言之间如何进行通信?

9. 嵌入式 SQL 什么情况下需要使用游标?使用游标的步骤分别是什么?

第4章 关系数据库设计理论

前面介绍了关系数据库的基本概念、关系模型的三个部分以及关系数据库的标准语言。关系数据库是由一组关系组成的,那么针对一个具体问题,应该如何构造一个适合于它的数据模式,即应该构造几个关系,每个关系由哪些属性组成等,这是关系数据库逻辑设计问题。

实际上设计任何一种数据库应用系统,不论是层次的、网状的还是关系的,都会遇到如何构造合适的数据模式即逻辑结构的问题。由于关系模型有严格的数学理论基础,并且可以向别的数据模型转换,因此人们往往以关系模型为背景来讨论这一问题,形成了数据库逻辑设计的一个有力工具——关系数据库的规范化理论。规范化理论虽然是以关系模型为背景,但是它对于一般的数据库逻辑设计同样具有理论上的意义。

4.1 数 据 依 赖

关系数据库是以关系模型为基础的数据库,它利用关系描述现实世界。一个关系既可用来描述一个实体及其属性,也可用来描述实体间的一种联系。关系模式是用来定义关系的,一个关系数据库包含一组关系,定义这组关系的关系模式的全体就构成了该数据库的模式。

4.1.1 关系模式中的数据依赖

关系是一张二维表,它是所涉及属性的笛卡尔积的一个子集。从笛卡尔积中选取哪些元组构成该关系,通常是由现实世界赋予该关系的元组语义来确定的。元组语义实质上是一个 n 目谓词(n 是属性集中属性的个数)。使该 n 目谓词为真的笛卡尔积中的元素(或者说凡符合元组语义的元素)的全体就构成了该关系。

关系模式是对关系的描述,为了能够清楚地刻划出一个关系,它需要由五部分组成,即应该是一个五元组:

$$R(U, D, DOM, F)$$

其中 R 为关系名,U 为组成该关系的属性名集合,D 为属性组 U 中属性所来自的域,DOM 为属性向域的映象集合,F 为属性间数据的依赖关系集合。

属性间数据的依赖关系集合 F 实际上就是描述关系的元组语义,限定组成关系的各个元组必须满足的完整性约束条件。在实际当中,这些约束或者通过对属性取值范围的限定,例如,学生成绩必须在 $0 \sim 100$ 之间,或者通过属性值间的相互关连(主要体现于值的相等与否)反映出来,后者称为数据依赖,它是数据库模式设计的关键。

关系是关系模式在某一时刻的状态或内容。关系模式是静态的、稳定的,关系是动态的,不同时刻关系模式中的关系可能会有所不同,但它们都必须满足关系模式中数据依赖关系集合 F 所指定的完整性约束条件。

由于在关系模式 $R(U, D, DOM, F)$ 中,影响数据库模式设计的主要是 U 和 F,D 和 DOM 对其影响不大,为了方便讨论,本章将关系模式简化为一个三元组

$$R(U, F)$$

当且仅当 U 上的一个关系 r 满足 F 时, r 称为关系模式 $R(U, F)$ 的一个关系。

4.1.2 数据依赖对关系模式的影响

数据依赖是通过一个关系中属性间值的相等与否体现出来的数据间的相互关系,是现实世界属性间相互联系的抽象,是数据内在的性质,是语义的体现。现在人们已经提出了许多种类型的数据依赖,其中最重要的是函数依赖(functional dependency,简记为 FD)和多值依赖(multivalued dependency,简记为 MVD)。

函数依赖普遍地存在于现实生活中。比如,描述一个学生的关系,可以有学号(Sno)、姓名(Sname)、所在系(Sdept)等几个属性。由于一个学号只对应一个学生,一个学生只在一个系。因而当"学号"值确定之后,姓名及其所在系的值也就被唯一地确定了。属性间的这种依赖关系类似于数学中的函数。因此说 Sno 函数决定 $Sname$ 和 $Sdept$,或者说 $Sname$ 和 $Sdept$ 函数依赖于 Sno,记做 $Sno{\rightarrow}Sname$,$Sno{\rightarrow}Sdept$。

现在来建立一个描述学校的数据库,该数据库涉及的对象包括学生的学号(Sno)、所在系(Sdept)、系主任姓名(Mname)、课程名(Cname)和成绩(Grade)。假设学校的数据库模式由一个单一的关系模式 $Student$ 构成,则该关系模式的属性集合为

$$U = \{ Sno, Sdept, Mname, Cname, Grade \}$$

现实世界的已知事实告诉我们:

① 一个系有若干学生,但一个学生只属于一个系;

② 一个系只有一名主任;

③ 一个学生可以选修多门课程,每门课程有若干学生选修;

④ 每个学生所学的每门课程都有一个成绩。

从上述事实可以得到属性组 U 上的一组函数依赖 F(如图 4-1 所示)

$$F = \{ Sno \rightarrow Sdept, Sdept \rightarrow Mname, (Sno, Cname) \rightarrow Grade \}$$

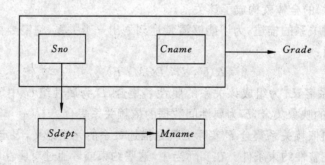

图 4-1　$Student$ 关系中的函数依赖

如果只考虑函数依赖这一种数据依赖,就得到了一个描述学生的关系模式 $Student$ $<U, F>$。但这个关系模式存在 4 个问题。

① 数据冗余太大。比如,每一个系主任的姓名重复出现,重复次数与该系所有学生的所有课程成绩出现次数相同。这将浪费大量的存储空间。

② 更新异常(update anomalies)。由于数据冗余,当更新数据库中的数据时,系统要付

出很大的代价来维护数据库的完整性。否则会面临数据不一致的危险。比如,某系更换系主任后,系统必须修改与该系学生有关的每一个元组。

③ 插入异常(insertion anomalies)。如果一个系刚成立,尚无学生,就无法把这个系及其系主任的信息存入数据库。

④ 删除异常(deletion anomalies)。如果某个系的学生全部毕业了,在删除该系学生信息的同时,把这个系及其系主任的信息也丢掉了。

鉴于存在以上种种问题,可以得出结论:*Student* 关系模式不是一个好的模式。一个"好"的模式应当不会发生插入异常、删除异常、更新异常,数据冗余应尽可能少。

一个关系模式之所以会产生上述问题,是由存在于模式中的某些数据依赖引起的。规范化理论正是用来改造关系模式,通过分解关系模式来消除其中不合适的数据依赖,以解决插入异常、删除异常、更新异常和数据冗余问题。

4.1.3 有关概念

规范化理论致力于解决关系模式中不合适的数据依赖问题。而函数依赖和多值依赖是最重要的数据依赖。本节先介绍函数依赖的概念,多值依赖将在后面介绍。此外,还要给出码的形式化定义。

1. 函数依赖

定义 4.1 设 $R(U)$ 是一个关系模式,U 是 R 的属性集合,X 和 Y 是 U 的子集。对于 $R(U)$ 的任意一个可能的关系 r,如果 r 中不存在两个元组,它们在 X 上的属性值相同,而在 Y 上的属性值不同,则称"X **函数确定** Y"或"Y **函数依赖于** X",记作 $X \rightarrow Y$。

对于函数依赖,需要说明以下几点。

① 函数依赖不是指关系模式 R 的某个或某些关系实例满足的约束条件,而是指 R 的所有关系实例均要满足的约束条件。

② 函数依赖和别的数据之间的依赖关系一样,是语义范畴的概念。我们只能根据数据的语义来确定函数依赖。例如,"姓名→年龄"这个函数依赖只有在没有同名人的条件下成立。如果有相同名字的人,则"年龄"就不再函数依赖于"姓名"了。

③ 数据库设计者可以对现实世界作强制的规定。例如,在上例中,设计者可以强行规定不允许同名人出现,因而使函数依赖"姓名→年龄"成立。这样当插入某个元组时这个元组上的属性值必须满足规定的函数依赖,若发现有同名人存在,则拒绝装入该元组。

④ 若 $X \rightarrow Y$,则 X 称为这个函数依赖的决定属性集(determinant)。

⑤ 若 $X \rightarrow Y$,并且 $Y \rightarrow X$,则记为 $X \longleftrightarrow Y$。

⑥ 若 Y 不函数依赖于 X,则记为 $X \nrightarrow Y$。

2. 平凡函数依赖与非平凡函数依赖

定义 4.2 在关系模式 $R(U)$ 中,对于 U 的子集 X 和 Y,如果 $X \rightarrow Y$,但 $Y \not\subseteq X$,则称 $X \rightarrow Y$ 是**非平凡函数依赖**。若 $Y \subseteq X$,则称 $X \rightarrow Y$ 称为**平凡函数依赖**。

对于任一关系模式,平凡函数依赖都是必然成立的,它不反映新的语义,因此若不特别声明,我们总是讨论非平凡函数依赖。

3. 完全函数依赖与部分函数依赖

定义 4.3　在关系模式 $R(U)$ 中，如果 $X \rightarrow Y$，并且对于 X 的任何一个真子集 X'，都有 $X' \nrightarrow Y$，则称 Y **完全函数依赖**于 X，记作 $X \xrightarrow{f} Y$。若 $X \rightarrow Y$，但 Y 不完全函数依赖于 X，则称 Y **部分函数依赖**于 X，记作 $X \xrightarrow{p} Y$。

4. 传递函数依赖

定义 4.4　在关系模式 $R(U)$ 中，如果 $X \rightarrow Y$，$Y \rightarrow Z$，且 $Y \not\subseteq X$，$Z \not\subseteq Y$，$Y \nrightarrow X$，则称 Z **传递函数依赖**于 X。

传递函数依赖定义中之所以要加上条件 $Y \nrightarrow X$，是因为如果 $Y \rightarrow X$，则 $X \leftrightarrow Y$，这实际上是 Z 直接依赖于 $X(X \xrightarrow{\text{直接}} Z)$，而不是传递函数依赖了。

例如，在关系 $Student(Sno, Sname, Ssex, Sage, Sdept)$ 中，有

$$Sno \rightarrow Ssex, Sno \rightarrow Sage, Sno \rightarrow Sdept, Sno \leftrightarrow Sname, （若无人重名）$$

但 $Ssex \nrightarrow Sage$。

在关系 $SC(Sno, Cno, Grade)$ 中，有

$$Sno \nrightarrow Grade, Cno \nrightarrow Grade,$$

$(Sno, Cno) \xrightarrow{f} Grade$。$(Sno, Cno)$ 是决定属性集。

在关系 $Std(Sno, Sdept, Mname)$ 中，有

$$Sno \rightarrow Sdept, Sdept \rightarrow Mname, Sno \xrightarrow{\text{传递}} Mname。$$

5. 码

第 2 章中给出了关系模式的码的非形式化定义，这里使用函数依赖的概念来严格定义关系模式的码。

定义 4.5　设 K 为关系模式 $R<U, F>$ 中的属性或属性组合。若 $K \xrightarrow{f} U$，则 K 称为 R 的一个候选码（candidate key）。若关系模式 R 有多个候选码，则选定其中的一个做为**主码**（primary key）。

码是关系模式中的一个重要概念。候选码能够唯一地标别关系的元组，是关系模式中一组最重要的属性。另一方面，主码又和外部码一起提供了一个表示关系间联系的手段。

4.2　范　式

范式是符合某一种级别的关系模式的集合。关系数据库中的关系必须满足一定的要求。满足不同程度要求的为不同范式。目前主要有六种范式：第一范式、第二范式、第三范式、BC 范式、第四范式和第五范式。满足最低要求的叫第一范式，简称为 $1NF$。在第一范式基础上进一步满足一些要求的为第二范式，简称为 $2NF$。其余以此类推。显然各种范式之间存在联系：

$$1NF \supset 2NF \supset 3NF \supset BCNF \supset 4NF \supset 5NF$$

如图 4-2 所示。通常把某一关系模式 R 为第 n 范式简记为 $R \in nNF$。

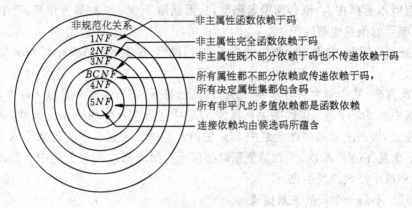

图 4-2 各种范式之间的关系

4.2.1 第一范式(1NF)

定义 4.7 如果一个关系模式 R 的所有属性都是不可分的基本数据项,则 $R \in 1NF$。

在任何一个关系数据库系统中,第一范式是对关系模式的一个最起码的要求。不满足第一范式的数据库模式不能称为关系数据库。

但是满足第一范式的关系模式并不一定是一个好的关系模式。例如,关系模式

$$SLC(Sno, Sdept, Sloc, Cno, Grade)$$

其中 $Sloc$ 为学生住处,假设每个系的学生住在同一个地方。SLC 的码为 (Sno, Cno)。函数依赖包括

$(Sno, Cno) \xrightarrow{f} Grade$

$Sno \rightarrow Sdept$

$(Sno, Cno) \xrightarrow{p} Sdept$

$Sno \rightarrow Sloc$

$(Sno, Cno) \xrightarrow{p} Sloc$

$Sdept \rightarrow Sloc$(因为每个系只住一个地方)

如图 4-3 所示。显然 SLC 满足第一范式。这里 (Sno, Cno) 两个属性一起函数决定 $Grade$。(Sno, Cno) 也函数决定 $Sdept$ 和 $Sloc$。但实际上仅 Sno 就可以函数决定 $Sdept$ 和 $Sloc$。因此非主属性 $Sdept$ 和 $Sloc$ 部分函数依赖于码 (Sno, Cno)。图中的实线表示完全函数依赖,虚线表示部分函数依赖。

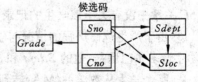

图 4-3 SLC 的函数依赖

SLC 关系存在以下 4 个问题:

① 插入异常:假若要插入一个 $Sno = 95102$, $Sdept = IS, Sloc = N$,但还未选课的学生,即这个学生无 Cno,这样的元组不能插入 SLC 中,因为插入时必须给定码值,而此时码值的一部分为空,因而学生的信息无法插入。

② 删除异常:假定某个学生只选修了一门课,如 95022 只选修了 3 号课程。现在连 3 号

课程他也不选修了。那么 3 号课程这个数据项就要删除。课程号 3 是主属性,删除了课程号 3,整个元组就不能存在了,也必须跟着删除,从而删除了 95022 的其他信息,产生了删除异常,即不应删除的信息也删除了。

③ 数据冗余度大:如果一个学生选修了 10 门课程,那么他的 $Sdept$ 和 $Sloc$ 值就要重复存储 10 次。

④ 修改复杂:某个学生从数学系(MA)转到信息系(IS),这本来只是一件事,只需修改此学生元组中的 $Sdept$ 值。但因为关系模式 SLC 中还含有系的住处 $Sloc$ 属性,学生转系将同时改变住处,因而还必须修改元组中 $Sloc$ 的值。另外如果这个学生选修了 K 门课,由于 $Sdept$,$Sloc$ 重复存储了 K 次,当数据更新时必须无遗漏地修改 K 个元组中全部 $Sdept$,$Sloc$ 信息,这就造成了修改的复杂化。

因此 SLC 不是一个好的关系模式。

4.2.2 第二范式(2NF)

关系模式 SLC 出现上述问题的原因是 $Sdept$,$Sloc$ 对码的部分函数依赖。为了消除这些部分函数依赖,可以采用投影分解法,把 SLC 分解为两个关系模式:

$$SC(Sno, Cno, Grade)$$

$$SL(Sno, Sdept, Sloc)$$

其中 SC 的码为 (Sno, Cno),SL 的码为 Sno。这两个关系模式的函数依赖如图 4-4 所示。

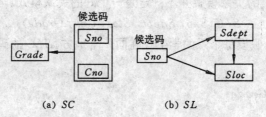

(a) SC (b) SL

图 4-4　SC 的函数依赖与 SL 的函数依赖

显然,在分解后的关系模式中,非主属性都完全函数依赖于码了。从而使上述 4 个问题在一定程度上得到了一定的解决。

① 在 SL 关系中可以插入尚未选课的学生。

② 删除学生选课情况涉及的是 SC 关系,如果一个学生所有的选课记录全部删除了,只是 SC 关系中没有关于该学生的记录了,不会牵涉到 SL 关系中关于该学生的记录。

③ 由于学生选修课程的情况与学生的基本情况是分开存储在两个关系中的,因此不论该学生选多少门课程,他的 $Sdept$ 和 $Sloc$ 值都只存储 1 次。这就大大降低了数据冗余。

④ 某个学生从数学系(MA)转到信息系(IS),只需修改 SL 关系中该学生元组的 $Sdept$ 值和 $Sloc$ 值,由于 $Sdept$,$Sloc$ 并未重复存储,因此减化了修改操作。

定义 4.7　若关系模式 $R \in 1NF$,并且每一个非主属性都完全函数依赖于 R 的码,则 $R \in 2NF$。

$2NF$ 就是不允许关系模式的属性之间有这样的函数依赖 $X \rightarrow Y$,其中 X 是码的真子集,Y 是非主属性。显然,码只包含一个属性的关系模式如果属于 $1NF$,那么它一定属于

$2NF$，因为它不可能存在非主属性对码的部分函数依赖。

上例中的 SC 关系和 SL 关系都属于 $2NF$。可见，采用投影分解法将一个 $1NF$ 的关系分解为多个 $2NF$ 的关系，可以在一定程度上减轻原 $1NF$ 关系中存在的插入异常、删除异常、数据冗余度大、修改复杂等问题。

但是将一个 $1NF$ 关系分解为多个 $2NF$ 的关系，并不能完全消除关系模式中的各种异常情况和数据冗余。也就是说，属于 $2NF$ 的关系模式并不一定是一个好的关系模式。

例如，$2NF$ 关系模式 $SL(Sno, Sdept, Sloc)$ 中有下列函数依赖：

$Sno \rightarrow Sdept$

$Sdept \rightarrow Sloc$

$Sno \rightarrow Sloc$

我们看到，$Sloc$ 传递函数依赖于 Sno，即 SL 中存在非主属性对码的传递函数依赖。SL 关系中仍然存在插入异常、删除异常、数据冗余度大和修改复杂的问题。

① 插入异常：如果某个系因种种原因（例如，刚刚成立），目前暂时没有在校学生，就无法把这个系的信息存入数据库。

② 删除异常：如果某个系的学生全部毕业了，在删除该系学生信息的同时，把这个系的信息也丢掉了。

③ 数据冗余度大：每一个系的学生都住在同一个地方，关于系的住处的信息却重复出现，重复次数与该系学生人数相同。

④ 修改复杂：当学校调整学生住处时，比如信息系的学生全部迁到另一地方住宿，由于关于每个系的住处信息是重复存储的，修改时必须同时更新该系所有学生的 $Sloc$ 属性值。

所以 SL 仍不是一个好的关系模式。

4.2.3 第三范式（$3NF$）

关系模式 SL 出现上述问题的原因是 $Sloc$ 传递函数依赖于 Sno。为了消除该传递函数依赖，可以采用投影分解法，把 SL 分解为两个关系模式：

$$SD(Sno, Sdept)$$
$$DL(Sdept, Sloc)$$

其中 SD 的码为 Sno，DL 的码为 $Sdept$。这两个关系模式的函数依赖如图 4-5 所示。

（a）SD　　　　　　　　（b）DL

图 4-5　SD 的函数依赖与 DL 的函数依赖

显然，在分解后的关系模式中既没有非主属性对码的部分函数依赖也没有非主属性对码的传递函数依赖，在一定程度上解决了上述 4 个问题。

① DL 关系中可以插入无在校学生的系的信息。

② 某个系的学生全部毕业了，只是删除 SD 关系中的相应元组，DL 关系中关于该系的信息仍存在。

③ 关于系的住处的信息只在 DL 关系中存储一次。

④ 当学校调整某个系的学生住处时,只需修改 DL 关系中一个相应元组的 $Sloc$ 属性值。

定义 4.8 如果关系模式 $R<U,F>$ 中不存在候选码 X、属性组 Y 以及非主属性 $Z(Z \nsubseteq Y)$,使得 $X \to Y$,$Y \to Z$ 和 $Y \nrightarrow X$ 成立,则 $R \in 3NF$。

由定义 4.8 可以证明,若 $R \in 3NF$,则 R 的每一个非主属性既不部分函数依赖于候选码,也不传递函数依赖于候选码。显然,如果 $R \in 3NF$,则 R 也是 $2NF$。

$3NF$ 就是不允许关系模式的属性之间有这样的非平凡函数依赖 $X \to Y$,其中 X 不包含码,Y 是非主属性。X 不包含码有两种情况,一种情况 X 是码的真子集,这是 $2NF$ 也不允许的,另一种情况 X 含有非主属性,这是 $3NF$ 进一步限制的。

上例中的 SD 关系和 DL 关系都属于 $3NF$。可见,采用投影分解法将一个 $2NF$ 的关系分解为多个 $3NF$ 的关系,可以在一定程度上解决原 $2NF$ 关系中存在的插入异常、删除异常、数据冗余度大、修改复杂等问题。

但是将一个 $2NF$ 关系分解为多个 $3NF$ 的关系后,并不能完全消除关系模式中的各种异常情况和数据冗余。也就是说,属于 $3NF$ 的关系模式并不一定是一个好的关系模式。

例如,在关系模式 $STJ(S,T,J)$ 中,S 表示学生,T 表示教师,J 表示课程。假设每一教师只教一门课。每门课由若干教师教,某一学生选定某门课,就确定了一个固定的教师。于是,有如下的函数依赖(如图 4-6 所示)

$$(S,J) \to T, \ (S,T) \to J, \ T \to J$$

显然,(S,J) 和 (S,T) 都可以作为候选码。这两个候选码各由两个属性组成,而且是相交的。该关系模式没有任何非主属性对码传递依赖或部分依赖,所以 $STJ \in 3NF$。但另一方面,$T \to J$,即 T 是决定属性集,可是 T 只是主属性,它既不是候选码,也不包含候选码。

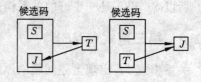

图 4-6 STJ 的函数依赖

$3NF$ 的 STJ 关系模式也存在一些问题。

① 插入异常:如果某个学生刚刚入校,尚未选修课程,则因受主属性不能为空的限制,有关信息无法存入数据库中。同样原因,如果某个教师开设了某门课程,但尚未有学生选修,则有关信息也无法存入数据库中。

② 删除异常:如果选修过某门课程的学生全部毕业了,在删除这些学生元组的同时,相应教师开设该门课程的信息也同时丢掉了。

③ 数据冗余度大:虽然一个教师只教一门课,但每个选修该教师该门课程的学生元组都要记录这一信息。

④ 修改复杂:某个教师开设的某门课程改名后,所有选修了该教师该门课程的学生元组都要进行相应修改。

因此虽然 $STJ \in 3NF$,但它仍不是一个理想的关系模式。

4.2.4 BC 范式($BCNF$)

关系模式 STJ 出现上述问题的原因在于主属性 J 依赖于 T,即主属性 J 部分依赖于码 (S,T)。解决这一问题仍然可以采用投影分解法,将 STJ 分解为两个关系模式

$$ST(S,T)$$
$$TJ(T,J)$$

其中 ST 的码为 S，TJ 的码为 T。这两个关系模式的函数依赖如图 4-7 所示。

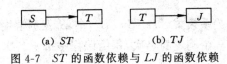

(a) ST (b) TJ

图 4-7 ST 的函数依赖与 LJ 的函数依赖

    显然，在分解后的关系模式中没有任何属性对码的部分函数依赖和传递函数依赖。它解决了上述 4 个问题。

    ① ST 关系中可以存储学生尚未选修课程的学生。TJ 关系中可以存储所开课程尚未有学生选修的教师信息。

    ② 选修过某门课程的学生全部毕业了，只是删除 ST 关系中的相应元组，不会影响 TJ 关系中相应教师开设该门课程的信息。

    ③ 关于每个教师开设课程的信息只在 TJ 关系中存储一次。

    ④ 某个教师开设的某门课程改名后，只需修改 TJ 关系中的一个相应元组即可。

    定义 4.9 设关系模式 $R<U,F>\in 1NF$，如果对于 R 的每个函数依赖 $X \rightarrow Y$，若 $Y \nsubseteq X$，则 X 必含有候选码，那么 $R \in BCNF$。

    换句话说，在关系模式 $R<U,F>$ 中，如果每一个决定属性集都包含候选码，则 $R \in BCNF$。

    $BCNF$（Boyce Codd Normal Form）是由 Boyce 和 Codd 提出的，比 $3NF$ 更进了一步。通常认为 $BCNF$ 是修正的第三范式，所以有时也称为第三范式。

    显然关系模式 ST 和 TJ 都属于 $BCNF$。可见，采用投影分解法将一个 $3NF$ 的关系分解为多个 $BCNF$ 的关系，可以在进一步解决原 $3NF$ 关系中存在的插入异常、删除异常、数据冗余度大、修改复杂等问题。

    由 $BCNF$ 的定义可以看到，每个 $BCNF$ 的关系模式都具有如下 3 个性质。

    ① 所有非主属性都完全函数依赖于每个候选码。

    ② 所有主属性都完全函数依赖于每个不包含它的候选码。

    ③ 没有任何属性完全函数依赖于非码的任何一组属性。

    如果关系模式 $R \in BCNF$，由定义可知，R 中不存在任何属性传递依赖于或部分依赖于任何候选码，所以必定有 $R \in 3NF$。但是，如果 $R \in 3NF$，R 未必属于 $BCNF$。例如，前面的关系模式 $STJ \in 3NF$，但不属于 $BCNF$。如果 R 只有一个候选码，则 $R \in 3NF$，R 必属于 $BCNF$。读者可以自己证明这一结论。

    对于前面学生数据库中的三个关系模式：

$Student(Sno, Sname, Ssex, Sage, Sdept)$

$Course(Cno, Cname, Cpno, Ccredit)$

$SC(Sno, Cno, Grade)$

在 $Student(Sno, Sname, Ssex, Sage, Sdept)$ 中，由于学生有可能重名，因此它只有一个码 Sno，且 Sno 是唯一的决定属性，所以 $Student \in BCNF$。

    在 $Course(Cno, Cname, Cpno, Ccredit)$ 中，假设课程名称具有唯一性，则 Cno 和 $Cname$

均为码,这两个码都由单个属性组成,彼此不相交,在该关系模式中,除 Cno 和 $Cname$ 外没有其他决定属性组,所以 $Course \in BCNF$。

在 $SC(Sno, Cno, Grade)$ 中,组合属性(Sno, Cno)为码,也是唯一的决定属性组,所以 $SC \in BCNF$。

再来看一个例子。在关系模式 $SJP(S, J, P)$ 中,S 表示学生,J 表示课程,P 表示名次。每一个学生每门课程都有一个确定的名次,每门课程中每一名次只有一个学生。由这些语义可得到下面的函数依赖:

$$(S, J) \rightarrow P$$
$$(J, P) \rightarrow S$$

所以(S, J)与(J, P)都是候选键。这两个候选码各由两个属性组成,而且相交。这个关系模式中显然没有属性对候选码的传递依赖或部分依赖。而且除(S, J)和(J, P)外没有其他决定因素,所以 $SJP \in BCNF$。

$3NF$ 和 $BCNF$ 是以函数依赖为基础的关系模式规范化程度的测度。

如果一个关系数据库中的所有关系模式都属于 3NF,则已在很大程度上消除了插入异常和删除异常,但由于可能存在主属性对候选码的部分依赖和传递依赖,因此关系模式的分离仍不够彻底。

如果一个关系数据库中的所有关系模式都属于 BCNF,那么在函数依赖范畴内,它已实现了模式的彻底分解,达到了最高的规范化程度,消除了插入异常和删除的异常。

4.2.5 多值依赖与第四范式($4NF$)

前面完全是在函数依赖的范畴内讨论关系模式的范式问题。如果仅考虑函数依赖这一种数据依赖,属于 $BCNF$ 的关系模式已经很完美了。但如果考虑其他数据依赖,例如,多值依赖,属于 $BCNF$ 的关系模式仍存在问题,不能算作是一个完美的关系模式。

例如,设学校中某一门课程由多个教师讲授,他们使用相同的一套参考书。可以用一个关系模式 $Teach(C, T, B)$ 表示课程 C、教师 T 和参考书 B 之间的关系。假设该关系如图4-8所示。

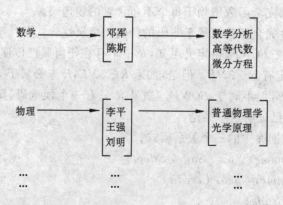

图 4-8 课程-教师-参考书之间的关系

该关系可用二维表表示如下:

课程 C	教师 T	参考书 B
数学	邓军	数学分析
数学	邓军	高等代数
数学	邓军	微分方程
数学	陈斯	数学分析
数学	陈斯	高等代数
数学	陈斯	微分方程
物理	李平	普通物理学
物理	李平	光学原理
物理	王强	普通物理学
物理	王强	光学原理
物理	刘明	普通物理学
物理	刘明	光学原理
…	…	…
…	…	…

$Teach$ 具有唯一候选码(C,T,B)，即全码，因而 $Teach \in BCNF$。但 $Teach$ 模式中存在一些问题：

① 数据冗余度大：每一门课程的参考书是固定的，但在 $Teach$ 关系中，有多少名任课教师，参考书就要存储多少次，造成大量的数据冗余。

② 增加操作复杂：当某一课程增加一名任课教师时，该课程有多少本参考书，就必须插入多少个元组。例如，物理课增加一名教师刘关，需要插入两个元组：

（物理，刘关，普通物理学），（物理，刘关，光学原理）

③ 删除操作复杂：某一门课要去掉一本参考书，该课程有多少名教师，就必须删除多少个元组。例如，数学课去掉《微分方程》书，需要删除两个元组：

（数学，邓军，微分方程），（数学，陈斯，微分方程）

④ 修改操作复杂：某一门课要修改一本参考书，该课程有多少名教师，就必须修改多少个元组。

$BCNF$ 的关系模式 $Teach$ 之所以会产生上述问题，是因为参考书的取值和教师的取值是彼此独立毫无关系的，它们都只取决于课程名。也就是说，关系模式 $Teach$ 中存在一种称之为多值依赖的数据依赖。

1. 多值依赖

定义 4.10 设 $R(U)$是一个属性集 U 上的一个关系模式，X,Y 和 Z 是 U 的子集，并且 $Z=U-X-Y$，**多值依赖** $X \rightarrow\rightarrow Y$ 成立当且仅当对 R 的任一关系 r,r 在(X,Z)上的每个值对应一组 Y 的值，这组值仅仅决定于 X 值而与 Z 值无关。

若 $X \rightarrow\rightarrow Y$，而 $Z=\varphi$，则称 $X \rightarrow\rightarrow Y$ 为平凡的多值依赖。否则称 $X \rightarrow\rightarrow Y$ 为非平凡的多值依赖。

在 $Teach$ 关系中，每个(C,B)上的值对应一组 T 值，而且这种对应与 B 无关。例如，(C,B)上的一个值（物理，光学原理）对应一组 T 值｛李平，王强，刘明｝，这组值仅仅决定于课

程 C 上的值,也就是说对于(C,B)上的另一个值(物理,普通物理学),它对应的一组 T 值仍是{ 李平,王强,刘明 },尽管这时参考书 B 的值已经改变了。因此 T 多值依赖于 C,即 $C \rightarrow\!\!\!\rightarrow T$。

多值依赖也可以形式化地定义如下。

定义 4.11 在关系模式 $R(U)$ 的任一关系 r 中,如果对于任意两个元组 t,s,有 $t[X]=s[X]$,就必存在元组 $w,v \in r$(w 和 v 可以与 s 和 t 相同),使得 $w[X]=v[X]=t[X]$,而 $w[Y]=t[Y],w[Z]=s[Z],v[Y]=s[Y],v[Z]=t[Z]$,即交换 s,t 元组的 Y 值所得的两个新元组必在 r 中,则称 Y 多值依赖于 X,记为 $X \rightarrow\!\!\!\rightarrow Y$。其中,$X$ 和 Y 是 U 的子集,$Z=U-X-Y$。

定义 4.11 与定义 4.11′完全等价。

多值依赖具有下列性质。

① 多值依赖具有对称性。即若 $X \rightarrow\!\!\!\rightarrow Y$,则 $X \rightarrow\!\!\!\rightarrow Z$,其中 $Z=U-X-Y$。

例如,在关系模式 $Teach(C,T,B)$ 中,已经知道 $C \rightarrow\!\!\!\rightarrow T$。根据多值依赖的对称性,必然有 $C \rightarrow\!\!\!\rightarrow B$。

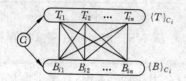

图 4-9 $Teach$ 中的多值依赖

多值依赖的对称性可以用图直观地表示出来。例如,可以用图 4-9 表示 $Teach(C,T,B)$ 中的多值对应关系,其中对应 C 的某一个值 C_i 的全部 T 值记作 $\{T\}c_i$(表示教此课程的全体教师),全部 B 值记作 $\{B\}c_i$(表示此课程使用的所有参考书)。应当有 $\{T\}c_i$ 中的每一个 T 值和 $\{B\}c_i$ 中的每一个 B 值对应。于是 $\{T\}c_i$ 与 $\{B\}c_j$ 之间正好形成一个完全二分图,因而 $C \rightarrow\!\!\!\rightarrow T$。而 B 与 T 是完全对称的,因而必然有 $C \rightarrow\!\!\!\rightarrow B$。

② 多值依赖具有传递性。即若 $X \rightarrow\!\!\!\rightarrow Y,Y \rightarrow\!\!\!\rightarrow Z$,则 $X \rightarrow\!\!\!\rightarrow Z-Y$。

③ 函数依赖可以看作是多值依赖的特殊情况。即若 $X \rightarrow Y$,则 $X \rightarrow\!\!\!\rightarrow Y$。这是因为当 $X \rightarrow Y$ 时,对 X 的每一个值 x,Y 有一个确定的值 y 与之对应,所以 $X \rightarrow\!\!\!\rightarrow Y$。

④ 若 $X \rightarrow\!\!\!\rightarrow Y,X \rightarrow\!\!\!\rightarrow Z$,则 $X \rightarrow\!\!\!\rightarrow YZ$。

⑤ 若 $X \rightarrow\!\!\!\rightarrow Y,X \rightarrow\!\!\!\rightarrow Z$,则 $X \rightarrow\!\!\!\rightarrow Y \cap Z$。

⑥ 若 $X \rightarrow\!\!\!\rightarrow Y,X \rightarrow\!\!\!\rightarrow Z$,则 $X \rightarrow\!\!\!\rightarrow Y-Z,X \rightarrow\!\!\!\rightarrow Z-Y$。

⑦ 多值依赖的有效性与属性集的范围有关。如果 $X \rightarrow\!\!\!\rightarrow Y$ 在 U 上成立,则在 $W(XY \subseteq W \subseteq U)$ 上一定成立;但 $X \rightarrow\!\!\!\rightarrow Y$ 在 $W(W \subset U)$ 上成立,在 U 上并不一定成立。这是因为多值依赖的定义中不仅涉及属性组 X 和 Y,而且涉及 U 中其余属性 Z。一般地,如果 R 的多值依赖 $X \rightarrow\!\!\!\rightarrow Y$ 在 $W(W \subset U)$ 上成立,则称 $X \rightarrow\!\!\!\rightarrow Y$ 为 R 的嵌入型多值依赖。

但是函数依赖 $X \rightarrow Y$ 的有效性仅决定于 X 和 Y 这两个属性集的值,与其他属性无关。只要 $X \rightarrow Y$ 在属性集 W 上成立,则 $X \rightarrow Y$ 在属性集 $U(W \subseteq U)$ 上必定成立。

⑧ 若多值依赖 $X \rightarrow\!\!\!\rightarrow Y$ 在 $R(U)$ 上成立,对于 $Y' \subset Y$,并不一定有 $X \rightarrow\!\!\!\rightarrow Y'$ 成立。但是如果函数依赖 $X \rightarrow Y$ 在 R 上成立,则对于任何 $Y' \subset Y$ 均有 $X \rightarrow Y'$ 成立。

2. 第四范式(4NF)

定义 4.12 关系模式 $R<U,F> \in 1NF$,如果对于 R 的每个非平凡多值依赖 $X \rightarrow\!\!\!\rightarrow Y$($Y \nsubseteq X$),$X$ 都含有候选码,则 $R \in 4NF$。

$4NF$ 就是限制关系模式的属性之间不允许有非平凡且非函数依赖的多值依赖。因为根据定义,对于每一个非平凡的多值依赖 $X \rightarrow\rightarrow Y(Y \not\subseteq X)$,$X$ 都含有候选码,于是当然 $X \rightarrow Y$,所以 $4NF$ 所允许的非平凡多值依赖实际上是函数依赖。

显然,如果一个关系模式是 $4NF$,则必为 $BCNF$。

前面讨论过的关系模式 $Teach$ 中存在非平凡的多值依赖 $C \rightarrow\rightarrow T$,且 C 不是候选码,因此 $Teach$ 不属于 $4NF$。这正是它之所以存在数据冗余度大,插入和删除操作复杂等弊病的根源。可以用投影分解法把 $Teach$ 分解为如下两个 $4NF$ 关系模式以减少数据冗余:

$CT(C, T)$

$CB(C, B)$

CT 中虽然有 $C \rightarrow\rightarrow T$,但这是平凡多值依赖,即 CT 中已不存在既非平凡也非函数依赖的多值依赖。所以 CT 属于 $4NF$。同理,CB 也属于 $4NF$。分解后 $Teach$ 关系中的几个问题可以得到解决。

① 参考书只需要在 CB 关系中存储一次。

② 当某一课程增加一名任课教师时,只需要在 CT 关系中增加一个元组。

③ 某一门课要去掉一本参考书,只需要在 CB 关系中删除一个相应的元组。

函数依赖和多值依赖是两种最重要的数据依赖。如果只考虑函数依赖,则属于 $BCNF$ 的关系模式已经很完美了。如果考虑多值依赖,则属于 $4NF$ 的关系模式已经很完美了。事实上,数据依赖中除函数依赖和多值依赖之外,还有一种连接依赖。函数依赖是多值依赖的一种特殊情况,而多值依赖实际上又是连接依赖的一种特殊情况。但连接依赖不像函数依赖和多值依赖可由语义直接导出,而是在关系的连接运算时才反映出来。存在连接依赖的关系模式仍可能遇到数据冗余及插入、修改、删除异常等问题。如果消除了属于 $4NF$ 的关系模式中存在的连接依赖,则可以进一步投影分解为 $5NF$ 的关系模式。到目前为止,$5NF$ 是最终范式。这里不再详细讨论连接依赖和 $5NF$,有兴趣的读者可以参阅有关书籍。

4.3 关系模式的规范化

一个关系只要其分量都是不可分的数据项,它就是规范化的关系,但这只是最基本的规范化。规范化程度可以有 6 个不同的级别,即 6 个范式。一个低一级范式的关系模式,通过模式分解可以转换为若干个高一级范式的关系模式集合,这种过程就叫关系模式的规范化。

4.3.1 关系模式规范化的步骤

在 4.2 中已经看到,规范化程度过低的关系不一定能够很好地描述现实世界,可能会存在插入异常、删除异常、修改复杂、数据冗余等问题,解决方法就是对其进行规范化,转换成高级范式。

规范化的基本思想是逐步消除数据依赖中不合适的部分,使模式中的各关系模式达到某种程度的“分离”,即采用“一事一地”的模式设计原则,让一个关系描述一个概念、一个实体或者实体间的一种联系。若多于一个概念就把它“分离”出去。因此所谓规范化实质上是概念的单一化。

关系模式规范化的基本步骤如图 4-10 所示。

① 对 1NF 关系进行投影,消除原关系中非主属性对码的函数依赖,将 1NF 关系转换为若干个 2NF 关系。

② 对 2NF 关系进行投影,消除原关系中非主属性对码的传递函数依赖,从而产生一组 3NF 关系。

③ 对 3NF 关系进行投影,消除原关系中主属性对码的部分函数依赖和传递函数依赖(也就是说,使决定属性都成为投影的候选码),得到一组 BCNF 关系。

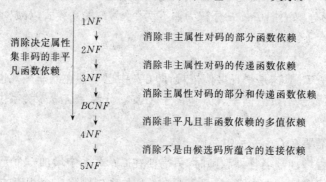

图 4-10　规范化

以上三步也可以合并为一步:对原关系进行投影,消除决定属性不是候选码的任何函数依赖。

④ 对 BCNF 关系进行投影,消除原关系中非平凡且非函数依赖的多值依赖,从而产生一组 4NF 关系。

⑤ 对 4NF 关系进行投影,消除原关系中不是由候选码所蕴含的连接依赖,即可得到一组 5NF 关系。

5NF 是最终范式。

诚然,规范化程度过低的关系可能会存在插入异常、删除异常、修改复杂、数据冗余等问题,需要对其进行规范化,转换成高级范式。但这并不意味着规范化程度越高的关系模式就越好。在设计数据库模式结构时,必须对现实世界的实际情况和用户应用需求作进一步分析,确定一个合适的、能够反映现实世界的模式。这也就是说,上面的规范化步骤可以在其中任何一步终止。

4.3.2　关系模式的分解

关系模式的规范化过程是通过对关系模式的分解来实现的,但是把低一级的关系模式分解为若干个高一级的关系模式的方法并不是唯一的。在这些分解方法中,只有能够保证分解后的关系模式与原关系模式等价的方法才有意义。

将一个关系模式 $R<U,F>$ 分解为若干个关系模式 $R_1<U_1,F_1>$,$R_2<U_2,F_2>$,…,$R_n<U_n,F_n>$(其中 $U=U_1 \cup U_2 \cup \cdots \cup U_n$,且不存在 $U_i \subseteq U_j$,F_i 为 F 在 U_i 上的投影),意味着相应地将存储在一个二维表 t 中的数据分散到若干个二维表 $t_1,t_2,\cdots,t_n$ 中去(其中 t_i 是 t 在属性集 U_i 上的投影)。

例如,对于 2.2.2 节例子中的关系模式 $SL(Sno, Sdept, Sloc)$,SL 中有下列函数依赖:
$Sno \rightarrow Sdept$

$Sdept \rightarrow Sloc$

$Sno \rightarrow Sloc$

我们已经知道 $SL \in 2NF$，该关系模式存在插入异常、删除异常、数据冗余度大和修改复杂的问题。因此需要分解该关系模式，使成为更高范式的关系模式。分解方法可以有很多种。

假设下面是该关系模式的一个关系：

SL	Sno	Sdept	Sloc
	95001	CS	A
	95002	IS	B
	95003	MA	C
	95004	IS	B
	95005	PH	B

第一种分解方法是将 SL 分解为下面 3 个关系模式：

$SN(Sno)$

$SD(Sdept)$

$SO(Sloc)$

分解后的关系为：

SN	Sno
	95001
	95002
	95003
	95004
	95005

SD	Sdept
	CS
	IS
	MA
	PH

SO	Sloc
	A
	B
	C

SN，SD 和 SO 都是规范化程度很高的关系模式($5NF$)。但分解后的数据库丢失了许多信息，例如，无法查询 95001 学生所在系或所在宿舍。因此这种分解方法是不可取的。

如果分解后的关系可以通过自然连接恢复为原来的关系，那么这种分解就没有丢失信息。

第二种分解方法是将 SL 分解为下面两个关系模式：

$NL(Sno, Sloc)$

$DL(Sdept, Sloc)$

分解后的关系为

NL	Sno	Sloc
	95001	A
	95002	B
	95003	C
	95004	B
	95005	B

DL	Sdept	Sloc
	CS	A
	IS	B
	MA	C
	PH	B

对 NL 和 DL 关系进行自然连接的结果为

$NL \bowtie DL$	Sno	$Sloc$	$Sdept$
	95001	A	CS
	95002	B	IS
	95002	B	PH
	95003	C	MA
	95004	A	IS
	95005	B	IS
	95005	B	PH

$NL \bowtie DL$ 比原来的 SL 关系多了两个元组(95002，B，PH)和(95005，B，IS)。因此也无法知道原来的 SL 关系中究竟有哪些元组,从这个意义上说,此分解方法仍然丢失了信息。

第三种分解方法是将 SL 分解为下面二个关系模式:

$ND(Sno, Sdept)$

$NL(Sno, Sloc)$

分解后的关系为

ND	Sno	$Sdept$
	95001	CS
	95002	IS
	95003	MA
	95004	IS
	95005	PH

DL	Sno	$Sloc$
	95001	A
	95002	B
	95003	C
	95004	B
	95005	B

对 ND 和 NL 关系进行自然连接的结果为

$ND \bowtie NL$	Sno	$Sdept$	$Sloc$
	95001	CS	A
	95002	IS	B
	95003	MA	C
	95004	CS	A
	95005	PH	B

它与 SL 关系完全一样,因此第三种分解方法没有丢失信息。

设关系模式 $R<U,F>$ 被分解为若干个关系模式 $R_1<U_1,F_1>$，$R_2<U_2,F_2>$，…，$R_n<U_n,F_n>$(其中 $U=U_1 \cup U_2 \cup \cdots \cup U_n$,且不存在 $U_i \subseteq U_j$, F_i 为 F 在 U_i 上的投影),若 R 与 $R_1,R_2,\cdots,R_n$ 自然连接的结果相等,则称关系模式 R 的这个分解具有无损连接性(lossless join)。只有具有无损连接性的分解才能够保证不丢失信息。

第三种分解方法虽然具有无损连接性,保证了不丢失原关系中的信息,但它并没有解决插入异常、删除异常、修改复杂、数据冗余等问题。例如,95001 学生由 CS 系转到 IS 系,ND 关系的(95001，CS)元组和 NL 关系的(95001，A)元组必须同时进行修改,否则会破坏数据库的一致性。之所以出现上述问题,是因为分解得到的两个关系模式不是互相独立的。SL 中的函数依赖 $Sdept \rightarrow Sloc$ 既没有投影到关系模式 ND 上,也没有投影到关系模式 NL 上,而是跨在这两个关系模式上。也就是说这种分解方法没有保持原关系中的函数依赖。

设关系模式 $R<U,F>$ 被分解为若干个关系模式 $R_1<U_1,F_1>,R_2<U_2,F_2>,\cdots,$ $R_n<U_n,F_n>$(其中 $U=U_1 \cup U_2 \cup \cdots \cup U_n$,且不存在 $U_i \subseteq U_j$,F_i 为 F 在 U_i 上的投影),若 F 所逻辑蕴含的函数依赖一定也由分解得到的某个关系模式中的函数依赖 F_i 所逻辑蕴含,则称关系模式 R 的这个分解是保持函数依赖的(preserve dependency)。

第四种分解方法是将 SL 分解为下面二个关系模式:

$ND(Sno,Sdept)$

$DL(Sdept,Sloc)$

这种分解方法保持了函数依赖。

判断对关系模式的一个分解是否与原关系模式等价可以有三种不同的标准:

① 分解具有无损连接性。

② 分解要保持函数依赖。

③ 分解既要保持函数依赖,又要具有无损连接性。

如果一个分解具有无损连接性,则它能够保证不丢失信息。如果一个分解保持了函数依赖,则它可以减轻或解决各种异常情况。

分解具有无损连接性和分解保持函数依赖是两个互相独立的标准。具有无损连接性的分解不一定能够保持函数依赖。同样,保持函数依赖的分解也不一定具有无损连接性。例如,上面的第一种分解方法既不具有无损连接性,也未保持函数依赖,它不是原关系模式的一个等价分解。第二种分解方法保持了函数依赖,但不具有无损连接性。第三种分解方法具有无损连接性,但未保持函数依赖。第四种分解方法既具有无损连接性,又保持了函数依赖。

规范化理论提供了一套完整的模式分解算法,按照这套算法可以做到:

• 若要求分解具有无损连接性,那么模式分解一定能够达到 $4NF$。

• 若要求分解保持函数依赖,那么模式分解一定能够达到 $3NF$,但不一定能够达到 $BCNF$。

• 若要求分解既具有无损连接性,又保持函数依赖,则模式分解一定能够达到 $3NF$,但不一定能够达到 $BCNF$。

关于模式分解的具体算法我们就不具体讨论了,有兴趣的读者可参阅有关书籍。

习　　题

1. 数据依赖对关系模式有什么影响?

2. 解释下列术语:

   函数依赖,平凡函数依赖,非平凡函数依赖,完全函数依赖,部分函数依赖,传递函数依赖,多值依赖,候选码,主码,$1NF$,$2NF$,$3NF$,$BCNF$,$4NF$。

3. 今要建立关于系、学生、班级、学会诸信息的一个关系数据库。一个系有若干专业,每个专业每年只招一个班,每个班有若干学生。一个系的学生住在同一宿舍区。每个学生可参加若干学会,每个学会有若干学生。

描述学生的属性有：学号、姓名、出生年月、系名、班号、宿舍区。

描述班级的属性有：班号、专业名、系名、人数、入校年份。

描述系的属性有：系名、系号、系办公室地点、人数。

描述学会的属性有：学会名、成立年份、地点、人数。学生参加某学会有一个入会年份。

请给出关系模式，写出每个关系模式的极小函数依赖集，指出是否存在传递函数依赖，对于函数依赖左部是多属性的情况，讨论函数依赖是完全函数依赖，还是部分函数依赖。指出各关系的候选码和外部码。

4. 试举出三个多值依赖的实例。

5. 下面的结论哪些是正确的，哪些是错误的？对于错误的结论请给出一个反例说明之。

(1) 任何一个二目关系都是属于 $3NF$ 的。

(2) 任何一个二目关系都是属于 $BCNF$ 的。

(3) 任何一个二目关系都是属于 $4NF$ 的。

(4) 当且仅当函数依赖 $A \rightarrow B$ 在 R 上成立，关系 $R(A, B, C)$ 等于其投影 $R1(A, B)$ 和 $R2(A, C)$ 的连接。

(5) 若 $R.A \rightarrow R.B, R.B \rightarrow R.C,$ 则 $R.A \rightarrow R.C$

(6) 若 $R.A \rightarrow R.B, R.A \rightarrow R.C,$ 则 $R.A \rightarrow R.(B, C)$

(7) 若 $R.B \rightarrow R.A, R.C \rightarrow R.A,$ 则 $R.(B, C) \rightarrow R.A$

(8) 若 $R.(B, C) \rightarrow R.A,$ 则 $R.B \rightarrow R.A, R.C \rightarrow R.A$

6. 试述关系模式规范化的基本步骤。

第5章 数据库保护

在 1.1.2 节中已经讲到，数据库系统中的数据是由 DBMS 统一管理和控制的，为了适应数据共享的环境，DBMS 必须提供数据的安全性、完整性、并发控制和数据库恢复等数据保护能力，以保证数据库中数据的安全可靠和正确有效。

5.1 安　全　性

数据库的安全性是指保护数据库，防止因用户非法使用数据库造成数据泄露、更改或破坏。

数据库的一大特点是数据可以共享，但数据共享必然带来数据库的安全性问题。数据库中放置了组织、企业、个人的大量数据，其中许多数据可能是非常关键的、机密的或者涉及到个人隐私，例如，军事秘密、国家机密、新产品实验数据、市场需求分析、市场营销策略、销售计划、客户档案、医疗档案、银行储蓄数据等，数据拥有者往往只允许一部分人访问这些数据。如果 DBMS 不能严格地保证数据库中数据的安全性，就会严重制约数据库的应用。

因此，数据库系统中的数据共享不能是无条件的共享，而必须是在 DBMS 统一的严格的控制之下，只允许有合法使用权限的用户访问允许他存取的数据。数据库系统的安全保护措施是否有效是数据库系统主要的性能指标之一。

当然，与数据安全性密切相关的是数据的保密问题，即合法用户合法地访问到机密数据后能否对这些数据保密。这在很大程度上是法律、政策、伦理、道德方面的问题，而不属于技术上的问题，不属于本书讨论的范围。事实上，一些国家已成立了专门机构对数据的安全保密制订了法律道德准则和政策法规。

5.1.1　安全性控制的一般方法

用户非法使用数据库可以有很多种情况，例如，用户编写一段合法的程序绕过 DBMS 及其授权机制，通过操作系统直接存取、修改或备份数据库中的数据；编写应用程序执行非授权操作；通过多次合法查询数据库从中推导出一些保密数据，例如，某数据库应用系统禁止查询某个人的工资，但允许查任意一组人的平均工资，用户甲想了解张三的工资，于是他首先查询包括张三在内的一组人的平均工资，然后查用自己替换张三后这组人的平均工资，从而推导出张三的工资；等等。这些破坏安全性的行为可能是无意的，也可能是故意的，甚至可能是恶意的。安全性控制就是要尽可能地杜绝所有可能的数据库非法访问，不管它们是有意的还是无意的。

实际上，安全性问题并不是数据库系统所独有的，所有计算机化的系统中都存在这个问题，只是由于数据库系统中存放了大量数据，并为许多用户直接共享，使安全性问题更为突出而已。所以，在计算机系统中，安全措施一般是一级一级层层设置的，例如，图 5-1 就是一种很常用的安全模型。

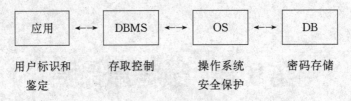

图 5-1　安全模型

在图 5-1 的安全模型中,用户要求进入计算机系统时,系统首先根据输入的用户标识进行用户身份鉴定,只有合法的用户才准许进入计算机系统。对已进入系统的用户,DBMS 还要进行存取控制,只允许用户执行合法操作。操作系统一级也会有自己的保护措施。数据最后还可以以密码形式存储到数据库中。操作系统一级的安全保护措施可参考操作系统的有关书籍,这里不再详叙。另外对于强力逼迫透露口令、盗窃物理存储设备等行为而采取的保安措施,例如,出入机房登记、加锁等,也不在讨论之列。这里只讨论与数据库有关的用户标识和鉴定、存取控制和密码存储三类安全性措施。

1. 用户标识和鉴定

用户标识和鉴定是系统提供的最外层安全保护措施。其方法是由系统提供一定的方式让用户标识自己的名字或身份。系统内部记录着所有合法用户的标识,每次用户要求进入系统时,由系统将用户提供的身份标识与系统内部记录的合法用户标识进行核对,通过鉴定后才提供机器使用权。用户标识和鉴定的方法有很多种,而且在一个系统中往往是多种方法并举,以获得更强的安全性。

标识和鉴定一个用户最常用的方法是用一个用户名或用户标识号来标明用户身份,系统鉴别此用户是否是合法用户,若是,则可进入下一步的核实;若不是,则不能使用计算机。

为了进一步核实用户,在用户输入了合法用户名或用户标识号后,系统常常要求用户输入口令(password),然后系统核对口令以鉴别用户身份。为保密起见,用户在终端上输入的口令是不显示在屏幕上的。

通过用户名和口令来鉴定用户的方法简单易行,但用户名与口令容易被人窃取,因此还可以用更复杂的方法。例如,每个用户都预先约定好一个计算过程或者函数,鉴别用户身份时,系统提供一个随机数,用户根据自己预先约定的计算过程或者函数进行计算,系统根据用户计算结果是否正确进一步鉴定用户身份。用户可以约定比较简单的计算过程或函数,以便计算起来方便;也可以约定比较复杂的计算过程或函数,以便安全性更好。

用户标识和鉴定可以重复多次。

2. 存取控制

在数据库系统中,为了保证用户只能访问他有权存取的数据,必须预先对每个用户定义存取权限。对于通过鉴定获得上机权的用户(即合法用户),系统根据他的存取权限定义对他的各种操作请求进行控制,确保他只执行合法操作。

存取权限是由两个要素组成的:数据对象和操作类型。定义一个用户的存取权限就是要定义这个用户可以在哪些数据对象上进行哪些类型的操作。在数据库系统中,定义存取权限称为授权(authorization)。这些授权定义经过编译后存放在数据字典中。对于获得上机权后又进一步发出存取数据库操作的用户,DBMS 查找数据字典,根据其存取权限对操作的合法性进行检查,若用户的操作请求超出了定义的权限,系统将拒绝执行此操作。这就是存取控制。

在非关系系统中,用户只能对数据进行操作,存取控制的数据对象也仅限于数据本身。而关系数据库系统中,DBA 可以把建立、修改基本表的权限授予用户,用户获得此权限后可以建立和修改基本表、索引、视图。因此,关系系统中存取控制的数据对象不仅有数据本身,如表、属性列等,还有模式、外模式、内模式等数据字典中的内容,如表 5-1 所示。

表 5-1　关系系统中的存取权限

数据对象		操作类型
模式	模式	建立、修改、检索
	外模式	建立、修改、检索
	内模式	建立、修改、检索
数据	表	查找、插入、修改、删除
	属性列	查找、插入、修改、删除

授权编译程序和合法权检查机制一起组成了安全性子系统。表 5-2 就是一个授权表的例子。

表 5-2　一个授权表的例子

用户名	数据对象名	允许的操作类型
张明	关系 Student	SELECT
李青	关系 Student	ALL
李青	关系 Course	ALL
李青	关系 SC	UPDATE
王楠	关系 SC	SELECT
王楠	关系 SC	INSERT
…	…	…

衡量授权机制是否灵活的一个重要指标是授权粒度,即可以定义的数据对象的范围。授权定义中数据对象的粒度越细,即可以定义的数据对象的范围越小,授权子系统就越灵活。

在关系系统中,实体以及实体间的联系都用单一的数据结构即表来表示,表由行和列组成。所以在关系数据库中,授权的数据对象粒度包括表、属性列、行(记录)。

表 5-2 就是一个授权粒度很粗的表,它只能对整个关系授权,如用户张明拥有对关系 Student 的 SELECT 权;用户李青拥有对关系 Student 和 Course 的一切权限,以及对 SC 的 UPDATE 权限;用户王楠可以查询 SC 关系以及向 SC 关系中插入新记录。

表 5-3 中的授权表则精细到可以对属性列授权,用户李青拥有对关系 Student 和 Course 的一切权限,但只能查询 SC 关系和修改 SC 关系的 Grade 属性;王楠只能查询 SC 关系的 Sno 属性和 Cno 属性。

表 5-3 一个授权表的例子

用户名	数据对象名	允许的操作类型
张明	关系 Student	SELECT
李青	关系 Student	ALL
李青	关系 Course	ALL
李青	关系 SC	SELECT
李青	列 SC. Grade	UPDATE
王楠	列 SC. Sno	SELECT
王楠	列 SC. Cno	SELECT
...	...	...

表 5-2 和表 5-3 中的授权定义均独立于数据值,用户能否执行某个操作与数据内容无关。而表 5-4 中的授权表则不但可以对属性列授权,还可以提供与数值有关的授权,即可以对关系中的一组记录授权。比如,张明只能查询信息系学生的数据。提供与数据值有关的授权,要求系统必须能支持存取谓词。

表 5-4 一个授权表的例子

用户名	数据对象名	允许的操作类型	存取谓词
张明	关系 Student	SELECT	Sdept = 'IS'
李青	关系 Student	ALL	
李青	关系 Course	ALL	
李青	关系 SC	SELECT	
李青	列 SC. Grade	UPDATE	
王楠	列 SC. Sno	SELECT	
王楠	列 SC. Cno	SELECT	
...	...	...	

另外,还可以在存取谓词中引用系统变量。如终端设备号,系统时钟等,这就是与时间地点有关的存取权限,这样用户只能在某段时间内,某台终端上存取有关数据。例如,规定"教师只能在每年 1 月份和 7 月份星期一至星期五上午 8 点至下午 5 点处理学生成绩数据"。

可见,授权粒度越细,授权子系统就越灵活,能够提供的安全性就越完善。但另一方面,因数据字典变大变复杂,系统定义与检查权限的开销也会相应地增大。

DBMS 一般都提供了存取控制语句进行存取权限的定义。例如,在第 3 章中介绍的 SQL 语言就提供了 GRANT 和 REVOKE 语句实现授权和收回所授权力。

3. 定义视图

进行存取权限的控制,不仅可以通过授权与收回权力来实现,还可以通过定义用户的外模式来提供一定的安全保护功能。在关系系统中,就是为不同的用户定义不同的视图,通过视图机制把要保密的数据对无权存取这些数据的用户隐藏起来,从而自动地对数据提供一定程度的安全保护。但视图机制更主要的功能在于提供数据独立性,其安全保护功能太不精细,往往远不能达到应用系统的要求,因此,在实际应用中通常是视图机制与授权机制配合使用,首先用视图机制屏蔽掉一部分保密数据,然后在视图上面再进一步定义存取权限。

4. 审计

用户识别和鉴定、存取控制、视图等安全性措施均为强制性机制,将用户操作限制在规定的安全范围内。但实际上任何系统的安全性措施都不可能是完美无缺的,蓄意盗窃、破坏数据的人总是想方设法打破控制。所以,当数据相当敏感,或者对数据的处理极为重要时,就必须以审计技术作为预防手段,监测可能的不合法行为。

审计追踪使用的是一个专用文件或数据库,系统自动将用户对数据库的所有操作记录在上面,利用审计追踪的信息,就能重现导致数据库现有状况的一系列事件,以找出非法存取数据的人。

审计通常是很费时间和空间的,所以 DBMS 往往都将其作为可选特征,允许 DBA 根据应用对安全性的要求,灵活地打开或关闭审计功能。审计功能一般主要用于安全性要求较高的部门。

5. 数据加密

对于高度敏感性数据,例如,财务数据、军事数据、国家机密,除以上安全性措施外,还可以采用数据加密技术,以密码形式存储和传输数据。这样企图通过不正常渠道获取数据,例如,利用系统安全措施的漏洞非法访问数据,或者在通信线路上窃取数据,那么只能看到一些无法辨认的二进制代码。用户正常检索数据时,首先要提供密码钥匙,由系统进行译码后,才能得到可识别的数据。

目前不少数据库产品均提供了数据加密例行程序,可根据用户的要求自动对存储和传输的数据进行加密处理。另一些数据库产品虽然本身未提供加密程序,但提供了接口,允许用户用其他厂商的加密程序对数据加密。

所有提供加密机制的系统必然也提供相应的解密程序。这些解密程序本身也必须具有一定的安全性保护措施,否则数据加密的优点也就遗失殆尽了。

由于数据加密与解密也是比较费时的操作,而且数据加密与解密程序会占用大量系统资源,因此数据加密功能通常也作为可选特征,允许用户自由选择,只对高度机密的数据加密。

5.1.2 ORACLE 数据库的安全性措施

前面介绍了一般性的安全性措施,下面再介绍一个具体数据库产品即 ORACLE 中的安全性措施,以便使读者能进一步理解前面讨论的数据库中保障安全性的基本方法。

ORACLE 的安全措施主要有 3 个方面,一是用户标识和鉴定;二是系统提供安全授权和检查机制,规定用户权限,在用户操作时,进行合法检查,以确保数据库的安全性;三是使用审计技术,记录用户行为,当有违法操作时,能用审计信息查出不合法操作的用户、时间和内容等。是否使用审计技术可由用户灵活选择。除此之外,ORACLE 还允许用户通过触发器灵活定义自己的安全性措施。

1. ORACLE 的用户标识和鉴定

在 ORACLE 中,最外层的安全性措施是让用户标识自己的名字,然后由系统进行核实。ORACLE 允许用户标识重复 3 次,如果 3 次仍未通过,系统自动退出。

2. ORACLE 的授权与检查机制

ORACLE 的授权和检查机制与前面讲的存取控制的一般方法基本符合,但有其自己的特色。

ORACLE 的权限包括系统权限和数据库对象的权限,采用非集中式的授权机制,即 DBA 负责授予与回收系统权限,每个用户授予与回收自己创建的数据库对象的权限。ORACLE 允许重复授权,即可将某一权限多次授予同一用户,系统不会出错。ORACLE 也允许无效回收,即用户不具有某权限,但回收此权限的操作仍是成功的。

① 系统权限

ORACLE 提供了 80 多种系统权限,如创建会话、创建表、创建视图、创建用户等。DBA 在创建一个用户时需要将其中的一些权限授予该用户。

ORACLE 支持角色的概念。所谓角色就是一组系统权限的集合,目的在于简化权限管理。ORACLE 除允许 DBA 定义角色外,还提供了一些预定义的角色,如 CONNECT,RESOURCE 和 DBA。

CONNECT 角色允许用户登录数据库,并执行数据查询和操纵。即允许用户执行 ALTER TABLE,CREATE VIEW,CREATE INDEX,DROP TABLE,DROP VIEW,DROP INDEX, GRANT,REVOKE,INSERT,SELECT,UPDATE,DELETE,AUDIT,NOAUDIT 等操作。

RESOURCE 角色允许用户建表,即执行 CREATE TABLE 操作。由于创建表的用户将拥有该表,因此他具有对该表的任何权限。

DBA 角色允许用户执行某些授权命令,建表,对任何表的数据进行操纵。它涵盖了前两种角色,此外还可以执行一些管理操作。DBA 角色拥有最高级别的权限。

例如,DBA 建立一用户 U12 后,欲将 ALTER TABLE,CREATE VIEW,CREATE INDEX,DROP TABLE,DROP VIEW,DROP INDEX,GRANT,REVOKE,INSERT,SELECT,UPDATE,DELETE,AUDIT,NOAUDIT 等系统权限授予 U12,则可以只简单地将 CONNECT 角色授予 U12 即可:

GRANT CONNECT TO U12;

这样就可以省略十几条 GRANT 语句。

② 数据库对象的权限

在 ORACLE 中,可以授权的数据库对象包括基本表、视图、序列、同义词、存储过程、函数等,其中最为重要的是基本表。

对于基本表 ORACLE 支持三个级别的安全性:表级、行级和列级。

· 表级安全性

表的创建者或 DBA 可以把对表权限授予其他用户,表级权限包括:

ALTER：修改表定义

DELETE：删除表记录

INDEX：在表上建索引

INSERT：向表中插入数据记录

SELECT：查找表中记录

UPDATE：修改表中的数据

ALL：上述所有权限

表级授权使用的 GRANT/REVOKE 语句的语法与第 3 章中介绍的基本一致。例如，用户 U1 可以下面的 GRANT 语句将自己的 SC 表的 SELECT 权力授予 U12 用户：

GRANT SELECT ON SC TO U12；

• 行级安全性

ORACLE 行级安全性由视图实现。

视图是表的一个子集，限定用户在视图上的操作，即相当于为表的行级提供了保护。视图上的授权与回收与表级完全相同。

例如，用户 U1 只允许用户 U12 查看自己创建的 Student 表中有关信息系学生的信息，则首先创建视图信息系学生视图 S_IS：

CREATE VIEW S_IS

AS

SELECT Sno，Sname，Ssex，Sage，Sdept

FROM Student

WHERE Sdept='IS'；

然后将关于该视图的 SELECT 权限授予 U12 用户：

GRANT SELECT ON S_IS TO U12；

• 列级安全性

ORACLE 列级安全性可以由视图实现，也可以直接在基本表上定义。

借助视图实现列级安全性的方法与上面类似。

直接在基本表上定义和回收列级权限也是使用 GRANT/REVOKE 语句。目前 ORACLE 只允许直接在基本表上定义列级 UPDATE 权限。而且回收列级 UPDATE 权限时，ORACLE 不允许一列一列地回收，只能回收整个表的 UPDATE 权限。例如，下面的 GRANT 语句可以将对 SC 表 Sno 和 Cno 的 UPDATE 权力授予 U12 用户：

GRANT UPDATE(Sno，Cno) ON SC TO U12；

在 ORACLE 中，表、行、列三级对象自上而下构成一个层次结构，其中上一级对象的权限制约下一级对象的权限。例如，当一个用户拥有了对某个表的 UPDATE 权限，即相当于在表的所有列都拥有了 UPDATE 权限。

ORACLE 对数据库对象的权限采用分散控制方式，允许具有 WITH GRANT OPTION 的用户把相应权限或其子集传递授予其他用户，但不允许循环授权，即授权者不能把权限再授予其授权者或祖先，如图 5-2 所示。

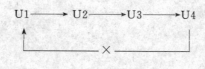

图 5-2　循环授权

ORACLE 把所有权限信息记录在数据字典中。当用户进行数据库操作时,ORACLE 首先根据数据字典中的权限信息,检查操作的合法性。在 ORACLE 中,安全性检查是任何数据库操作的第一步。

3. ORACLE 的审计技术

在 ORACLE 中,审计分为用户级审计和系统级审计。用户级审计是任何 ORACLE 用户可设置的审计,主要是用户针对自己创建的数据库表或视图进行审计,记录所有用户对这些表或视图的一切成功和/或不成功的访问要求以及各种类型的 SQL 操作。系统级审计只能由 DBA 进行,可以监测成功或失败的登录要求、监测 GRANT 和 REVOKE 操作以及其他数据库级权限下的操作。

ORACLE 的审计功能很灵活,是否使用审计,对哪些表进行审计,对哪些操作进行审计等,都可以由用户自由选择。为此,ORACLE 提供了 AUDIT 语句设置审计功能,NOAU-DIT 语句取消审计功能。设置审计时,可以详细指定对哪些 SQL 操作进行审计。例如,如果想对修改 SC 表结构或数据的操作进行审计,可使用如下语句:

AUDIT ALTER,UPDATE ON SC;

取消对 SC 表的一切审计可使用如下语句:

NOAUDIT ALL ON SC;

在 ORACLE 中,审计设置以及审计内容均存放在数据字典中。其中审计设置记录在数据字典表 SYS. TABLES 中,审计内容记录在数据字典表 SYS. AUDIT_TRAIL 中。

4. 用户定义的安全性措施

除了系统级的安全性措施外,ORACLE 还允许用户用数据库触发器定义特殊的更复杂的用户级安全性措施。例如,规定只能在工作时间内更新 Student 表,可以定义如下触发器,其中 sysdate 为系统当前时间:

```
CREATE OR REPLACE TRIGGER secure_student
BEFORE INSERT OR UPDATE OR DELETE ON Student
BEGIN
    IF (TO_CHAR(sysdate,'DY') IN ('SAT','SUN'))
        OR (TO_NUMBER(sysdate,'HH24') NOT BETWEEN 8 AND 17)
    THEN
        RAISE_APPLICATION_ERROR(−20506,
            'You may only change data during normal business hours.')
    END IF;
END;
```

触发器一经定义后,将存放在数据字典中。用户每次对 Student 表执行 INSERT,UP-DATE 或 DELETE 操作时都会自动触发该触发器,由系统检查当时的系统时间,如果是周六或周日,或者不是 8 点至 17 点,系统会拒绝执行用户的更新操作,并提示出错信息。

类似地,用户还可以利用触发器进一步细化审计规则,使审计操作的粒度更细。

综上所述,ORACLE 提供了多种安全性措施,提供了多级安全性检查,其安全性机制与操作系统的安全机制彼此独立,数据字典在 ORACLE 的安全性授权和检查以及审计技术中起着重要作用。

5.2 完 整 性

数据库的完整性是指数据的正确性和相容性。例如,学生的年龄必须是整数,取值范围为 14～29;学生的性别只能是男或女;学生的学号一定是唯一的;学生所在的系必须是学校开设的系;等等。数据库是否具备完整性关系到数据库系统能否真实地反映现实世界,因此维护数据库的完整性是非常重要的。

数据的完整性与安全性是数据库保护的两个不同的方面。安全性是防止用户非法使用数据库,包括恶意破坏数据和越权存取数据。完整性则是防止合法用户使用数据库时向数据库中加入不合语义的数据。也就是说,安全性措施的防范对象是非法用户和非法操作,完整性措施的防范对象是不合语义的数据。

为维护数据库的完整性,DBMS 必须提供一种机制来检查数据库中的数据,看其是否满足语义规定的条件。这些加在数据库数据之上的语义约束条件称为数据库完整性约束条件,它们作为模式的一部分存入数据库中。而 DBMS 中检查数据是否满足完整性条件的机制称为完整性检查。

5.2.1 完整性约束条件

整个完整性控制都是围绕完整性约束条件进行的,从这个角度说,完整性约束条件是完整性控制机制的核心。

完整性约束条件作用的对象可以有列级、元组级和关系级三种粒度。其中对列的约束主要指对其取值类型、范围、精度、排序等的约束条件。对元组的约束是指对记录中各个字段间的联系的约束。对关系的约束是指对若干记录间、关系集合上以及关系之间的联系的约束。

完整性约束条件涉及的这三类对象,其状态可以是静态的,也可以是动态的。其中对静态对象的约束是反映数据库状态合理性的约束,这是最重要的一类完整性约束。对动态对象的约束是反映数据库状态变迁的约束。

综合上述两个方面,可以将完整性约束条件分为六类,如图 5-3 所示。

1. 静态列级约束

静态列级约束是对一个列的取值域的说明,这是最常见最简单同时也最容易实现的一类完整性约束,包括以下几方面。

① 对数据类型的约束,包括数据的类型、长度、单位、精度等。

例如,规定学生姓名的数据类型应为字符型,长度为 8。

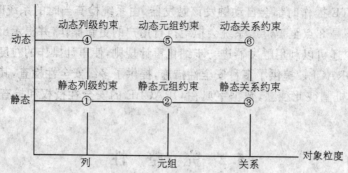

图 5-3 完整性约束条件分类

② 对数据格式的约束。

例如,规定学号的格式为前 2 位表示入学年份,后 4 位为顺序编号。出生日期的格式为 YY.MM.DD。

③ 对取值范围或取值集合的约束。

例如,规定成绩的取值范围为 0~100,年龄的取值范围为 14~29,性别的取值集合为 〔男,女〕。

④ 对空值的约束

空值表示未定义或未知的值,它与零值和空格不同。有的列允许空值,有的则不允许。例如,规定成绩可以为空值。

⑤ 其他约束

例如,关于列的排序说明,组合列等。

2. 静态元组约束

一个元组是由若干个列值组成的,静态元组约束就是规定组成一个元组的各个列之间的约束关系。例如,订货关系中包含发货量、订货量等列,并规定发货量不得超过订货量;又如教师关系中包含职称、工资等列,并规定教授的工资不得低于 700 元。

静态元组约束只局限在单个元组上,因此比较容易实现。

3. 静态关系约束

在一个关系的各个元组之间或者若干关系之间常常存在各种联系或约束。常见的静态关系约束有以下四种。

① 实体完整性约束。

② 参照完整性约束。

③ 函数依赖约束。大部分函数依赖约束都是隐含在关系模式结构中的,特别是规范化程度较高的关系模式(例如,3NF 或 BCNF),都由模式来保持函数依赖。但是,在实际应用中,为了不使信息过于分离,常常不过分地追求规范化。这样在关系的字段间就可以存在一些函数依赖需要显式地表示出来。如在学生—课程—教师关系 SJT(S,J,T)中存在如下的

函数依赖(S,J→T，T→J)，将(S,J)作为主码，还需要显式地表示 T→J 这个函数依赖。

④ 统计约束。即某个字段值与一个关系多个元组的统计值之间的约束关系。例如，规定部门经理的工资不得高于本部门职工平均工资的 5 倍，不得低于本部门职工平均工资的 2 倍。本部门职工的平均工资值是一个统计计算值。

静态关系约束中的实体完整性约束和参照完整性约束是关系模型的两个极其重要的约束，被称为是关系的两个不变性。统计约束实现起来开销很大。

4. 动态列级约束

动态列级约束是修改列定义或列值时应满足的约束条件，包括下面两方面。

① 修改列定义时的约束

例如，规定将原来允许空值的列改为不允许空值时，如果该列目前已存在空值，则拒绝这种修改。

② 修改列值时的约束

修改列值有时需要参照其旧值，并且新旧值之间需要满足某种约束条件。例如，职工工资调整不得低于其原来工资；学生年龄只能增长等。

5. 动态元组约束

动态元组约束是指修改某个元组的值时需要参照其旧值，并且新旧值之间需要满足某种约束条件。例如，职工工资调整不得低于其原来工资＋工龄＊1.5，等等。

6. 动态关系约束

动态关系约束是加在关系变化前后状态上的限制条件，例如，事务一致性、原子性等约束条件。关于事务及事务一致性、原子性的内容见 5.3 节。动态关系约束实现起来开销较大。

以上六类完整性约束条件的含义可用表 5-5 进行概括。

表 5-5　完整性约束条件

粒度 状态	列　级	元 组 级	关 系 级
静态	列定义 ·类型 ·格式 ·值域 ·空值	元组值应满足的条件	实体完整性约束 参照完整性约束 函数依赖约束 统计约束
动态	改变列定义或列值	元组新旧值之间应满足的约束条件	关系新旧状态间应满足的约束条件

5.2.2　完整性控制

DBMS 的完整性控制机制应具有三个方面的功能：

① 定义功能,即提供定义完整性约束条件的机制。

② 检查功能,即检查用户发出的操作请求是否违背了完整性约束条件。

③ 如果发现用户的操作请求使数据违背了完整性约束条件,则采取一定的动作来保证数据的完整性。

我们已经知道完整性约束条件包括有六大类,约束条件可能非常简单,也可能极为复杂。一个完善的完整性控制机制应该允许用户定义所有这六类完整性约束条件。

检查是否违背完整性约束的时机通常是在一条语句执行完后立即检查,我们称这类约束为立即执行的约束(immediate constraints)。但在某些情况下,完整性检查需要延迟到整个事务执行结束后再进行,称这类约束为延迟执行的约束(deferred constraints)。例如,银行数据库中"借贷总金额应平衡"的约束就应该是延迟执行的约束,从账号 A 转一笔钱到账号 B 为一个事务,从账号 A 转出去钱后,账就不平了,必须等转入账号 B 后,账才能重新平衡,这时才能进行完整性检查。

如果发现用户操作请求违背了立即执行的约束,最简单的保护数据完整性的动作就是拒绝该操作,但也可以采取其他处理方法。如果发现用户操作请求违背了延迟执行的约束,由于不知道是事务的哪个或哪些操作破坏了完整性,所以只能拒绝整个事务,把数据库恢复到该事务执行前的状态。关于事务的概念将在 5.3 节中详细介绍。

因此一条完整性规则可以用一个五元组(D, O, A, C, P)来形式化地表示。其中:

• D(data) 代表约束作用的数据对象;

• O(operation) 代表触发完整性检查的数据库操作,即当用户发出什么操作请求时需要检查该完整性规则,是立即检查还是延迟检查;

• A(assertion) 代表数据对象必须满足的断言或语义约束,这是规则的主体;

• C(condition) 代表选择 A 作用的数据对象值的谓词;

• P(procedure) 代表违反完整性规则时触发执行的操作过程。

例如,在"学号不能为空"的约束中,

D:约束作用的对象为 Sno 属性。

O:当用户插入或修改数据时触发完整性检查。

A:Sno 不能为空。

C:无,A 可作用于所有记录的 Sno 属性。

P:拒绝执行用户请求。

又如,在"教授工资不得低于 800 元"的约束中,

D:约束作用的对象为工资 Sal 属性。

O:当用户插入或修改数据时触发完整性检查。

A:Sal 不能小于 800。

C:A 仅作用于职称属性值为教授的记录上。

P:拒绝执行用户请求。

在关系系统中,最重要的完整性约束是实体完整性和参照完整性,其他完整性约束条件则可以归入用户定义的完整性。目前许多关系数据库系统都提供了定义和检查实体完整性、参照完整性和用户定义的完整性的功能。对于违反实体完整性规则和用户定义的完整性规则的操作一般都是采用拒绝执行的方式进行处理。而对于违反参照完整性的操作,并不都是

简单地拒绝执行,有时还需要采取另一种方法,即接受这个操作,同时执行一些附加的操作,以保证数据库的状态仍然是正确的。已在2.3节中详细讨论了关系系统中的实体完整性、参照完整性和用户定义的完整性的含义,下面再进一步讨论一下在关系数据库中实现参照完整性要考虑的几个问题。

已在2.3节中给出参照完整性的定义,参照完整性是指若属性(或属性组)F是基本关系R的外码,它与另一个基本关系S的主码Ks相对应,则对于R中每个元组在F上的值或者取空值(F的每个属性值均为空值),或者等于S中某个元组的主码值。例如,职工-部门数据库包含职工表EMP和部门表DEPT,其中DEPT关系的主码为部门号Deptno,EMP关系的主码为职工号Empno,外码为部门号Deptno,该Deptno与DEPT关系中的Deptno相对应,我们称DEPT为被参照关系或目标关系,EMP为参照关系。RDBMS在实现参照完整性时需要考虑以下几个方面:

1. 外码是否可以接受空值

在上面提到的职工-部门数据库中,EMP关系包含有外码Deptno,某一元组的这一列若为空值,表示这个职工尚未分配到任何具体的部门工作。这和应用环境的语义是相符的,因此EMP的Deptno列应允许空值,但在学生-选课数据库中,Student关系为被参照关系,其主码为Sno。SC为参照关系,外码为Sno。若SC的Sno为空值,则表明尚不存在的某个学生,或者某个不知学号的学生,选修了某门课程,其成绩记录在Grade列中。这与学校的应用环境是不相符的,因此SC的Sno列不能取空值。从上面的讨论中,我们看到外码是否能够取空值是依赖于应用环境的语义的,因此在实现参照完整性时,系统除了应该提供定义外码的机制外,还应提供定义外码列是否允许空值的机制。

2. 删除被参照关系的元组时的考虑

有时需要删除被参照关系的某个元组,而参照关系又有若干元组的外码值与被删除的被参照关系的主码值相对应。比如,要删除Student关系中Sno=950001的元组,而SC关系中又有4个元组的Sno都等于950001。这时系统可能采取的作法有三种。

① 级联删除(cascades)。即将参照关系中所有外码值与被参照关系中要删除元组主码值相对应的元组一起删除。例如,将上例中SC关系中所有4个Sno=950001的元组一起删除。如果参照关系同时又是另一个关系的被参照关系,则这种删除操作会继续级联下去。例如,R1是R2的被参照关系,R2是R3的被参照关系,则以级联删除方式删除R1中的某个元组,直接导致R2中相应元组被删除,而R2中元组的删除又会间接地导致R3中相应元组被删除。

② 受限删除(restricted)。即只当参照关系中没有任何元组的外码值与要删除的被参照关系的元组的主码值相对应时,系统才执行删除操作,否则拒绝此删除操作。例如,对于上例的情况,系统将拒绝执行此删除操作。

③ 置空值删除(nullifies)。即删除被参照关系的元组,并将参照关系中所有与被参照关系中被删除元组主码值相等的外码值置为空值。例如,上例中将SC关系中所有Sno=950001的元组的Sno值置为空值。

这三种处理方法,哪一种是正确的呢?这要依应用环境的语义来定。例如,在学生选课数据库中,显然只有第一种方法是对的。因为当一个学生毕业或退学后,他的个人记录从 Student 表中删除了,他的选课记录也应随之从 SC 表中删除。

3. 修改被参照关系中主码的考虑

有时要修改被参照关系中某些元组的主码值,而参照关系中有些元组的外码值正好等于被参照关系要修改的主码值。例如,学生 950001 休学一年后复学,这时需要将 Student 关系中 Sno=950001 的元组中 Sno 值改为 960123。而 SC 关系中有 4 个元组的 Sno=950001,与删除时的情况类似,系统对于这种情况采取的处理方式也有三种。

① 级联修改(cascades)。即修改被参照关系中主码值的同时,用相同的方法修改参照关系中相应的外码值。例如,上例中也将 SC 关系中 4 个 Sno=950001 元组中的 Sno 值改为 960123。与级联式删除类似,如果参照关系同时又是另一个关系的被参照关系,则这种修改操作会继续级联下去。

② 受限修改(restricted)。即拒绝此修改操作。只当参照关系中没有任何元组的外码值等于被参照关系中某个元组的主码值时,这个元组的主码值才能被修改。如上例中,只有 SC 中没有任何元组的 Sno=950001 时,才能修改 Student 表中 Sno=950001 的元组的 Sno 值改为 960123。

③ 置空值修改(nullifies)。即修改被参照关系中主码值,同时将参照关系中相应的外码值置为空值。例如,上例中将 Student 表中 Sno=950001 的元组的 Sno 值改为 960123。而将 S 表中所有 Sno=950001 的元组的 Sno 值置为空值。

这三种方法中,也要根据应用环境的要求才能确定哪一种是正确的。显然在学生选课数据库中只有第一种方法是正确的。

从上面的讨论中,看到 DBMS 在实现参照完整性,除了需要向用户提供定义主码、外码的机制外,还需要向用户提供按照自己的应用要求选择处理依赖关系中对应的元组的方法。

5.2.3 ORACLE 的完整性

上面介绍了完整性控制的一般方法,下面再介绍一个具体数据库产品 ORACLE 的完整性控制策略。

1. ORACLE 中的实体完整性

实体完整性规则要求主属性非空。ORACLE 在 CREATE TABLE 语句中提供了 PRIMARY KEY 子句,供用户在建表时指定关系的主码列。例如,在学生选课数据库中,要定义 Student 表的 Sno 属性为主码,可使用如下语句:

```
CREATE TABLE Student
        (Sno      NUMBER(8),
        Sname    VARCHAR(20),
        Sage     NUMBER(20),
        CONSTRAINT PK_SNO PRIMARY KEY (Sno));
```

其中,PRIMARY KEY(SNO)表示 Sno 是 Student 表的主码。PK_SNO 是此主码约束名。

若要在 SC 表中定义(Sno,Cno)为主码,则可以用下面 SQL 语句建立 SC 表:

```
CREATE TABLE SC
    (Sno      NUMBER(8),
    Cno      NUMBER(2),
    Grade    NUMBER(2),
    CONSTRAINT PK_SC PRIMARY KEY (Sno，Cno));
```

在用 PRIMARY KEY 语句定义了关系的主码后，每当用户程序对主码列进行更新操作时，系统自动进行完整性检查，凡操作使主码值为空值或使主码值在表中不唯一，系统拒绝此操作，从而保证了实体完整性。

2. ORACLE 中的参照完整性

ORACLE 的 CREATE TABLE 语句不仅可以定义关系的实体完整性规则，也可以定义参照完整性规则，即用户可以在建表时用 FOREIGN KEY 子句定义哪些列为外码列，用 REFERENCES 子句指明这些外码相应于哪个表的主码，用 ON DELETE CASCADE 子语指明在删除被参照关系的元组时，同时删除参照关系中外码值等于被删除的被参照关系的元组中主码值的元组。

例如，使用如下 SQL 语句建立 EMP 表：

```
CREATE TABLE EMP
    (Empno NUMBER(4),
    Ename VARCHAR(10),
    Job VERCHAR2(9),
    Mgr NUMBER(4),
    Sal NUMBER(7,2),
    Deptno NUMBER(2),
    CONSTRAINT FK_DEPTNO
        FOREIGN KEY (Deptno)
        REFERENCES DEPT(Deptno));
```

则表明 EMP 是参照表，DEPT 为被参照表，EMP 表中 Deptno 属性为外码，它相应于 DEPT 表中的主码 Deptno 属性。当删除或修改 DEPT 表中某个元组的主码时要检查 EMP 中是否有元组的 DEPTNO 值等于 DEPT 中要删除的元组的 Deptno 值，如没有，接受此操作；否则系统拒绝这一更新操作。

如果用如下 SQL 语句建立 EMP 表：

```
CREATE TABLE EMP
    (Empno NUMBER(4),
    Ename VARCHAR(10),
    Job VERCHAR2(9),
    Mgr NUMBER(4),
    Sal NUMBER(7,2),
    Deptno NUMBER(2),
    CONSTRAINT FK_DEPTNO
        FOREIGN KEY (Deptno)
        REFERENCES DEPT(Deptno)
        ON DELETE CASCADE);
```

则表明 EMP 表中外码为 Deptno，它相应于 DEPT 表中的主码 Deptno。当要修改 DEPT 表中的 DEPTNO 值时，先要检查 EMP 表中有无元组的 Deptno 值与之对应，若没有，系统接受这个修改操作，否则，系统拒绝此操作。当要删除 DEPT 表中某个元组时，系统也要检查 EMP 表，若找到相应元组即将其随之删除。

3. ORACLE 中的用户定义的完整性

除实体完整性和参照完整性外，应用系统中往往还需要定义与应用有关的完整性限制。例如：要求某一列的值不能取空值；某一列的值要在表中是唯一的；某一列的值要在某个范围中等。ORACLE 允许用户在建表时定义下列完整性约束：

- 列值非空（NOT NULL 短语）。
- 列值唯一（UNIQUE 短语）。
- 检查列值是否满足一个布尔表达式（CHECK 短语）。

例 1　建立部门表 DEPT，要求部门名称 Dname 列取值唯一，部门编号 Deptno 列为主码。

```
CREATE TABLE DEPT
    (Deptno NUMBER,
    Dname VARCHAR(9) CONSTRAINT U1 UNIQUE,
    Loc VARCHAR(10),
    CONSTRAINT PK_DEPT PRIMARY KEY (Deptno));
```

其中 CONSTRAINT U1 UNIQUE 表示约束名为 U1，该约束要求 Dname 列值唯一。

例 2　建立学生登记表 Student，要求学号在 900000 至 999999 之间，年龄＜29，性别只能是'男'或'女'，姓名非空。

```
CREATE TABLE Student
    (Sno      NUMBER(5)
             CONSTRAINT C1 CHECK (Sno BETWEEN 900000 AND 99999),
    Sname    VARCHAR(20) CONSTRAINT C2 NOT NULL,
    Sage     NUMBER(3)
             CONSTRAINT C3   CHECK (Sage < 29),
    Ssex     VARCHAR(2)
             CONSTRAINT C4 CHECK (Ssex IN ('男','女')));
```

例 3　建立职工表 EMP，要求每个职工的应发工资不得超过 3000 元。

应发工资实际上就是实发工资列 Sal 与扣除项 Deduct 之和。

```
CREATE TABLE EMP
    (Eno      NUMBER(4)
    Ename    VARCHAR(10),
    Job      VARCHAR(8),
    Sal      NUMBER(7,2),
    Deduct   NUMBER(7,2),
    Deptno   NUMBER(2),
    CONSTRAINTS C1 CHECK (Sal + Deduct <=3000));
```

在 ORACLE 中，除列值非空、列值唯一、检查列值是否满足一个布尔表达式外，用户还可以通过触发器来实现其他完整性规则。

例 4 为教师表 Teacher 定义完整性规则,"教授的工资不得低于 800 元,如果低于 800 元,自动改为 800 元"。

```
CREATE TRIGGER UPDATE_SAL
    BEFORE INSERT OR UPDATE OF Sal, Pos ON Teacher
    FOR EACH ROW
    WHEN (：new. Pos＝′教授′)
    BEGIN
        IF ：new. sal＜800 THEN
            ：new. Sal ：=800;
        END IF;
    END;
```

如果用户要定义其他的完整性约束,需要用数据库触发器(trigger)来实现。所谓数据库触发器,就是一类靠事件驱动的特殊过程,一旦由某个用户定义,任何用户对该数据的增、删、改操作均由服务器自动激活相应的触发子,在核心层进行集中的完整性控制。定义数据库触发器的语句是 CREATE OR REPLACE TRIGGER。

综上所述,ORACLE 提供了 CREATE TABLE 语句和 CREATE TRIGGER 语句定义完整性约束条件,其中用 CREATE TRIGGER 语句可以定义很复杂的完整性约束条件。完整性约束条件一旦定义好,ORACLE 会自动执行相应的完整性检查,对于违反完整性约束条件的操作或者拒绝执行或者执行事先定义的操作。

5.3 并发控制

数据库是一个共享资源,可以供多个用户使用。这些用户程序可以一个一个地串行执行,每个时刻只有一个用户程序运行,执行对数据库的存取,其他用户程序必须等到这个用户程序结束以后方能对数据库存取。但是如果一个用户程序涉及大量数据的输入/输出交换,则数据库系统的大部分时间将处于闲置状态。因此,为了充分利用数据库资源,发挥数据库共享资源的特点,应该允许多个用户并行地存取数据库。但这样就会产生多个用户程序并发存取同一数据的情况,若对并发操作不加控制就可能会存取和存储不正确的数据,破坏数据库的一致性。所以数据库管理系统必须提供并发控制机制。并发控制机制的好坏是衡量一个数据库管理系统性能的重要标志之一。

5.3.1 并发控制概述

DBMS 的并发控制是以事务(transaction)为单位进行的。

1. 并发控制的单位——事务

事务是数据库的逻辑工作单位,它是用户定义的一组操作序列。例如,在关系数据库中,一个事务可以是一组 SQL 语句、一条 SQL 语句或整个程序。通常情况下,一个应用程序包括多个事务。

事务的开始与结束可以由用户显式控制。如果用户没有显式地定义事务,则由 DBMS

按缺省规定自动划分事务。在 SQL 语言中,定义事务的语句有三条:

BEGIN TRANSACTION
COMMIT
ROLLBACK

事务通常是以 BEGIN TRANSACTION 开始,以 COMMIT 或 ROLLBACK 结束。COMMIT 表示提交,即提交事务的所有操作。具体地说就是将事务中所有对数据库的更新写回到磁盘上的物理数据库中去,事务正常结束。ROLLBACK 表示回滚,即在事务运行的过程中发生了某种故障,事务不能继续执行,系统将事务中对数据库的所有已完成的更新操作全部撤销,滚回到事务开始时的状态。

事务应该具有 4 个属性:原子性、一致性、隔离性和持续性。

•原子性(atomicity)。一个事务是一个不可分割的工作单位,事务中包括的诸操作要么都做,要么都不做。

•一致性(consistency)。事务必须是使数据库从一个一致性状态变到另一个一致性状态。因此当数据库只包含成功事务提交的结果时,就说数据库处于一致性状态。例如,某公司在银行中有 A,B 两个账号,现在公司想从账号 A 中取出一万元,存入账号 B。那么就可以定义一个包括两个操作的事务,第一个操作是从账号 A 中减去一万元,第二个操作是向账号 B 中加入一万元。这两个操作要么全做,要么全不做。全做或者全不做,数据库都处于一致性状态。如果只做一个操作则用户逻辑上就会发生错误,少了一万元,这时数据库就处于不一致性状态。可见一致性与原子性是密切相关的。

•隔离性(isolation)。一个事务的执行不能被其他事务干扰。即一个事务内部的操作及使用的数据对并发的其他事务是隔离的,并发执行的各个事务之间不能互相干扰。

•持续性(durability)。持续性也称永久性(permanence),指一个事务一旦提交,它对数据库中数据的改变就应该是永久性的。接下来的其他操作或故障不应该对其有任何影响。

2. 并发操作与数据的不一致性

对并发操作如果不进行合适的控制,可能会导致数据库中数据的不一致性。

一个最常见的并发操作的例子是飞机订票系统中的订票操作。例如,在该系统中的一个活动序列:

① 甲售票员读出某航班的机票余额 A,设 A=16;

② 乙售票员读出同一航班的机票余额 A,也为 16;

③ 甲售票点卖出一张机票,修改机票余额 A←A−1,所以 A=15,把 A 写回数据库;

④ 乙售票点也卖出一张机票,修改机票余额 A←A−1,所以 A=15,把 A 写回数据库。

结果明明卖出两张机票,数据库中机票余额只减少 1。

这种情况称为数据库的不一致性。这种不一致性是由甲乙两个售票员并发操作引起的。在并发操作情况下,对甲、乙两个事务的操作序列的调度是随机的。若按上面的调度序列执行,甲事务的修改就被丢失。这是由于第 4 步中乙事务修改 A 并写回后覆盖了甲事务的修改。

并发操作带来的数据不一致性包括三类:丢失修改、不可重复读和读"脏"数据。

(1) 丢失修改(lost update)

丢失修改是指事务1与事务2从数据库中读入同一数据并修改,事务2的提交结果破坏了事务1提交的结果,导致事务1的修改被丢失。例如,在图5-4中,事务1与事务2先后读入同一个数据 A=16,事务1执行 A←A−1,并将结果 A=15 写回,事务2执行 A←A−1,并将结果 A=15 写回。事务2提交的结果覆盖了事务1对数据库的修改,从而使事务1对数据库的修改丢失。这实际上就是前面预订飞机票的例子。

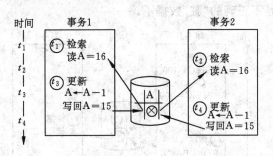

图 5-4　丢失修改

(2) 不可重复读(nonrepeatable read)

不可重复读是指事务1读取数据后,事务2执行更新操作,使事务1无法再现前一次读取结果。具体地讲,不可重复读包括三种情况:

·事务1读取某一数据后,事务2对其做了修改,当事务1再次读该数据时,得到与前一次不同的值。例如,在图5-5中,事务1读取 B=100 进行运算,事务2读取同一数据B,对其进行修改后将 B=200 写回数据库。事务1为了对读取值校对重读B,B已为200,与第一次读取值不一致。

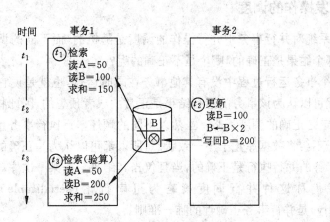

图 5-5　不可重复读

·事务1按一定条件从数据库中读取某些数据记录后,事务2删除了其中部分记录,当事务1再次按相同条件读取数据时,发现某些记录神密地消失了。

·事务1按一定条件从数据库中读取某些数据记录后,事务2插入了一些记录,当事务1再次按相同条件读取数据时,发现多了一些记录。

后两种不可重复读有时也称为幻行(phantom row)现象。

（3）读"脏"数据（dirty read）

读"脏"数据是指事务1修改某一数据，并将其写回磁盘，事务2读取同一数据后，事务1由于某种原因被撤销，这时事务1已修改过的数据恢复原值，事务2读到的数据就与数据库中的数据不一致，是不正确的数据，又称为"脏"数据。例如，在图5-6中，事务1将C值修改为200，事务2读到C为200，而事务1由于某种原因撤销，其修改作废，C恢复原值100，这时事务2读到的就是不正确的"脏"数据了。

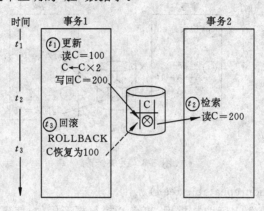

图5-6　读"脏"数据

产生上述三类数据不一致性的主要原因是并发操作破坏了事务的隔离性。并发控制就是要用正确的方式调度并发操作，使一个用户事务的执行不受其他事务的干扰，从而避免造成数据的不一致性。

5.3.2　并发操作的调度

计算机系统对并行事务中并行操作的调度是随机的，而不同的调度可能会产生不同的结果，那么哪个结果是正确的，哪个是不正确的呢？

如果一个事务运行过程中没有其他事务在同时运行，也就是说它没有受到其他事务的干扰，那么就可以认为该事务的运行结果是正常的或者预想的。因此将所有事务串行起来的调度策略一定是正确的调度策略。虽然以不同的顺序串行执行事务也有可能会产生不同的结果，但由于不会将数据库置于不一致状态，所以都可以认为是正确的。由此可以得到如下结论：几个事务的并行执行是正确的，当且仅当其结果与按某一次序串行地执行它们时的结果相同。我们称这种并行调度策略为可串行化（serializable）的调度。可串行性（serializability）是并行事务正确性的唯一准则。

例如，现在有两个事务，分别包含下列操作：

事务1：读B；A＝B＋1；写回A；

事务2：读A；B＝A＋1；写回B；

假设A的初值为10，B的初值为2。图5-7给出了对这两个事务的三种不同的调度策略。（a）和（b）为两种不同的串行调度策略，虽然执行结果不同，但它们都是正确的调度。（c）中两个事务是交错执行的，由于其执行结果与（a）、（b）的结果都不同，所以是错误的调度。（d）中两个事务也是交错执行的，由于其执行结果与串行调度1（图（a））的执行结果相同，所以是正确的调度。

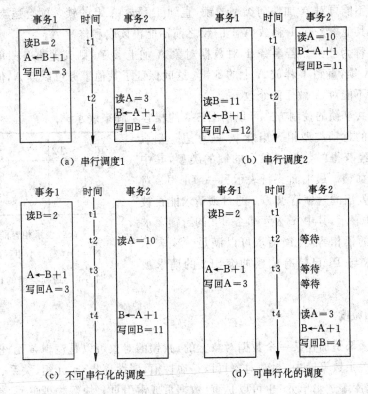

图 5-7 并行事务的不同调度策略

为了保证并行操作的正确性，DBMS 的并行控制机制必须提供一定的手段来保证调度是可串行化的。

从理论上讲，在某一事务执行时禁止其他事务执行的调度策略一定是可串行化的调度，这也是最简单的调度策略，但这种方法实际上是不可行的，因为它使用户不能充分共享数据库资源。

目前 DBMS 普遍采用封锁方法来保证调度的正确性，即保证并行操作调度的可串行性。除此之外还有其他一些方法，如时标方法、乐观方法等。

5.3.3 封锁

封锁是实现并发控制的一个非常重要的技术。所谓封锁就是事务 T 在对某个数据对象，例如，在表、记录等操作之前，先向系统发出请求，对其加锁。加锁后事务 T 就对该数据对象有了一定的控制，在事务 T 释放它的锁之前，其他的事务不能更新此数据对象。

5.3.3.1 封锁类型

DBMS 通常提供了多种类型的封锁。一个事务对某个数据对象加锁后究竟拥有什么样的控制是由封锁的类型决定的。基本的封锁类型有两种：排它锁（exclusive lock，简记为 X 锁）和共享锁（share lock，简记为 S 锁）。

排它锁又称为写锁。若事务 T 对数据对象 A 加上 X 锁，则只允许 T 读取和修改 A，其他任何事务都不能再对 A 加任何类型的锁，直到 T 释放 A 上的锁。配合适当的封锁协议，这就可以保证其他事务在 T 释放 A 上的锁之前不能再读取和修改 A。

共享锁又称为读锁。若事务 T 对数据对象 A 加上 S 锁，则其他事务只能再对 A 加 S 锁，而不能加 X 锁，直到 T 释放 A 上的 S 锁。这就保证了其他事务可以读 A，但在 T 释放 A 上的 S 锁之前不能对 A 做任何修改。

排它锁与共享锁的控制方式可以用图 5-8 的相容矩阵来表示。

在图 5-8 的封锁类型相容矩阵中，最左边一列表示事务 T1 已经获得的数据对象上的锁的类型，其中横线表示没有加锁。最上面一行表示另一事务 T2 对同一数据对象发出的封锁请求。T2 的封锁请求能否被满足用 Y 和 N 表示，其中 Y 表示事务 T2 的封锁要求与 T1 已持有的锁相容，封锁请求可以满足。N 表示 T2 的封锁请求与 T1 已持有的锁冲突，T2 的请求被拒绝。

T1　　　　T2	X	S	—
X	N	N	Y
S	N	Y	Y
—	Y	Y	Y

Y＝Yes，表示相容的请求
N＝No，表示不相容的请求

图 5-8　封锁类型的相容矩阵

5.3.3.2　封锁粒度

X 锁和 S 锁都是加在某一个数据对象上的。封锁的对象可以是逻辑单元，也可以是物理单元。例如，在关系数据库中，封锁对象可以是属性值、属性值集合、元组、关系、索引项、整个索引、整个数据库等逻辑单元；也可以是页（数据页或索引页）、块等物理单元。封锁对象可以很大，比如对整个数据库加锁，也可以很小，比如只对某个属性值加锁。封锁对象的大小称为封锁的粒度（granularity）。

封锁粒度与系统的并发度和并发控制的开销密切相关。封锁的粒度越大，系统中能够被封锁的对象就越少，并发度也就越小，但同时系统开销也越小；相反，封锁的粒度越小，并发度越高，但系统开销也就越大。

因此，如果在一个系统中同时存在不同大小的封锁单元供不同的事务选择使用是比较理想的。而选择封锁粒度时必须同时考虑封锁机构和并发度两个因素，对系统开销与并发度进行权衡，以求得最优的效果。一般说来，需要处理大量元组的用户事务可以以关系为封锁单元；需要处理多个关系的大量元组的用户事务可以以数据库为封锁单位；而对于一个处理少量元组的用户事务，可以以元组为封锁单位以提高并发度。

5.3.3.3　封锁协议

封锁的目的是为了保证能够正确地调度并发操作。为此，在运用 X 锁和 S 锁这两种基本封锁，对一定粒度的数据对象加锁时，还需要约定一些规则，例如，应何时申请 X 锁或 S 锁、持锁时间、何时释放等。我们称这些规则为封锁协议（locking protocol）。对封锁方式规定不同的规则，就形成了各种不同的封锁协议，它们分别在不同的程度上为并发操作的正确调度提供一定的保证。本节介绍保证数据一致性的三级封锁协议和保证并行调度可串行性的两段锁协议，下一节将介绍避免死锁的封锁协议。

1. 保证数据一致性的封锁协议——三级封锁协议

对并发操作的不正确调度可能会带来三种数据不一致性：丢失修改、不可重复读和读"脏"数据。三级封锁协议分别在不同程度上解决了这一问题。

(1) 1级封锁协议

1级封锁协议的内容是：事务 T 在修改数据 R 之前必须先对其加 X 锁，直到事务结束才释放。事务结束包括正常结束(commit)和非正常结束(rollback)。

1级封锁协议可防止丢失修改，并保证事务 T 是可恢复的。例如，图 5-9 使用 1 级封锁协议解决了图 5-4 中的丢失修改问题。

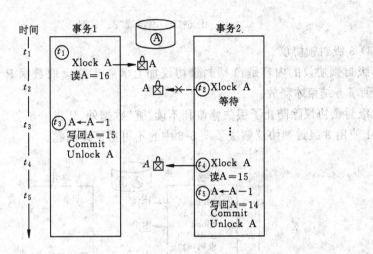

图 5-9　没有丢失修改

图 5-9 中，事务 1 在读 A 进行修改之前先对 A 加 X 锁，当事务 2 再请求对 A 加 X 锁时被拒绝，只能等待事务 1 释放 A 上的锁。事务 1 修改 A 并将修改值 A=15 写回磁盘，释放 A 上的 X 锁后，事务 2 获得对 A 的 X 锁，这时它读到的 A 已经是事务 1 更新过的值 15，再按此新的 A 值进行运算，并将结果值 A=14 写回到磁盘。这样就避免了丢失事务 1 的更新。

在 1 级封锁协议中，如果仅仅是读数据不对其进行修改，是不需要加锁的，所以它不能保证可重复读和不读"脏"数据。

(2) 2级封锁协议

2级封锁协议的内容是：1 级封锁协议加上事务 T 在读取数据 R 之前必须先对其加 S 锁，读完后即可释放 S 锁。

2级封锁协议除防止了丢失修改，还可进一步防止读"脏"数据。例如，图 5-10 使用 2 级封锁协议解决了图 5-5 中的读"脏"数据问题。

图 5-10 中，事务 1 在对 C 进行修改之前，先对 C 加 X 锁，修改其值后写回磁盘。这时事务 2 请求在 C 上加 S 锁，因 T1 已在 C 上加了 X 锁，事务 2 只能等待事务 1 释放它。之后事务 1 因某种原因被撤销，C 恢复为原值 100，并释放 C 上的 X 锁。事务 2 获得 C 上的 S 锁，读 C=100。这就避免了事务 2 读"脏"数据。

在 2 级封锁协议中，由于读完数据后即可释放 S 锁，所以它不能保证可重复读。

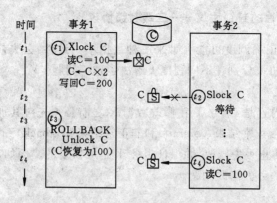

图 5-10　不再读"脏"数据

（3）3 级封锁协议

　　3 级封锁协议的内容是：1 级封锁协议加上事务 T 在读取数据 R 之前必须先对其加 S 锁，直到事务结束才释放。

　　3 级封锁协议除防止了丢失修改和不读"脏"数据外，还进一步防止了不可重复读。例如图 5-11 使用 3 级封锁协议解决了图 5-6 中的不可重复读问题。

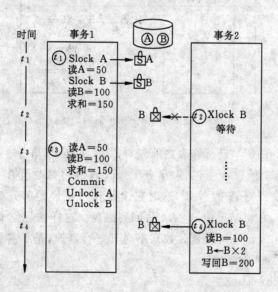

图 5-11　可重复读

　　图 5-11 中，事务 1 在读 A,B 之前，先对 A,B 加 S 锁，这样其他事务只能再对 A,B 加 S 锁，而不能加 X 锁，即其他事务只能读 A,B，而不能修改它们。所以当事务 2 为修改 B 而申请对 B 的 X 锁时被拒绝，使其无法执行修改操作，只能等待事务 1 释放 B 上的锁。接着事务 1 为验算再读 A,B，这时读出的 B 仍是 100，求和结果仍为 150，即可重复读。

　　上述三级协议的主要区别在于什么操作需要申请封锁以及何时释放锁（即持锁时间）。三级封锁协议可以总结为表 5-6。

表 5-6　不同级别的封锁协议

	X 锁		S 锁		一致性保证		
	操作结束释放	事务结束释放	操作结束释放	事务结束释放	不丢失修改	不读'脏'数据	可重复读
1 级封锁协议		✓			✓		
2 级封锁协议		✓	✓		✓	✓	
3 级封锁协议		✓		✓	✓	✓	✓

2. 保证并行调度可串行性的封锁协议——两段锁协议

可串行性是并行调度正确性的唯一准则,两段锁(two-phase locking,简称 2PL)协议是为保证并行调度可串行性而提供的封锁协议。

两段锁协议规定:

① 在对任何数据进行读、写操作之前,事务首先要获得对该数据的封锁,而且②在释放一个封锁之后,事务不再获得任何其他封锁。

所谓"两段"锁的含义是,事务分为两个阶段,第一阶段是获得封锁,也称为扩展阶段,第二阶段是释放封锁,也称为收缩阶段。

例如,事务 1 的封锁序列是:

Slock A … Slock B … Xlock C … Unlock B … Unlock A … Unlock C;

事务 2 的封锁序列是:

Slock A … Unlock A … Slock B … Xlock C … Unlock C … Unlock B;

则事务 1 遵守两段锁协议,而事务 2 不遵守两段锁协议。

可以证明,若并行执行的所有事务均遵守两段锁协议,则对这些事务的所有并行调度策略都是可串行化的。因此我们得出如下结论:所有遵守两段锁协议的事务,其并行执行的结果一定是正确的。

需要说明的是,事务遵守两段锁协议是可串行化调度的充分条件,而不是必要条件。即可串行化的调度中,不一定所有事务都必须符合两段锁协议。例如,在图 5-12 中,(a)和(b)都是可串行化的调度,但(a)遵守两段锁协议,(b)不遵守两段锁协议。

5.3.4 死锁和活锁

封锁技术可以有效地解决并行操作的一致性问题,但也带来一些新的问题,即死锁和活锁的问题。

1. 活锁

如果事务 T1 封锁了数据对象 R 后,事务 T2 也请求封锁 R,于是 T2 等待。接着 T3 也请求封锁 R。T1 释放 R 上的锁后,系统首先批准了 T3 的请求,T2 只得继续等待。接着 T4 也请求封锁 R,T3 释放 R 上的锁后,系统又批准了 T4 的请求……,T2 有可能就这样永远等待下去。这就是活锁的情形,如图 5-13 所示。

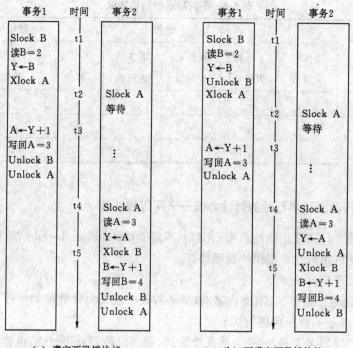

（a）遵守两段锁协议　　　　　　　　（b）不遵守两段锁协议

图 5-12　可串行化调度

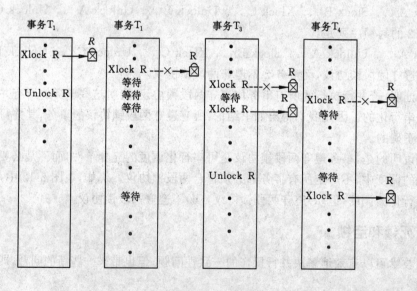

图 5-13　活锁

避免活锁的简单方法是采用先来先服务的策略。当多个事务请求封锁同一数据对象时，封锁子系统按请求封锁的先后次序对这些事务排队，该数据对象上的锁一旦释放，首先批准申请队列中第一个事务获得锁。

2. 死锁

如果事务 T1 封锁了数据 A,事务 T2 封锁了数据 B。之后 T1 又申请封锁数据 B,因 T2 已封锁了 B,于是 T1 等待 T2 释放 B 上的锁。接着 T2 又申请封锁 A,因 T1 已封锁了 A,T2 也只能等待 T1 释放 A 上的锁。这样就出现了 T1 在等待 T2,而 T2 又在等待 T1 的局面,T1 和 T2 两个事务永远不能结束,形成死锁。如图 5-14 所示。

死锁问题在操作系统和一般并行处理中已做了深入研究,但数据库系统有其自己的特点,操作系统中解决死锁的方法并不一定适合数据库系统。

目前在数据库中解决死锁问题主要有两类方法,一类方法是采取一定措施来预防死锁的发生,另一类方法是允许发生死锁,采用一定手段定期诊断系统中有无死锁,若有则解除之。

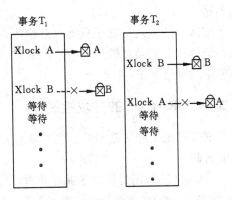

图 5-14 死锁

(1) 死锁的预防

在数据库中,产生死锁的原因是两个或多个事务都已封锁了一些数据对象,然后又都请求对已为其他事务封锁的数据对象加锁,从而出现死等待。防止死锁的发生其实就是要破坏产生死锁的条件。预防死锁通常有两种方法。

① 一次封锁法

一次封锁法要求每个事务必须一次将所有要使用的数据全部加锁,否则就不能继续执行。例如,在图 5-14 的例子中,如果事务 T1 将数据对象 A 和 B 一次加锁,T1 就可以执行下去,而 T2 等待。T1 执行完后释放 A,B 上的锁,T2 继续执行。这样就不会发生死锁。

一次封锁法虽然可以有效地防止死锁的发生,但也存在问题。第一,一次就将以后要用到的全部数据加锁,势必扩大了封锁的范围,从而降低了系统的并发度。第二,数据库中数据是不断变化的,原来不要求封锁的数据,在执行过程中可能会变成封锁对象,所以很难事先精确地确定每个事务所要封锁的数据对象,只能采取扩大封锁范围,将事务在执行过程中可能要封锁的数据对象全部加锁,这就进一步降低了并发度。

② 顺序封锁法

顺序封锁法是预先对数据对象规定一个封锁顺序,所有事务都按这个顺序实行封锁。在上例中,我们规定封锁顺序是 A ,B,T1 和 T2 都按此顺序封锁,即 T2 也必须先封锁 A。当 T2 请求 A 的封锁时,由于 T1 已经锁住 A,T2 就只能等待。T1 释放 A,B 上的锁后,T2 继续运行。这样就不会发生死锁。

顺序封锁法同样可以有效地防止死锁,但也同样存在问题。第一,数据库系统中可封锁的数据对象极其众多,并且随数据的插入、删除等操作而不断地变化,要维护这样极多而且变化的资源的封锁顺序非常困难,成本很高。第二,事务的封锁请求可以随着事务的执行而动态地决定,很难事先确定每一个事务要封锁哪些对象,因此也就很难按规定的顺序去施加封锁。例如,规定数据对象的封锁顺序为 A,B,C,D,E。事务 T3 起初要求封锁数据对象 B,C,E,但当它封锁了 B,C 后,才发现还需要封锁 A,这样就破坏了封锁顺序。

可见，在操作系统中广为采用的预防死锁的策略并不很适合数据库的特点，因此 DBMS 在解决死锁的问题上更普遍采用的是诊断并解除死锁的方法。

（2）死锁的诊断与解除

数据库系统中诊断死锁的方法与操作系统类似，即使用一个事务等待图，它动态地反映所有事务的等待情况。并发控制子系统周期性地（比如每隔 1 分钟）检测事务等待图，如果发现图中存在回路，则表示系统中出现了死锁。关于诊断死锁的详细讨论请参阅操作系统的有关书籍。

DBMS 的并发控制子系统一旦检测到系统中存在死锁，就要设法解除。通常采用的方法是选择一个处理死锁代价最小的事务，将其撤销，释放此事务持有的所有的锁，使其他事务能继续运行下去。

5.3.5　ORACLE 的并发控制

前面讨论了并发控制的一般原则与方法，下面简单介绍一个实际数据库系统中的并发控制机制。

ORACLE 采用封锁技术保证并发操作的可串行性。ORACLE 的锁分为两大类：数据锁（也称 DML 锁）和字典锁。其中字典锁包括语法分析锁和 DDL 锁，由 DBMS 在必要的时候自动加锁和释放锁，用户无权控制。

ORACLE 主要提供了五种数据锁：共享锁（S 锁）、排它锁（X 锁）、行级共享锁（RS 锁）、行级排它锁（RX 锁）和共享行级排它锁（SRX 锁）。其封锁粒度包括行级和表级。数据锁的相容矩阵如图 5-15 所示。

T1	S	X	RS	RX	SRX	—
S	Y	N	Y	N	N	Y
X	N	N	N	N	N	Y
RS	Y	N	Y	Y	Y	Y
RX	N	N	Y	Y	N	Y
SRX	N	N	Y	N	N	Y
—	Y	Y	Y	Y	Y	Y

Y＝Yes，表示相容的请求

N＝No，表示不相容的请求

图 5-15　ORACLE 数据锁的相容矩阵

在通常情况下，数据封锁由系统隐含完成，用户不用考虑封锁问题。但 ORACLE 也允许用户用 LOCK TABLE 语句显式对封锁对象加锁。

ORACLE 数据锁的一个显著特点是，在缺省情况下，读数据不加锁。也就是说，当一个用户更新数据时，另一个用户可以同时读取相应数据，反之亦然。ORACLE 通过一个被称为回滚段（rollback segment）的内存结构来保证用户不读"脏"数据和可重复读。这样做的好处是提高了数据的并发度。

ORACLE 提供了有效的死锁检测机制，周期性诊断系统中有无死锁，若存在死锁，则撤消执行更新操作次数最少的事务。

小结

数据库的价值在很大程度上取决于它所能提供的数据共享度。而数据共享在很大程度上取决于系统允许对数据并发操作的程度。数据并发程度又取决于数据库中的并发控制机制。施加的并发控制愈多,数据的共享性愈差。

另一方面,数据的一致性也取决于并发控制的程度。施加的并发控制愈多,数据的一致性愈好。

因此数据共享与数据一致性是一对矛盾。数据的共享程度愈高,数据的一致性愈差。

数据库的并发控制以事务为单位。通常使用封锁机制,在保证数据一致性的前提下,尽可能多地提供数据的共享。不同级别的封锁协议提供不同的数据一致性保证,提供不同的数据共享度。而并发操作的正确性则通常由两段锁协议来保证。

对数据对象施加封锁,会带来活锁和死锁问题,并发控制机制必须提供适合数据库特点的解决方法。

5.4 恢 复

虽然当前计算机硬、软件技术已经发展到相当高的水平,但硬件的故障、系统软件和应用软件的错误、操作员的失误以及恶意的破坏仍然是不可避免的。这些故障轻则造成运行事务非正常中断,影响数据库中数据的正确性,重则破坏数据库,使数据库中数据部分或全部丢失。为了保证各种故障发生后,数据库中的数据都能从错误状态恢复到某种逻辑一致的状态,数据库管理系统中恢复子系统是必不可少的。各种现有数据库系统运行情况表明,数据库系统所采用的恢复技术是否行之有效,不仅对系统的可靠程度起着决定性作用,而且对系统的运行效率也有很大影响,是衡量系统性能优劣的重要指标。

5.4.1 恢复的原理

事务是数据库的基本工作单位。一个事务中包含的操作要么全部完成,要么全部不做。也就是说,每个运行事务对数据库的影响或者都反映在数据库中,或者都不反映在数据库中。二者必居其一。如果数据库中只包含成功事务提交的结果,就说此数据库处于一致性状态。保证数据一致性是对数据库的最基本的要求。

如果数据库系统运行中发生故障,有些事务尚未完成就被迫中断,这些未完成事务对数据库所做的修改有一部分已写入物理数据库。这时数据库就处于一种不正确的状态,或者说是不一致的状态,就需要 DBMS 的恢复子系统,根据故障类型采取相应的措施,将数据库恢复到某种一致的状态。

数据库运行过程中可能发生的故障主要有三类:事务故障、系统故障和介质故障。不同的故障其恢复方法也不一样。

1. 事务故障

事务在运行过程中由于种种原因,如输入数据的错误、运算溢出、违反了某些完整性限制、某些应用程序的错误以及并行事务发生死锁等,使事务未运行至正常终止点就夭折了,这种情况称为事务故障。

发生事务故障时，夭折的事务可能已把对数据库的部分修改写回磁盘。恢复程序要在不影响其他事务运行的情况下，强行回滚（ROLLBACK）该事务，即清除该事务对数据库的所有修改，使得这个事务像根本没有启动过一样。这类恢复操作称为事务撤销（UNDO）。

2. 系统故障

系统故障是指系统在运行过程中，由于某种原因，如操作系统或 DBMS 代码错误、操作员操作失误、特定类型的硬件错误（如 CPU 故障）、突然停电等造成系统停止运行，致使所有正在运行的事务都以非正常方式终止。这时内存中数据库缓冲区的信息全部丢失，但存储在外部存储设备上的数据未受影响。这种情况称为系统故障。

发生系统故障时，一些尚未完成的事务的结果可能已送入物理数据库，为保证数据一致性，需要清除这些事务对数据库的所有修改。但由于无法确定究竟哪些事务已更新过数据库，因此系统重新启动后，恢复程序要强行撤销（UNDO）所有未完成事务，使这些事务像没有运行过一样。

另一方面，发生系统故障时，有些已完成事务提交的结果可能还有一部分甚至全部留在缓冲区，尚未写回到磁盘上的物理数据库中，系统故障使得这些事务对数据库的修改部分或全部丢失，这也会使数据库处于不一致状态，因此应将这些事务已提交的结果重新写入数据库。同样，由于无法确定哪些事务的提交结果尚未写入物理数据库，所以系统重新启动后，恢复程序除需要撤销所有未完成事务外，还需要重做（Redo）所有已提交的事务，以将数据库真正恢复到一致状态。

3. 介质故障

系统在运行过程中，由于某种硬件故障，如磁盘损坏、磁头碰撞，或操作系统的某种潜在错误，瞬时强磁场干扰等，使存储在外存中的数据部分丢失或全部丢失。这种情况称为介质故障。这类故障比前两类故障的可能性小得多，但破坏性最大。

发生介质故障后，存储在磁盘上的数据被破坏，这时需要装入数据库发生介质故障前某个时刻的数据副本，并重做自此时始的所有成功事务，将这些事务已提交的结果重新记入数据库。

综上所述，数据库系统中各类故障对数据库的影响概括起来主要有两类：一类是数据库本身被破坏（介质故障）；另一类是数据库本身没有被破坏，但由于某些事务在运行中被中止，使得数据库中可能包含了未完成事务对数据库的修改，破坏数据库中数据的正确性，或者说使数据库处于不一致状态（事务故障、系统故障）。

我们已经看到，对于不同类型的故障，在恢复时应做不同的恢复操作。这些操作从原理上讲都是利用存储在系统其他地方的冗余数据来重建数据库中已经被破坏或已经不正确的那部分数据。恢复的基本原理虽然简单，但实现技术却相当复杂。一般一个大型数据库产品，恢复子系统的代码要占全部代码的 10% 以上。

5.4.2　恢复的实现技术

恢复就是利用存储在系统其他地方的冗余数据来修复数据库中被破坏的或不正确的数

据。因此恢复机制涉及的两个关键问题是：第一，如何建立冗余数据；第二，如何利用这些冗余数据实施数据库恢复。

建立冗余数据最常用的技术是数据转储和登录日志文件。通常在一个数据库系统中，这两种方法是一起使用的。

5.4.2.1　数据转储

转储是指 DBA 将整个数据库复制到磁带或另一个磁盘上保存起来的过程。这些备用的数据文本称为后备副本或后援副本。一旦系统发生介质故障，数据库遭到破坏，可以将后备副本重新装入，把数据库恢复起来。

转储是数据库恢复中采用的基本技术。但重装后备副本只能将数据库恢复到转储时的状态，要想恢复到故障发生时的状态，必须重新运行自转储以后的所有更新事务。例如，在图 5-16 中，系统在 T_a 时刻停止运行事务进行数据库转储，在 T_b 时刻转储完毕，得到 T_b 时刻的数据库一致性副本。系统运行到 T_f 时刻发生故障。这时，为恢复数据库，必须首先由 DBA 重装数据库后备副本，将数据库恢复至 T_b 时刻的状态，然后重新运行自 T_b 时刻至 T_f 时刻的所有更新事务，或根据日志文件(log file)将这些事务对数据库重新更新写入数据库，这样就可以把数据库恢复到故障发生前某一时刻的一致状态。

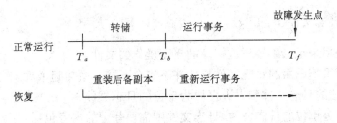

图 5-16　转储与恢复

数据转储操作可以动态进行，也可以静态进行。

静态转储是在系统中无运行事务时进行的转储操作。即转储操作开始的时刻，数据库处于一致性状态，而转储期间不允许（或不存在）对数据库的任何存取、修改活动。显然，静态转储得到的一定是一个数据一致性的副本。

静态转储的优点是简单。但由于转储必须等待用户事务结束才能进行，而新的事务必须等待转储结束才能执行，因此会降低数据库的可用性。

动态转储是指转储操作与用户事务并发进行，转储期间允许对数据库进行存取或修改。

动态转储克服了静态转储的缺点，它不用等待正在运行的用户事务结束，也不会影响新事务的运行。但它不能保证副本中的数据正确有效。例如，在转储期间的某个时刻 T_c，系统把数据 $A=100$ 转储到磁带上，而在下一时刻 T_d，某一事务将 A 改为 200。转储结束后，后备副本上的 A 已是过时的数据了。

因此，为了能够利用动态转储得到的副本进行故障恢复，还需要把动态转储期间各事务对数据库的修改活动登记下来，建立日志文件。后备副本加上日志文件就能把数据库恢复到某一时刻的正确状态了。

具体进行数据转储时可以有两种方式，一种是海量转储，一种是增量转储。

海量转储是指每次转储全部数据库。增量转储是指只转储上次转储后更新过的数据。从恢复角度看,使用海量转储得到的后备副本进行恢复一般说来会更方便些。但如果数据库很大,事务处理又十分频繁,则增量转储方式更实用更有效。

数据转储有两种方式,分别可以在两种状态下进行,因此数据转储方法可以分为四类:动态海量转储、动态增量转储、静态海量转储和静态增量转储,如表 5-7 所示。

表 5-7　数据转储分类

		转储状态	
		动态转储	静态转储
转储	海量转储	动态海量转储	静态海量转储
方式	增量转储	动态增量转储	静态增量转储

直观地看,后备副本越接近故障发生点,恢复起来越方便、越省时。这也就是说,从恢复方便角度看,应经常进行数据转储,制作后备副本。但另一方面,转储又是十分耗费时间和资源的,不能频繁进行。所以 DBA 应该根据数据库使用情况确定适当的转储周期和转储方法。例如,每天晚上进行动态增量转储,每周进行一次动态海量转储,每月进行一次静态海量转储。

5.4.2.2　登记日志文件(logging)

日志文件是用来记录事务对数据库的更新操作的文件。

不同数据库系统采用的日志文件格式并不完全一样。概括起来日志文件主要有两种格式:以记录为单位的日志文件和以数据块为单位的日志文件。

对于以记录为单位的日志文件,日志文件中需要登记的内容包括:
- 各个事务的开始(BEGIN TRANSACTION)标记
- 各个事务的结束(COMMIT 或 ROLL BACK)标记
- 各个事务的所有更新操作

这里每个事务开始的标记、每个事务的结束标记和每个更新操作均作为日志文件中的一个日志记录(log record)。

每个日志记录的内容主要包括:
- 事务标识(标明是哪个事务)
- 操作的类型(插入、删除或修改)
- 操作对象
- 更新前数据的旧值(对插入操作而言,此项为空值)
- 更新后数据的新值(对删除操作而言,此项为空值)

对于以数据块为单位的日志文件,只要某个数据块中有数据被更新,就要将整个块更新前和更新后的内容放入日志文件中。

日志文件在数据库恢复中起着非常重要的作用。可以用来进行事务故障恢复和系统故障恢复,并协助后备副本进行介质故障恢复。

静态转储的数据虽然已是一致性的数据,但是如果静态转储完成后,仍能定期转储日志文件,则在出现介质故障重装数据副本后,可以利用这些日志文件副本对已完成的事务进行重做处理,这样不必重新运行那些已完成的事务程序就可把数据库恢复到故障前某一时刻的正确状态。如图 5-17 所示。

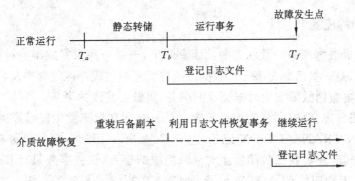

图 5-17　利用日志文件恢复事务

而动态转储机制在转储数据库时,必须同时转储同一时间点的日志文件,后备副本与该日志文件结合起来才能将数据库恢复到一致性状态。与静态转储一样,如果动态转储完成后,仍能定期转储日志文件,则在做介质故障恢复时,可以利用这些日志文件副本进一步恢复数据库,避免重新运行事务程序。

为保证数据库是可恢复的,登记日志文件时必须遵循两条原则:

· 登记的次序严格按并行事务执行的时间次序。

· 必须先写日志文件,后写数据库。

把对数据的修改写到数据库中和把表示这个修改的日志记录写到日志文件中是两个不同的操作。有可能在这两个操作之间发生故障,即这两个写操作只完成了一个。如果先写了数据库修改,而在运行记录中没有登记下这个修改,则以后就无法恢复这个修改了。如果先写日志,但没有修改数据库,按日志文件恢复时只不过是多执行一次不必要的 UNDO 操作,并不会影响数据库的正确性。所以为了安全,一定要先写日志文件,即首先把日志记录写到日志文件中,然后写数据库的修改。

5.4.2.3　恢复策略

当系统运行过程中发生故障,利用数据库后备副本和日志文件就可以将数据库恢复到故障前的某个一致性状态。不同故障其恢复技术也不一样。

1. 事务故障的恢复

事务故障是指事务在运行至正常终止点前被中止,这时恢复子系统应撤销(UNDO)此事务已对数据库进行的修改,具体做法如下。

① 反向扫描文件日志(即从最后向前扫描日志文件),查找该事务的更新操作。

② 对该事务的更新操作执行逆操作。即将日志记录中"更新前的值"写入数据库。这样,如果记录中是插入操作,则相当于做删除操作(因为此时"更新前的值"为空)。若记录中是删除操作,则做插入操作(因为此时"更新后的值"为空);若是修改操作,则相当于用修改前值代替修改后值。

③ 继续反向扫描日志文件,查找该事务的其他更新操作,并做同样处理。

④ 如此处理下去,直至读到此事务的开始标记,事务故障恢复就完成了。

事务故障的恢复是由系统自动完成的,不需要用户干预。

2. 系统故障的恢复

系统故障造成数据库不一致状态的原因有两个,一是一些未完成事务对数据库的更新已写入数据库,二是一些已提交事务对数据库的更新还留在缓冲区没来得及写入数据库。因此恢复操作就是要撤销故障发生时未完成的事务,重做已完成的事务。具体做法如下。

① 正向扫描日志文件(即从头扫描日志文件),找出在故障发生前已经提交事务(这些事务既有 BEGIN TRANSACTION 记录,也有 COMMIT 记录),将其事务标识记入重做(REDO)队列。同时还要找出故障发生时尚未完成的事务(这些事务只有 BEGIN TRANSCATION 记录,无相应的 COMMIT 记录),将其事务标识记入撤销队列。

② 对撤销队列中的各个事务进行撤销(UNDO)处理。

进行 UNDO 处理的方法是,反向扫描日志文件,对每个 UNDO 事务的更新操作执行逆操作,即将日志记录中"更新前的值"写入数据库。

③ 对重做队列中的各个事务进行重做(REDO)处理。

进行 REDO 处理的方法是:正向扫描日志文件,对每个 REDO 事务重新执行登记的操作。即将日志记录中"更新后的值"写入数据库。

系统故障的恢复也是由系统自动完成的,不需要用户干预。

3. 介质故障的恢复

发生介质故障后,磁盘上的物理数据和日志文件被破坏,这是最严重的一种故障,恢复方法是重装数据库,然后重做已完成的事务。具体做法如下。

① 装入最新的后备数据库副本,使数据库恢复到最近一次转储时的一致性状态。

对于动态转储的数据库副本,还须同时装入转储时刻的日志文件副本,利用与恢复系统故障相同的方法(即 REDO+UNDO),才能将数据库恢复到一致性状态。

② 装入有关的日志文件副本,重做已完成的事务。即:

首先扫描日志文件,找出故障发生时已提交的事务的标识,将其记入重做队列。

然后正向扫描日志文件,对重做队列中的所有事务进行重做处理。即将日志记录中"更新后的值"写入数据库。

这样就可以将数据库恢复至故障前某一时刻的一致状态了。

介质故障的恢复需要 DBA 介入。但 DBA 只需要重装最近转储的数据库副本和有关的各日志文件副本,然后执行系统提供的恢复命令即可,具体的恢复操作仍由 DBMS 完成。

5.4.3 ORACLE 的恢复技术

上面介绍了恢复技术的一般原则,实际数据库管理系统中的恢复策略往往又都有其自己的特色。下面简单介绍一下 ORACLE 的恢复技术,以加深对恢复技术一般原则的理解。

ORACLE 中恢复机制也采用了转储和登记日志文件两个技术。

ORACLE 向 DBA 提供了多种转储后备副本的方法,如文件拷贝、利用 ORACLE 的 EXP 实用程序、用 SQL 命令 SPOOL 以及自己编程实现等。相应地,ORACLE 也提供了多种重装后备副本的方法,如文件拷贝、利用 ORACLE 的 IMP 实用程序、利用 SQL＊LOAD-ER 以及自己编程实现等。

在 ORACLE 5 中,日志文件以块为单位,也就是说,ORACLE 的恢复操作不是基于操作,而是基于数据块的。ORACLE 将更新前的旧值与更新后的新值分别放在两个不同的日志文件中。记录数据库更新前的旧值的日志文件称为数据库前象文件(before image,简称 BI 文件),记录数据库更新后的新值的日志文件称为数据库的后象文件(after image,简称 AI 文件)。由于 BI 文件关系到能否将数据库恢复到一致性状态,因此 BI 文件是必需的。而 AI 文件的作用仅是尽可能地将数据库向前推进,减少必须重新运行的事务程序,所以在 OR-ACLE 中 AI 文件是任选的。为节省存储空间和操作时间,DBA 可以不配置 AI 文件。没有 AI 文件,恢复机制进行故障恢复时只能执行 UN-DO 处理,不能执行 REDO 处理。

ORACLE 7 为了能够在出现故障时更有效地恢复数据,也为了解决读"脏"数据问题,提供了 REDO 日志文件和回滚段(rollback segment)。REDO 日志文件中记录了被更新数据的前象和后象,设在数据库缓冲区中的回滚段记录更新操作的数据前象。在利用日志文件进行故障恢复时,为减少扫描日志文件的遍数,ORACLE 7 首先扫描 REDO 日志文件,重做所有操作,包括未正常提交的事务的操作,然后再根据回滚段中的数据,撤销未正常提交的事务的操作,如图 5-18 所示。

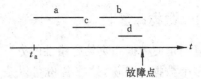

(a) 发生故障,事务b、d非正常中止

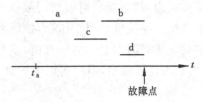

(b)利用Redo日志文件重做所有事务

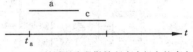

(c) 利用回滚段撤销所有未提交的事务,数据库恢复到一致状态

图 5-18　ORACLE 的恢复过程

前面已经提到,ORACLE 为提高并发度,读数据不加锁,不读"脏"数据和可重复读是借助 BI 文件(ORACLE 5)或回滚段(ORACLE 7)来保证的。即在事务1更新了数据 A 但尚未提交时,事务 2 要求读数据 A,这时事务 2 读到的是 BI 文件(ORACLE 5)或回滚段(ORA-CLE 7)中的 A 值,而不是事务 1 更新后的 A 值,这样一旦事务 1 被撤销,事务 2 读到的仍是正确的数据,而不是"脏"数据。保证可重复读的方法与此类似。

小结

如果数据库只包含成功事务提交的结果,就说数据库处于一致性状态。保证数据一致性是对数据库的最基本的要求。事务是数据库的逻辑工作单位,只要 DBMS 能够保证系统中一切事务的原子性、一致性、隔离性和持续性,也就保证了数据库处于一致状态。为了保证事务的隔离性,DBMS 需要对并发操作进行控制。为了保证事务的原子性、一致性与持续性,DBMS 必须对事务故障、系统故障和介质故障进行恢复。而事务不仅是并发控制的基本单位,也是恢复的基本单位。数据库转储和登记日志文件是恢复中最经常使用的技术。恢复的基本原理就是利用存储在后备副本和日志文件中的冗余数据来重建数据库。

5.5　数据库复制与数据库镜象

5.3节和5.4节分别介绍了数据库系统进行并发控制与恢复的基本技术手段。随着数据库技术的发展，许多新技术也可以用于并发控制和恢复。这就是本节要介绍的数据库复制和数据库镜象技术。目前许多商用数据库管理系统都在不同程度上提供了数据库复制和数据库镜象功能。

5.5.1　数据库复制

复制是使数据库更具容错性的方法，主要用于分布式结构的数据库中。它在多个场地保留多个数据库备份，这些备份可以是整个数据库的副本，也可以是部分数据库的副本。各个场地的用户可以并发地存取不同的数据库副本，例如，当一个用户为修改数据对数据库加了排它锁，其他用户可以访问数据库的副本，而不必等待该用户释放锁。这就进一步提高了系统的并发度。但DBMS必须采取一定手段保证用户对数据库的修改能够及时地反映到其所有副本上。另一方面，当数据库出现故障时，系统可以用副本对其进行联机恢复，而在恢复过程中，用户可以继续访问该数据库的副本，而不必中断应用（如图5-19所示）。

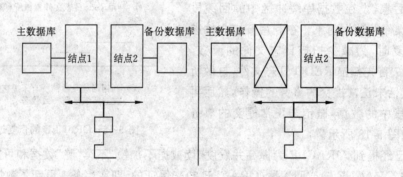

图 5-19　数据复制

数据库复制通常有三种方式：对等复制、主/从复制和级联复制。不同的复制方式提供了不同程度的数据一致性。

对等复制（peer-to-peer）是最理想的复制方式。在这种方式下，各个场地的数据库地位是平等的，可以互相复制数据。用户可以在任何场地读取和更新公共数据集，在某一场地更新公共数据集时，DBMS会立即将数据传送到所有其他副本。

主/从复制（master/slave）即数据只能从主数据库中复制到从数据库中。更新数据只能在主场地上进行，从场地供用户读数据。但当主场地出现故障时，更新数据的应用可以转到其中一个复制场地上去。这种复制方式实现起来比较简单，易于维护数据一致性。

级联复制（cascade）是指从主场地复制过来的数据又从该场地再次复制到其他场地，即A场地把数据复制到B场地，B场地又把这些数据或其中部分数据再复制到其他场地。级联复制可以平衡当前各种数据需求对网络交通的压力。例如，要将数据传送到整个欧洲，可以首先把数据从纽约复制到巴黎，然后再把其中部分数据从巴黎复制到各个欧洲国家的主要

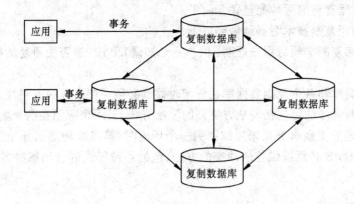

图 5-20　对等复制

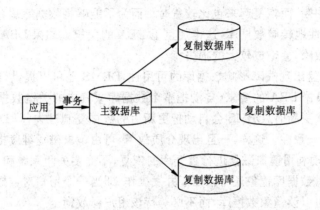

图 5-21　主/从复制

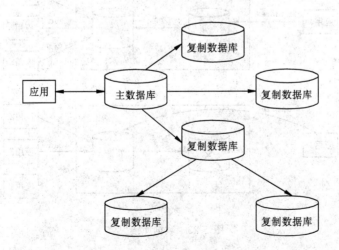

图 5-22　级联复制

城市。级联复制通常与前两种配置联合使用。

DBMS 在使用复制技术时必须做到以下几点:

第一、数据库复制必须对用户透明。用户不必知道 DBMS 是否使用复制技术,使用的是什么复制方式。

第二,主数据库和各个复制数据库在任何时候都必须保持事务的完整性。

第三,对于对异步的可在任何地方更新的复制方式,当两个应用在两个场地同时更新同一记录,一个场地的更新事务尚未复制到另一个场地时,第二个场地已开始更新,这时就可能引起冲突。DBMS 必须提供控制冲突的方法,包括各种形式的自动解决方法及人工干预方法。

5.5.2 数据库镜象

在 5.4 中已经看到,介质故障是对系统影响最为严重的一种故障。系统出现介质故障后,用户应用全部中断,而恢复起来也比较费时。而为了能够将数据库从介质故障中恢复过来,DBA 必须周期性地转储数据库,这也加重了 DBA 的负担。如果 DBA 忘记了转储数据库,一旦发生介质故障,会造成较大的损失。

为避免介质磁盘出现故障影响数据库的可用性,DBMS 还可以提供日志文件和数据库镜象(mirror),即根据 DBA 的要求,自动把整个数据库或其中的关键数据复制到另一个磁盘上,每当主数据库更新时,DBMS 会自动把更新后的数据复制过去,即 DBMS 自动保证镜象数据与主数据的一致性。这样,一旦出现介质故障,可由镜象磁盘继续提供数据库的可用性,同时 DBMS 自动利用镜象磁盘进行数据库的恢复,不需要关闭系统和重装数据库副本。在没有出现故障时,数据库镜象还可以用于并发操作。即当一个用户对数据库加排它锁修改数据时,其他用户可以读镜象数据库,而不必等待该用户释放锁。

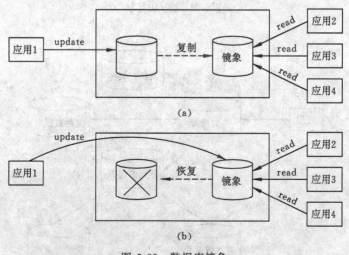

图 5-23 数据库镜象

由于数据库镜象是通过复制数据实现的,频繁地复制数据自然会降低系统运行效率,因此在实际应用中用户往往只选择对关键数据镜象,如对日志文件镜象,而不是对整个数据库进行镜象。

习　题

1. 什么是数据库的安全性？什么是数据库的完整性？两者之间有什么联系和区别？
2. 数据库安全性控制的常用方法有哪些？
3. 完整性约束条件可分为哪几类？
4. DBMS 的完整性控制机制应具有哪些功能？
5. RDBMS 在实现参照完整性时需要考虑哪些方面？
6. 假设有下面两个关系模式：

   职工(职工号,姓名,年龄,职务,工资,部门号),其中职工号为主码；

   部门(部门号,名称,经理名,电话),其中部门号为主码；

   用 SQL 语言定义这两个关系模式,要求在模式中完成以下完整性约束条件的定义：

   (1) 定义每个模式的主码；

   (2) 定义参照完整性；

   (3) 定义职工年龄不得超过 60 岁。
7. 什么是事务？它有哪些属性？
8. 并发操作可能会产生哪几类数据不一致？
9. 什么是封锁？基本的封锁类型有几种？试述它们的含义。
10. 如何用封锁机制保证数据的一致性？
11. 如何保证并行操作的可串行性？
12. 试述死锁和活锁的产生原因和解决方法。
13. 设 T1,T2,T3 是如下的三个事务：

    T1:$A := A+2$;

    T2:$A := A * 2$;

    T3:$A := A * * 2$;($A \leftarrow A^2$)

    设 A 的初值为 0；

    (1) 若这三个事务允许并行执行,则有多少可能的正确结果,请一一列举出来；

    (2) 请给出一个可串行化的调度,并给出执行结果；

    (3) 请给出一个非串行化的调度,并给出执行结果；

    (4) 若这三个事务都遵守两段锁协议,请给出一个不产生死锁的可串行化调度；

    (5) 若这三个事务都遵守两段锁协议,请给出一个产生死锁的调度。
14. 什么是数据库的恢复？
15. 数据库转储的意义是什么？试比较各种数据转储方法。
16. 什么是日志文件？为什么要设立日志文件？登记日志文件时为什么必须先写日志文件,后写数据库？
17. 数据库运行过程中常见的故障有哪几类？各类故障如何恢复？
18. 什么是数据库复制？它有什么用途？常用的复制手段有哪些？
19. 什么是数据库镜象？它有什么用途？

第6章　数据库设计

在1.5节中已经简要介绍了数据库设计的原则与步骤,本章将详细说明如何设计一个数据库系统。

6.1　数据库设计的步骤

目前设计数据库系统主要采用的是以逻辑数据库设计和物理数据库设计为核心的规范设计方法。其中逻辑数据库设计是根据用户要求和特定数据库管理系统的具体特点,以数据库设计理论为依据,设计数据库的全局逻辑结构和每个用户的局部逻辑结构。物理数据库设计是在逻辑结构确定之后,设计数据库的存储结构及其他实现细节。各种规范设计方法在设计步骤上存在差别,各有千秋。通过分析、比较与综合各种常用的数据库规范设计方法,我们将数据库设计分为以下6个阶段,如图6-1所示。

在数据库设计开始之前,首先必须选定参加设计的人员,包括数据库分析设计人员、用户、程序员和操作员。数据库分析设计人员是数据库设计的核心人员,他们将自始至终参与数据库设计,他们的水平决定了数据库系统的质量。用户在数据库设计中也是举足轻重的,他们主要参加需求分析和数据库的运行维护,他们的积极参与不但能加速数据库设计,而且也是决定数据库设计的质量的又一因素。程序员和操作员则在系统实施阶段参与进来,分别负责编制程序和准备软硬件环境。

如果所设计的数据库应用系统比较复杂,还应该考虑是否需要使用计算机辅助软件工程(computer aided software engineering,简称CASE)工具以简化数据库设计各阶段的工作量,以及选用何种CASE工具。

1. 需求分析阶段

进行数据库设计首先必须准确了解与分析用户需求(包括数据与处理)。需求分析是整个设计过程的基础,是最困难、最耗费时间的一步。作为地基的需求分析是否做得充分与准确,决定了在其上构建数据库大厦的速度与质量。需求分析做得不好,甚至会导致整个数据库设计返工重做。

2. 概念结构设计阶段

概念结构设计是整个数据库设计的关键,它通过对用户需求进行综合、归纳与抽象,形成一个独立于具体DBMS的概念模型。

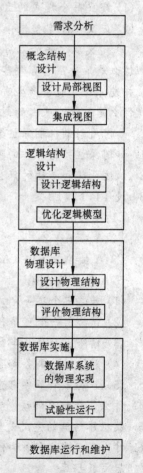

图 6-1　数据库设计的过程

3. 逻辑结构设计阶段

逻辑结构设计是将概念结构转换为某个 DBMS 所支持的数据模型,并对其进行优化。

4. 数据库物理设计阶段

数据库物理设计是为逻辑数据模型选取一个最适合应用环境的物理结构(包括存储结构和存取方法)。

5. 数据库实施阶段

在数据库实施阶段,设计人员运用 DBMS 提供的数据语言及其宿主语言,根据逻辑设计和物理设计的结果建立数据库,编制与调试应用程序,组织数据入库,并进行试运行。

6. 数据库运行和维护阶段

数据库应用系统经过试运行后,即可投入正式运行。在数据库系统运行过程中必须不断地对其进行评价、调整与修改。

设计一个完善的数据库应用系统是不可能一蹴而就的,它往往是上述 6 个阶段的不断反复的过程。下面各节将分别介绍这 6 个阶段。

6.2　需 求 分 析

需求分析简单地说就是分析用户的需要与要求。需求分析是设计数据库的起点,需求分析的结果是否准确地反映了用户的实际要求,将直接影响到后面各个阶段的设计,并影响到设计结果是否合理和实用。

6.2.1　需求分析的任务

需求分析的任务是通过详细调查现实世界要处理的对象(组织、部门、企业等),充分了解原系统(手工系统或计算机系统)工作概况,明确用户的各种需求,然后在此基础上确定新系统的功能。新系统必须充分考虑今后可能的扩充和改变,不能仅仅按当前应用需求来设计数据库。

需求分析的重点是调查、收集与分析用户在数据管理中的信息要求、处理要求、安全性与完整性要求。信息要求是指用户需要从数据库中获得信息的内容与性质。由用户的信息要求可以导出数据要求,即在数据库中需要存储哪些数据。处理要求是指用户要求完成什么处理功能,对处理的响应时间有什么要求,处理方式是批处理还是联机处理。新系统的功能必须能够满足用户的信息要求、处理要求、安全性与完整性要求。

确定用户的最终需求其实是一件很困难的事,这是因为一方面用户缺少计算机知识,开始时无法确定计算机究竟能为自己做什么,不能做什么,因此无法一下子准确地表达自己的需求,他们所提出的需求往往不断地变化。另一方面设计人员缺少用户的专业知识,不易理解用户的真正需求,甚至误解用户的需求。此外新的硬件、软件技术的出现也会使用户需求发生变化。因此设计人员必须与用户不断深入地进行交流,才能逐步得以确定用户的实际需求。

6.2.2　需求分析的方法

进行需求分析首先要调查清楚用户的实际需求并进行初步分析,与用户达成共识后,再进一步分析与表达这些需求。

调查与初步分析用户的需求通常需要四步：

① 首先调查组织机构情况。包括了解该组织的部门组成情况，各部门的职责等，为分析信息流程作准备。

② 然后调查各部门的业务活动情况。包括了解各个部门输入和使用什么数据，如何加工处理这些数据，输出什么信息，输出到什么部门，输出结果的格式是什么。这是调查的重点。

③ 在熟悉了业务活动的基础上，协助用户明确对新系统的各种要求，包括信息要求、处理要求、完全性与完整性要求，这是调查的又一个重点。

④ 最后对前面调查的结果进行初步分析，确定新系统的边界，确定哪些功能由计算机完成或将来准备让计算机完成，哪些活动由人工完成。由计算机完成的功能就是新系统应该实现的功能。

在调查过程中，可以根据不同的问题和条件，使用不同的调查方法。常用的调查方法有以下几种。

① 跟班作业。通过亲身参加业务工作来了解业务活动的情况。这种方法可以比较准确地理解用户的需求，但比较耗费时间。

② 开调查会。通过与用户座谈来了解业务活动情况及用户需求。座谈时，参加者之间可以相互启发。

③ 请专人介绍。

④ 询问。对某些调查中的问题，可以找专人询问。

⑤ 设计调查表请用户填写。如果调查表设计得合理，这种方法很有效，也易于为用户接受。

⑥ 查阅记录。即查阅与原系统有关的数据记录。

做需求调查时，往往需要同时采用上述多种方法。但无论使用何种调查方法，都必须有用户的积极参与和配合。设计人员应该和用户取得共同的语言，帮助不熟悉计算机的用户建立数据库环境下的共同概念，并对设计工作的最后结果共同承担责任。

通过调查了解了用户需求后，还需要进一步分析和表达用户的需求。分析和表达用户需求的方法主要包括自顶向下和自底向上两类方法（如图 6-2 所示）。

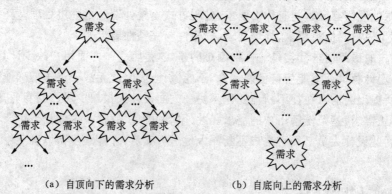

　　（a）自顶向下的需求分析　　　　　（b）自底向上的需求分析

图 6-2　需求分析的策略

其中自顶向下的结构化分析方法(structured analysis,简称 SA 方法)是一种最为简单实用,得以普遍推广的方法。SA 方法从最上层的系统组织机构入手,采用逐层分解的方式分析系统,并用数据流图和数据字典描述系统。

用 SA 方法做需求分析,设计人员首先需要把任何一个系统都抽象为图 6-3 的形式:

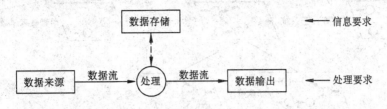

图 6-3　系统高层抽象图

然后将处理功能的具体内容分解为若干子功能,再将每个子功能继续分解,直到把系统的工作过程表达清楚为止。在处理功能逐步分解的同时,它们所用的数据也逐级分解,形成若干层次的数据流图。数据流图表达了数据和处理过程的关系。在 SA 方法中,处理过程的处理逻辑常常借助判定表或判定树来描述。系统中的数据则借助数据字典(data dictionary,简称 DD)来描述。

对用户需求进行进一步分析与表达后,还必须再次提交给用户,征得用户的认可。图6-4描述了需求分析的过程。

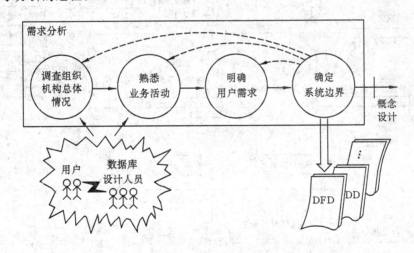

图 6-4　需求分析的过程

实例:假设要开发一个学校管理系统。经过可行性分析和初步需求调查,抽象出该系统最高层数据流图,如图 6-5 所示。该系统由教师管理子系统、学生管理子系统、后勤管理子系统组成,每个子系统分别配备一个开发小组。

其中学生管理子系统开发小组通过做进一步的需求调查,明确了该子系统的主要功能是进行学籍管理和课程管理,包括学生报到、入学、毕业的管理,学生上课情况的管理。通过详细的信息流程分析和数据收集后,他们生成了该子系统的数据流图,如图 6-6 和图 6-7所示。

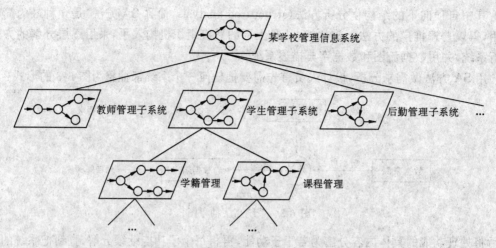

图 6-5　学校管理系统最高层数据流图

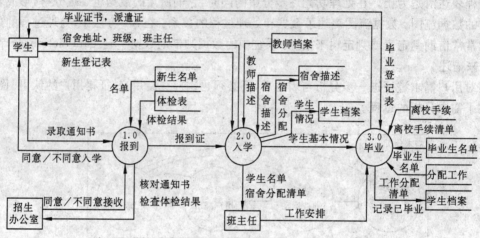

（a）第一层数据流图

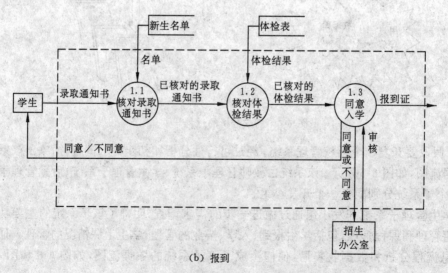

（b）报到

图 6-6　学籍管理的数据流图

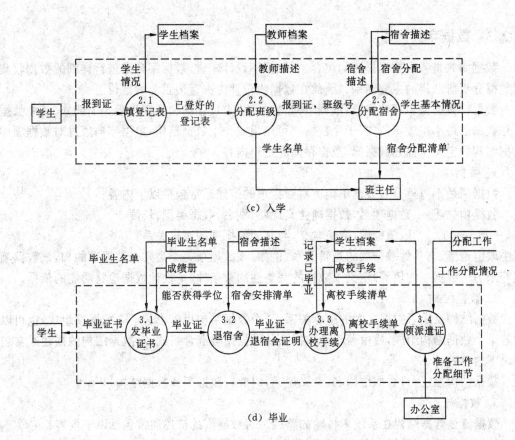

（c）入学

（d）毕业

图 6-6 （续）

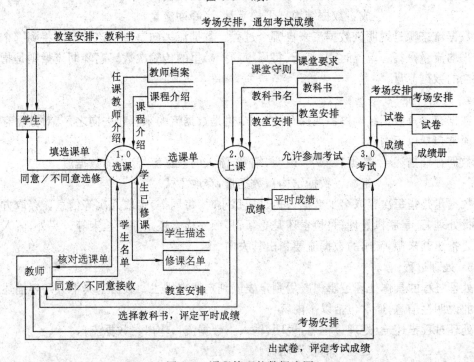

图 6-7　课程管理的数据流图

6.2.3 数据字典

数据字典是各类数据描述的集合。对数据库设计来讲,数据字典是进行详细的数据收集和数据分析所获得的主要结果。因此在数据库设计中占有很重要的地位。

数据字典通常包括数据项、数据结构、数据流、数据存储和处理过程5个部分。其中数据项是数据的最小组成单位,若干个数据项可以组成一个数据结构,数据字典通过对数据项和数据结构的定义来描述数据流、数据存储的逻辑内容。

1. 数据项

数据项是不可再分的数据单位。对数据项的描述通常包括以下内容:

数据项描述＝{数据项名,数据项含义说明,别名,数据类型,长度,
取值范围,取值含义,与其他数据项的逻辑关系}

其中取值范围、与其他数据项的逻辑关系(例如,该数据项等于另几个数据项的和,该数据项值等于另一数据项的值等)定义了数据的完整性约束条件,是设计数据检验功能的依据。

2. 数据结构

数据结构反映了数据之间的组合关系。一个数据结构可以由若干个数据项组成,也可以由若干个数据结构组成,或由若干个数据项和数据结构混合组成。对数据结构的描述通常包括以下内容:

数据结构描述＝{数据结构名,含义说明,组成:{数据项或数据结构}}

3. 数据流

数据流是数据结构在系统内传输的路径。对数据流的描述通常包括以下内容:

数据流描述＝{数据流名,说明,数据流来源,数据流去向,
组成:{数据结构},平均流量,高峰期流量}

其中数据流来源是说明该数据流来自哪个过程。数据流去向是说明该数据流将到哪个过程去。平均流量是指在单位时间(每天、每周、每月等)里的传输次数。高峰期流量则是指在高峰时期的数据流量。

4. 数据存储

数据存储是数据结构停留或保存的地方,也是数据流的来源和去向之一。对数据存储的描述通常包括以下内容:

数据存储描述＝{数据存储名,说明,编号,流入的数据流,流出的数据流,
组成:{数据结构},数据量,存取方式}

其中数据量是指每次存取多少数据,每天(或每小时、每周等)存取几次等信息。存取方法包括是批处理,还是联机处理;是检索还是更新;是顺序检索还是随机检索等。另外,流入的数据流要指出其来源,流出的数据流要指出其去向。

5. 处理过程

处理过程的具体处理逻辑一般用判定表或判定树来描述。数据字典中只需要描述处理过程的说明性信息,通常包括以下内容:

处理过程描述＝{处理过程名,说明,输入:{数据流},输出:{数据流},
处理:{简要说明}}

其中简要说明中主要说明该处理过程的功能及处理要求。功能是指该处理过程用来做什么

(而不是怎么做),处理要求包括处理频度要求,如单位时间里处理多少事务,多少数据量;响应时间要求等。这些处理要求是后面物理设计的输入及性能评价的标准。

可见,数据字典是关于数据库中数据的描述,即元数据,而不是数据本身。数据本身将存放在物理数据库中,由数据库管理系统管理。数据字典有助于这些数据的进一步管理和控制,为设计人员和数据库管理员在数据库设计、实现和运行阶段控制有关数据提供依据。

以上述学生学籍管理子系统为例,简要说明如何定义数据字典。

该子系统涉及很多数据项,其中"学号"数据项可以描述如下:

数据项: 学号
含义说明:唯一标识每个学生
别名: 学生编号
类型: 字符型
长度: 8
取值范围:00000000 至 99999999
取值含义:前 2 位标别该学生所在年级,后 6 位按顺序编号
与其他数据项的逻辑关系:

"学生"是该系统中的一个核心数据结构,它可以描述如下:

数据结构: 学生
含义说明: 是学籍管理子系统的主体数据结构,定义了一个学生的有关信息
组成: 学号,姓名,性别,年龄,所在系,年级

数据流"体检结果"可描述如下:

数据流: 体检结果
说明: 学生参加体格检查的最终结果
数据流来源: 体检
数据流去向: 批准
组成: ……
平均流量: ……
高峰期流量: ……

数据存储"学生登记表"可描述如下:

数据存储: 学生登记表
说明: 记录学生的基本情况
流入数据流: ……
流出数据流: ……
组成: ……
数据量: 每年 3000 张
存取方式: 随机存取

处理过程"分配宿舍"可描述如下：

处理过程：　　　分配宿舍

说明：　　　　　为所有新生分配学生宿舍

输入：　　　　　学生,宿舍,

输出：　　　　　宿舍安排

处理：　　　　　在新生报到后,为所有新生分配学生宿舍。要求同一间宿舍只能安排同
　　　　　　　　一性别的学生,同一个学生只能安排在一个宿舍中。每个学生的居住面
　　　　　　　　积不小于 3 平方米。安排新生宿舍其处理时间应不超过 15 分钟。

为节省篇幅,这里省略了数据字典中关于其他数据项、数据结构、数据流、数据存储、处
理过程的描述。

6.3　概念结构设计

在需求分析阶段数据库设计人员充分调查并描述了用户的应用需求,但这些应用需求
还是现实世界的具体需求,我们应该首先把他们抽象为信息世界的结构,才能更好地、更准
确地用某一个 DBMS 实现用户的这些需求。将需求分析得到的用户需求抽象为信息结构即
概念模型的过程就是概念结构设计。

概念结构独立于数据库逻辑结构,也独立于支持数据库的 DBMS。它是现实世界与机器
世界的中介,它一方面能够充分反映现实世界,包括实体和实体之间的联系,同时又易于向
关系、网状、层次等各种数据模型转换。它是现实世界的一个真实模型,易于理解,便于和不
熟悉计算机的用户交换意见,使用户易于参与,当现实世界需求改变时,概念结构又可以很
容易地作相应调整。因此概念结构设计是整个数据库设计的关键所在。

6.3.1　概念结构设计的方法与步骤

设计概念结构通常有四类方法：

·自顶向下。即首先定义全局概念结构的框架,然后逐步细化。如图 6-8(a)所示。

·自底向上。即首先定义各局部应用的概念结构,然后将它们集成起来,得到全局概念
结构。如图 6-8(b)所示。

·逐步扩张。首先定义最重要的核心概念结构,然后向外扩充,以滚雪球的方式逐步生
成其他概念结构,直至总体概念结构。如图 6-8(c)所示。

·混合策略。即将自顶向下和自底向上相结合,用自顶向下策略设计一个全局概念结构
的框架,以它为骨架集成由自底向上策略中设计的各局部概念结构。

其中最经常采用的策略是自底向上方法。即自顶向下地进行需求分析,然后再自底向上
地设计概念结构。但无论采用哪种设计方法,一般都以 E-R 模型为工具来描述概念结构。

这里只介绍自底向上设计概念结构的方法。它通常分为两步：第一步是抽象数据并设计
局部视图,第二步是集成局部视图,如图 6-9 所示。

6.3.2　数据抽象与局部视图设计

概念结构是对现实世界的一种抽象,即对实际的人、物、事和概念进行人为处理,抽取人

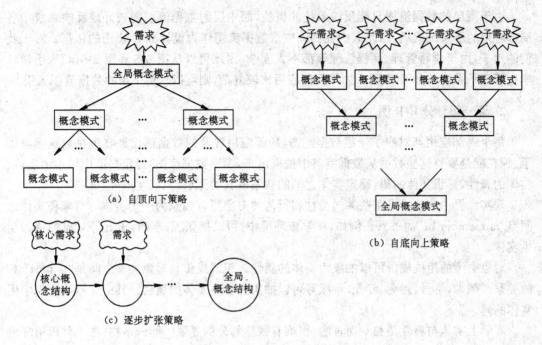

(a) 自顶向下策略

(b) 自底向上策略

(c) 逐步扩张策略

图 6-8 设计概念结构的策略

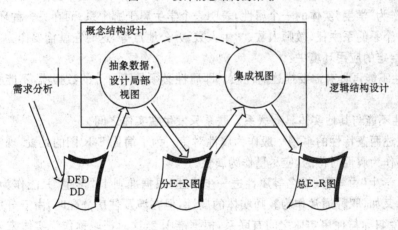

图 6-9 概念结构设计

们关心的共同特性,忽略非本质的细节,并把这些特性用各种概念精确地加以描述。因此用自底向上的方法设计概念结构首先要根据需求分析的结果(数据流图、数据字典等)对现实世界的数据进行抽象,设计各个局部视图即分 E-R 图。

设计分 E-R 图的步骤如下。

1. 选择局部应用

在需求分析阶段,我们已对应用环境和要求进行了详尽的调查分析,并用多层数据流图和数据字典描述了整个系统。设计分 E-R 图的第一步,就是要根据系统的具体情况,在多层的数据流图中选择一个适当层次的数据流图,让这组图中每一部分对应一个局部应用,即可以这一层次的数据流图为出发点,设计分 E-R 图。

由于高层的数据流图只能反映系统的概貌,而中层的数据流图能较好地反映系统中各局部应用的子系统组成,因此人们往往以中层数据流图作为设计分 E-R 图的依据。对于我们的例子,由于学籍管理、课程管理等都不太复杂,因此可以从图 6-5 和图 6-6(a)入手设计学生管理子系统的分 E-R 图。如果局部应用比较复杂,则可以从更下层的数据流图入手。

2. 逐一设计分 E-R 图

每个局部应用都对应了一组数据流图,局部应用涉及的数据都已经收集在数据字典中了。现在就是要将这些数据从数据字典中抽取出来,参照数据流图,标定局部应用中的实体、实体的属性、标识实体的码,确定实体之间的联系及其类型($1:1,1:n,m:n$)。

现实世界中一组具有某些共同特性和行为的对象可以抽象为一个实体。对象和实体之间是"is member of"的关系。例如,在学校环境中,可以把张三、李四、王五等对象抽象为学生实体。

对象类型的组成成份可以抽象为实体的属性。组成成份与对象类型之间是"is part of"的关系。例如,学号、姓名、专业、年级等可以抽象为学生实体的属性。其中学号为标识学生实体的码。

实际上实体与属性是相对而言的,很难有截然划分的界限。同一事物,在一种应用环境中作为"属性",在另一种应用环境中就必须作为"实体"。例如,学校中的系,在某种应用环境中,它只是作为"学生"实体的一个属性,表明一个学生属于哪个系;而在另一种环境中,由于需要考虑一个系的系主任、教师人数、学生人数、办公地点等,这时它就需要作为实体了。一般说来,在给定的应用环境中:

① 属性不能再具有需要描述的性质。即属性必须是不可分的数据项,不能再由另一些属性组成。

② 属性不能与其他实体具有联系。联系只发生在实体之间。

符合上述两条特性的事物一般作为属性对待。为了简化 E-R 图的处置,现实世界中的事物凡能够作为属性对待的,应尽量作为属性。

例如,"学生"由学号、姓名等属性进一步描述,根据准则 1,"学生"只能作为实体,不能作为属性。又如,职称通常作为教师实体的属性,但在涉及住房分配时,由于分房与职称有关,也就是说职称与住房实体之间有联系,根据准则 2,这时把职称作为实体来处理会更合适些。如图 6-10 所示。

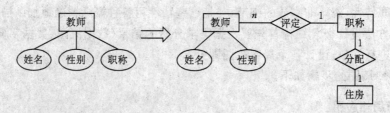

图 6-10

定义 E-R 图时可以首先以数据字典为出发点。数据字典中的"数据结构"、"数据流"和"数据存储"等已是若干属性的有意义的聚合。我们先从这些内容出发定义 E-R 图,然后按上面给出的准则进行必要的调整。

在我们的例子中,学籍管理局部应用中主要涉及的实体包括学生、宿舍、档案材料、班级、班主任。那么,这些实体之间的联系又是怎样的呢?

由于一个宿舍可以住多个学生,而一个学生只能住在某一个宿舍中,因此宿舍与学生之间是 $1:n$ 的联系。

由于一个班级往往有若干名学生,而一个学生只能属于一个班级,因此班级与学生之间也是 $1:n$ 的联系。

由于班主任同时还要教课,因此班主任与学生之间存在指导联系,一个班主任要教多名学生,而一个学生只对应一个班主任,因此班主任与学生之间也是 $1:n$ 的联系。

而学生和他自己的档案材料之间,班级与班主任之间都是 $1:1$ 的联系。

这样,学籍管理局部应用的分 E-R 图草图可以用图 6-11 表示。

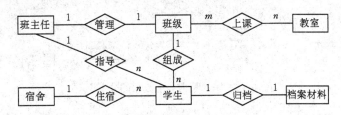

图 6-11　学籍管理局部应用的 E-R 草图

接下来需要进一步斟酌该 E-R 图,做适当调整。

① 在一般情况下,性别通常作为学生实体的属性,但在本局部应用中,由于宿舍分配与学生性别有关,根据准则 2,应该把性别作为实体对待。

② 数据存储"学生登记表",由于是手工填写,供存档使用,其中有用的部分已转入学生档案材料中,因此这里就不必作为实体了。

最后得到学籍管理局部应用的分 E-R 图,如图 6-12 所示。

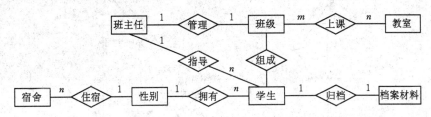

图 6-12　学籍管理局部应用的分 E-R 图

为节省篇幅,该 E-R 图中省略了各个实体的属性描述。这些实体的属性分别为:

学生:{学号,姓名,出生日期}

性别:{性别}

档案材料:{档案号,……}

班级:{班级号,学生人数}

班主任:{职工号,姓名,性别,是否为优秀班主任}

宿舍:{宿舍编号,地址,人数}

其中有下画线的属性为实体的码。

同样方法,可以得到课程管理局部应用的分 E-R 图,如图 6-13 所示。各实体的属性分别为:

学生:{姓名,学号,性别,年龄,所在系,年级,平均成绩}

课程:{课程号,课程名,学分}

教师:{职工号,姓名,性别,职称}

教科书:{书号,书名,价钱}

教室:{教室编号,地址,容量}

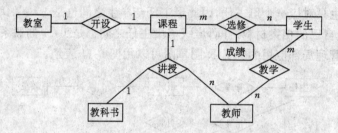

图 6-13　课程管理局部应用的分 E-R 图

6.3.3　视图的集成

各个局部视图即分 E-R 图建立好后,还需要对它们进行合并,集成为一个整体的数据概念结构,即总 E-R 图。视图集成一般采用逐步累积的方式,即首先集成两个局部视图(通常是比较关键的两个局部视图),以后每次将一个新的局部视图集成进来。当然,如果局部视图比较简单,也可以一次集成多个分 E-R 图。

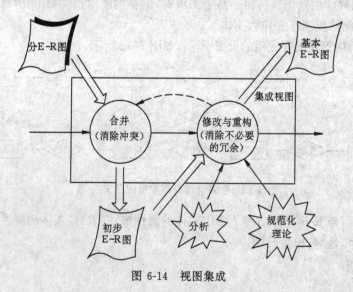

图 6-14　视图集成

集成局部 E-R 图时都需要两步:①合并;②修改与重构,如图 6-14 所示。

1. 合并分 E-R 图,生成初步 E-R 图

各个局部应用所面向的问题不同,且通常是由不同的设计人员进行局部视图设计,这就

导致各个分 E-R 图之间必定会存在许多不一致的地方,因此合并分 E-R 图时并不能简单地将各个分 E-R 图画到一起,而是必须着力消除各个分 E-R 图中的不一致,以形成一个能为全系统中所有用户共同理解和接受的统一的概念模型。合理消除各分 E-R 图的冲突是合并分 E-R 图的主要工作与关键所在。

各分 E-R 图之间的冲突主要有三类:属性冲突、命名冲突和结构冲突。

1) 属性冲突

(1) 属性域冲突,即属性值的类型、取值范围或取值集合不同。例如,由于学号是数字,因此某些部门(即局部应用)将学号定义为整数形式,而由于学号不用参与运算,因此另一些部门(即局部应用)将学号定义为字符型形式。又如,某些部门(即局部应用)以出生日期形式表示学生的年龄,而另一些部门(即局部应用)用整数形式表示学生的年龄。

(2) 属性取值单位冲突。例如,学生的身高,有的以米为单位,有的以厘米为单位,有的以尺为单位。

属性冲突通常用讨论、协商等行政手段加以解决。

2) 命名冲突

(1) 同名异义,即不同意义的对象在不同的局部应用中具有相同的名字。例如,局部应用 A 中将教室称为房间,局部应用 B 中将学生宿舍称为房间。

(2) 异名同义(一义多名),即同一意义的对象在不同的局部应用中具有不同的名字。例如,有的部门把教科书称为课本,有的部门则把教科书称为教材。

命名冲突可能发生在实体、联系一级上,也可能发生在属性一级上。其中属性的命名冲突更为常见。处理命名冲突通常也像处理属性冲突一样,通过讨论、协商等行政手段加以解决。

3) 结构冲突

(1) 同一对象在不同应用中具有不同的抽象。例如,"课程"在某一局部应用中被当作实体,而在另一局部应用中则被当作属性。

解决方法通常是把属性变换为实体或把实体变换为属性,使同一对象具有相同的抽象。但变换时仍要遵循 6.3.1 中提及的两个准则。

(2) 同一实体在不同局部视图中所包含的属性不完全相同,或者属性的排列次序不完全相同。

这是很常见的一类冲突,原因是不同的局部应用关心的是该实体的不同侧面。解决方法是使该实体的属性取各分 E-R 图中属性的并集,再适当设计属性的次序。例如,在局部应用 A 中"学生"实体由学号、姓名、性别、平均成绩四个属性组成;在局部应用 B 中"学生"实体由姓名、学号、出生日期、所在系、年级五个属性组成;在局部应用 C 中"学生"实体由姓名、政治面貌两个属性组成;在合并后的 E-R 图中,"学生"实体的属性为:学号、姓名、性别、出生日期、政治面貌、所在系、年级、平均成绩。如图 6-15 所示。

(3) 实体之间的联系在不同局部视图中呈现不同的类型。例如,实体 E1 与 E2 在局部应用 A 中是多对多联系,而在局部应用 B 中是一对多联系;又如在局部应用 X 中 E1 与 E2 发生联系,而在局部应用 Y 中 E1,E2,E3 三者之间有联系。

解决方法是根据应用的语义对实体联系的类型进行综合或调整。

下面来看看如何生成学校管理系统的初步 E-R 图。我们着重介绍学籍管理局部视图与

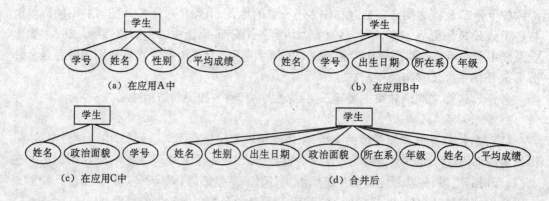

（a）在应用A中　　　　　　　　　　　　（b）在应用B中

（c）在应用C中　　　　　　　　　　　　（d）合并后

图　6-15

课程管理局部视图的合并。这两个分 E-R 图存在着多方面的冲突。

（1）班主任实际上也属于教师，也就是说学籍管理中的班主任实体与课程管理中的教师实体在一定程度上属于异名同义，可以将学籍管理中的班主任实体与课程管理中的教师实体统一称为教师，统一后教师实体的属性构成为：

教师：{职工号,姓名,性别,职称,是否为优秀班主任}

（2）将班主任改为教师后，教师与学生之间的联系在两个局部视图中呈现两种不同的类型，一种是学籍管理中教师与学生之间的指导联系，一种是课程管理中教师与学生之间的教学联系，由于指导联系实际上可以包含在教学联系之中，因此可以将这两种联系综合为教学联系。

（3）性别在两个局部应用中具有不同的抽象，它在学籍管理中为实体，在课程管理中为属性，按照前面提到的两个原则，在合并后的 E-R 图中性别只能作为实体，否则它无法与宿舍实体发生联系。

（4）在两个局部 E-R 图中，学生实体属性组成及次序都存在差异，应将所有属性综合，并重新调整次序。假设调整结果为：

学生：{学号,姓名,出生日期,年龄,所在系,年级,平均成绩}

解决上述冲突后，学籍管理分 E-R 图与课程管理分 E-R 图合并为图 6-16 的形式。

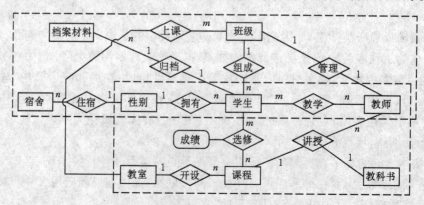

图 6-16　学生管理子系统的初步 E-R 图

2. 修改与重构，生成基本 E-R 图

分 E-R 图经过合并生成的是初步 E-R 图。之所以称其为初步 E-R 图，是因为其中可能存在冗余的数据和冗余的实体间联系。所谓冗余的数据是指可由基本数据导出的数据，冗余的联系是指可由其他联系导出的联系。冗余数据和冗余联系容易破坏数据库的完整性，给数据库维护增加困难，因此得到初步 E-R 图后，还应当进一步检查 E-R 图中是否存在冗余，如果存在则一般应设法予以消除。但并不是所有的冗余数据与冗余联系都必须加以消除，有时为了提高某些应用的效率，不得不以冗余信息作为代价。因此在设计数据库概念结构时，哪些冗余信息必须消除，哪些冗余信息允许存在，需要根据用户的整体需求来确定。消除不必要的冗余后的初步 E-R 图称为基本 E-R 图。

修改、重构初步 E-R 图以消除冗余主要采用分析方法，即以数据字典和数据流图为依据，根据数据字典中关于数据项之间逻辑关系的说明来消除冗余。例如，教师工资单中包括该教师的基本工资、各种补贴、应扣除的房租水电费以及实发工资，由于实发工资可以由前面各项推算出来，因此可以去掉，在需要查询实发工资时根据基本工资、各种补贴、应扣除的房租水电费数据临时生成。

如果是为了提高效率，人为地保留了一些冗余数据，则应把数据字典中数据关联的说明作为完整性约束条件。

除分析方法外，还可以用规范化理论来消除冗余。

在图 6-16 的初步 E-R 图中存在着冗余数据和冗余联系：

(1) 学生实体中的年龄属性可以由出生日期推算出来，属于冗余数据，应该去掉。这样不仅可以节省存储空间，而且当某个学生的出生日期有误，进行修改后，无须相应修改年龄，减少了产生数据不一致的机会。

学生：{学号,姓名,出生日期,所在系,年级,平均成绩}

(2) 教室实体与班级实体之间的上课联系可以由教室与课程之间的开设联系、课程与学生之间的选修联系、学生与班级之间的组成联系三者推导出来，因此属于冗余联系，可以消去。

(3) 学生实体中的平均成绩可以从选修联系中的成绩属性中推算出来，但如果应用中需要经常查询某个学生的平均成绩，每次都进行这种计算效率就会太低，因此为提高效率，可以考虑保留该冗余数据，但是为了维护数据一致性应该定义一个触发器来保证学生的平均成绩等于该学生各科成绩的平均值。任何一科成绩修改后，或该学生学了新的科目并有成绩后，就要触发该触发器去修改该学生的平均成绩属性值。否则会出现数据的不一致。

图 6-17 是对图 6-16 进行修改和重构后生成的基本 E-R 图。

学生管理子系统的基本 E-R 图还必须进一步和教师管理子系统以及后勤管理子系统的基本 E-R 图合并，生成整个学校管理系统的基本 E-R 图。

视图集成后形成一个整体的数据库概念结构，对该整体概念结构还必须进一步验证，确保它能够满足下列条件：

- 整体概念结构内部必须具有一致性，即不能存在互相矛盾的表达。
- 整体概念结构能准确地反映原来的每个视图结构，包括属性、实体及实体间的联系。
- 整体概念结构能满足需要分析阶段所确定的所有要求。

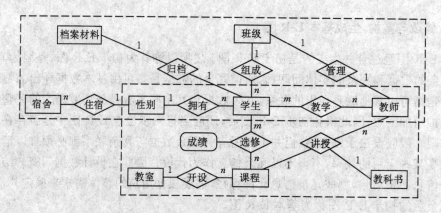

图 6-17 学生管理子系统基本 E-R 图

整体概念结构最终还应该提交给用户,征求用户和有关人员的意见,进行评审、修改和优化,然后把它确定下来,作为数据库的概念结构,作为进一步设计数据库的依据。

6.4 逻辑结构设计

概念结构是各种数据模型的共同基础,它比数据模型更独立于机器、更抽象,从而更加稳定。但为了能够用某一 DBMS 实现用户需求,还必须将概念结构进一步转化为相应的数据模型,这正是数据库逻辑结构设计所要完成的任务。

从理论上讲,设计逻辑结构应该选择最适于描述与表达相应概念结构的数据模型,然后对支持这种数据模型的各种 DBMS 进行比较,综合考虑性能、价格等各种因素,从中选出最合适的 DBMS。但在实际当中,往往是已给定了某台机器,设计人员没有选择 DBMS 的余地。目前 DBMS 产品一般只支持关系、网状、层次三种模型中的某一种,对某一种数据模型,各个机器系统又有许多不同的限制,提供不同的环境与工具。所以设计逻辑结构时一般要分三步进行(如图 6-18 所示):

- 将概念结构转化为一般的关系、网状、层次模型。
- 将转化来的关系、网状、层次模型向特定 DBMS 支持下的数据模型转换。
- 对数据模型进行优化。

6.4.1 E-R 图向数据模型的转换

某些早期设计的应用系统中还在使用网状或层次数据模型,而新设计的数据库应用系统都普遍采用支持关系数据模型的 DBMS,所以这里只介绍 E-R 图向关系数据模型的转换原则与方法。

关系模型的逻辑结构是一组关系模式的集合。而 E-R 图则是由实体、实体的属性和实体之间的联系三个要素组成的。所以将 E-R 图转换为关系模型实际上就是要将实体、实体的属性和实体之间的联系转化为关系模式,这种转换一般遵循如下原则。

1. 一个实体型转换为一个关系模式。实体的属性就是关系的属性。实体的码就是关系的码。

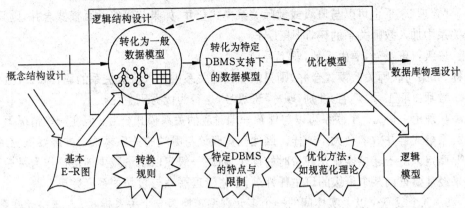

图 6-18　逻辑结构设计

例如,在我们的例子中,学生实体可以转换为如下关系模式,其中学号为学生关系的码:

学生(学号,姓名,出生日期,所在系,年级,平均成绩)

同样,性别、宿舍、班级、档案材料、教师、课程、教室、教科书都分别转换为一个关系模式。

2. 一个 $m:n$ 联系转换为一个关系模式。与该联系相连的各实体的码以及联系本身的属性均转换为关系的属性。而关系的码为各实体码的组合。

例如,在我们的例子中,"选修"联系是一个 $m:n$ 联系,可以将它转换为如下关系模式,其中学号与课程号为关系的组合码:

选修(学号,课程号,成绩)

3. 一个 $1:n$ 联系可以转换为一个独立的关系模式,也可以与 n 端对应的关系模式合并。如果转换为一个独立的关系模式,则与该联系相连的各实体的码以及联系本身的属性均转换为关系的属性,而关系的码为 n 端实体的码。

例如,在我们的例子中,"组成"联系为 $1:n$ 联系,将其转换为关系模式的一种方法是使其成为一个独立的关系模式:

组成(学号,班级号)

其中学号为"组成"关系的码。另一种方法是将其与学生关系模式合并,这时学生关系模式为

学生(学号,姓名,出生日期,所在系,年级,班级号,平均成绩)

后一种方法可以减少系统中的关系个数,一般情况下更倾向于采用这种方法。

4. 一个 $1:1$ 联系可以转换为一个独立的关系模式,也可以与任意一端对应的关系模式合并。如果转换为一个独立的关系模式,则与该联系相连的各实体的码以及联系本身的属性均转换为关系的属性,每个实体的码均是该关系的候选码。如果与某一端对应的关系模式合并,则需要在该关系模式的属性中加入另一个关系模式的码和联系本身的属性。

例如,在我们的例子中,"管理"联系为 $1:1$ 联系,可以将其转换为一个独立的关系模式:

管理(职工号,班级号)

或

管理(职工号,班级号)

在"管理"关系模式中,职工号与班级号都是关系的候选码。由于"管理"联系本身没有属

性,所以相应的关系模式中只有码。它反映了班主任与班级的对应关系。

"管理"联系也可以与班级或教师关系模式合并。如果与班级关系模式合并,则只需在班级关系中加入教师关系的码,即职工号:

班级:⟨班级号,学生人数,职工号⟩

同样,如果与教师关系模式合并,则只需在教师关系中加入班级关系的码,即班级号:

教师:⟨职工号,姓名,性别,职称,班级号,是否为优秀班主任⟩

从理论上讲,1:1联系可以与任意一端对应的关系模式合并。但在一些情况下,与不同的关系模式合并效率会大不一样。因此究竟应该与哪端的关系模式合并需要依应用的具体情况而定。由于连接操作是最费时的操作,所以一般应以尽量减少连接操作为目标。例如,如果经常要查询某个班级的班主任姓名,则将管理联系与教师关系合并更好些。

5. 三个或三个以上实体间的一个多元联系转换为一个关系模式。与该多元联系相连的各实体的码以及联系本身的属性均转换为关系的属性。而关系的码为各实体码的组合。

例如,在我们的例子中,"讲授"联系是一个三元联系,可以将它转换为如下关系模式,其中课程号、职工号和书号为关系的组合码:

讲授(课程号,职工号,书号)

6. 同一实体集的实体间的联系,即自联系,也可按上述 $1:1$,$1:n$ 和 $m:n$ 三种情况分别处理。

例如,如果教师实体集内部存在领导与被领导的 $1:n$ 自联系,可以将该联系与教师实体合并,这时主码职工号将多次出现,但作用不同,可用不同的属性名加以区分,比如在合并后的关系模式中,主码仍为职工号,再增设一个"系主任"属性,存放相应系主任的职工号。

7. 具有相同码的关系模式可合并。

为了减少系统中的关系个数,如果两个关系模式具有相同的主码,可以考虑将他们合并为一个关系模式。合并方法是将其中一个关系模式的全部属性加入到另一个关系模式中,然后去掉其中的同义属性(可能同名也可能不同名),并适当调整属性的次序。

例如,有一个"拥有"关系模式:

拥有(学号,性别)

有一个学生关系模式:

学生(学号,姓名,出生日期,所在系,年级,班级号,平均成绩)

这两个关系模式都以学号为码,可以将它们合并为一个关系模式,假设合并后的关系模式仍叫学生:

学生(学号,姓名,性别,出生日期,所在系,年级,班级号,平均成绩)

按照上述七条原则,学生管理子系统中的 18 个实体和联系可以转换为下列关系模型:

学生(学号,姓名,性别,出生日期,所在系,年级,班级号,平均成绩,档案号)

性别(性别,宿舍楼)

宿舍(宿舍编号,地址,性别,人数)

班级(班级号,学生人数)

教师(职工号,姓名,性别,职称,班级号,是否为优秀班主任)

教学(职工号,学号)

课程(<u>课程号</u>,课程名,学分,教室号)

选修(<u>学号</u>,课程号,成绩)

教科书(<u>书号</u>,书名,价钱)

教室(<u>教室编号</u>,地址,容量)

讲授(<u>课程号</u>,教师号,书号)

档案材料(<u>档案号</u>,……)

　　该关系模型由 12 个关系模式组成。其中学生关系模式包含了"拥有"联系、"组成"联系、"归档"联系所对应的关系模式;教师关系模式包含了"管理"联系所对应的关系模式;宿舍关系模式包含了"住宿"联系所对应的关系模式;课程关系模式包含了"开设"联系所对应的关系模式。

　　形成了一般的数据模型后,下一步就是向特定 DBMS 规定的模型进行转换。这一步转换是依赖于机器的,没有一个普遍的规则,转换的主要依据是所选用的 DBMS 的功能及限制。对于关系模型来说,这种转换通常都比较简单,不会有太多的困难。

6.4.2　数据模型的优化

　　数据库逻辑设计的结果不是唯一的。为了进一步提高数据库应用系统的性能,还应该适当地修改、调整数据模型的结构,这就是数据模型的优化。关系数据模型的优化通常以规范化理论为指导,方法如下。

　　1. 确定数据依赖。即按需求分析阶段所得到的语义,分别写出每个关系模式内部各属性之间的数据依赖以及不同关系模式属性之间数据依赖。

　　例如,课程关系模式内部存在下列数据依赖:

课程号→课程名

课程号→学分

课程号→教室号

选修关系模式中存在下列数据依赖:

(学号,课程号)→成绩

学生关系模式中存在下列数据依赖:

学号→姓名

学号→性别

学号→出生日期

学号→所在系

学号→年级

学号→班级号

学号→平均成绩

学号→档案号

学生关系模式的学号与选修关系模式的学号之间存在数据依赖:

学生. 学号→选修. 学号

　　2. 对于各个关系模式之间的数据依赖进行极小化处理,消除冗余的联系。

　　3. 按照数据依赖的理论对关系模式逐一进行分析,考查是否存在部分函数依赖、传递函数依赖、多值依赖等,确定各关系模式分别属于第几范式。

例如,经过分析可知,课程关系模式属于 BC 范式。

4. 按照需求分析阶段得到的各种应用对数据处理的要求,分析对于这样的应用环境这些模式是否合适,确定是否要对它们进行合并或分解。

必须注意的是,并不是规范化程度越高的关系就越优。当一个应用的查询中经常涉及到两个或多个关系模式的属性时,系统必须经常地进行联接运算,而联接运算的代价是相当高的,可以说关系模型低效的主要原因就是做联接运算引起的,因此在这种情况下,第二范式甚至第一范式也许是最好的。又如,非 BCNF 的关系模式虽然从理论上分析会存在不同程度的更新异常或冗余,但如果在实际应用中对此关系模式只是查询,并不执行更新操作,则就不会产生实际影响。所以对于一个具体应用来说,到底规范化进行到什么程度,需要权衡响应时间和潜在问题两者的利弊才能决定。但就一般而论,第三范式也就足够了。

例如,在学生成绩单(学号,英语,数学,语文,平均成绩)关系模式中存在下列函数依赖:

学号→英语

学号→数学

学号→语文

学号→平均成绩

(英语,数学,语文)→平均成绩

显然有

学号→(英语,数学,语文)

因此该关系模式中存在传递函数信赖。虽然平均成绩可以由其他属性推算出来,但如果应用中需要经常查询学生的平均成绩,为提高效率,我们仍然可保留该冗余数据,对关系模式不再做进一步分解。

5. 对关系模式进行必要的分解或合并。

规范化理论为数据库设计人员判断关系模式优劣提供了理论标准,可用来预测模式可能出现的问题,使数据库设计工作有了严格的理论基础。

6.4.3 设计用户子模式

前面根据用户需求设计了局部应用视图,这种局部应用视图只是概念模型,用 E-R 图表示。在将概念模型转换为逻辑模型后,即生成了整个应用系统的模式后,还应该根据局部应用需求,结合具体 DBMS 的特点,设计用户的外模式。

目前关系数据库管理系统一般都提供了视图概念,支持用户的虚拟视图。可以利用这一功能设计更符合局部用户需要的用户外模式。

定义数据库模式主要是从系统的时间效率、空间效率、易维护等角度出发。由于用户外模式与模式是独立的,因此在定义用户外模式时应该更注重考虑用户的习惯与方便。包括:

① 使用更符合用户习惯的别名

在合并各分 E-R 图时,曾做了消除命名冲突的工作,以使数据库系统中同一关系和属性具有唯一的名字。这在设计数据库整体结构时是非常必要的。但对于某些局部应用,由于改用了不符合用户习惯的属性名,可能会使他们感到不方便,例如,负责学籍管理的用户习惯于称教师模式的职工号为教师编号。因此在设计用户的子模式时可以重新定义某些属性名,使其与用户习惯一致。当然,为了应用的规范化,也不应该一味地迁就用户。

② 针对不同级别的用户定义不同的外模式,以满足系统对安全性的要求。

例如,教师关系模式中包括职工号、姓名、性别、出生日期、婚姻状况、学历、学位、政治面貌、职称、职务、工资、工龄、教学效果等属性。学籍管理应用只能查询教师的职工号、姓名、性别、职称数据;课程管理应用只能查询教师的职工号、姓名、性别、学历、学位、职称、教学效果数据;教师管理应用则可以查询教师的全部数据。为此只需定义三个不同的外模式,分别包含允许不同局部应用操作的属性。这样就可以防止用户非法访问本来不允许他们查询的数据,保证了系统的安全性。

③ 简化用户对系统的使用

如果某些局部应用中经常要使用某些很复杂的查询,为了方便用户,可以将这些复杂查询定义为视图,用户每次只对定义好的视图进行查询,以使用户使用系统时感到简单直观、易于理解。

6.5 数据库物理设计

数据库最终是要存储在物理设备上的。数据库在物理设备上的存储结构与存取方法称为数据库的物理结构,它依赖于给定的计算机系统。为一个给定的逻辑数据模型选取一个最适合应用环境的物理结构的过程,就是数据库的物理设计。

数据库的物理设计通常分为两步(如图 6-19 所示)。

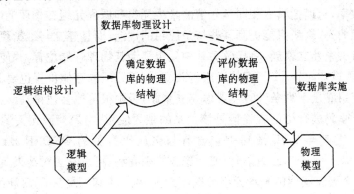

图 6-19 数据库物理设计

·确定数据库的物理结构;

·对物理结构进行评价,评价的重点是时间和空间效率。

如果评价结果满足原设计要求则可进入到物理实施阶段,否则,就需要重新设计或修改物理结构,有时甚至要返回逻辑设计阶段修改数据模型。

1. 确定数据库的物理结构

设计数据库物理结构要求设计人员首先必须充分了解所用 DBMS 的内部特征,特别是存储结构和存取方法;充分了解应用环境,特别是应用的处理频率和响应时间要求;以及充分了解外存设备的特性。

数据库的物理结构依赖于所选用的 DBMS,依赖于计算机硬件环境,设计人员进行设计时主要需要考虑以下几个方面。

1)确定数据的存储结构

确定数据库存储结构时要综合考虑存取时间、存储空间利用率和维护代价三方面的因素。这三个方面常常是相互矛盾的,例如,消除一切冗余数据虽然能够节约存储空间,但往往会导致检索代价的增加,因此必须进行权衡,选择一个折中方案。

许多关系型 DBMS 都提供了聚簇功能,即为了提高某个属性(或属性组)的查询速度,把在这个或这些属性上有相同值的元组集中存放在一个物理块中,如果存放不下,可以存放到预留的空白区或链接多个物理块。

聚簇功能可以大大提高按聚簇码进行查询的效率。例如,假设学生关系按所在系建有索引,现在要查询信息系的所有学生名单,设信息系有 120 名学生,在极端情况下,这 120 名学生所对应的元组分布在 120 个不同的物理块上,由于每访问一个物理块需要执行一次 I/O 操作,因此该查询即使不考虑访问索引的 I/O 次数,也要执行 120 次 I/O 操作。如果将同一系的学生元组集中存放,则每读一个物理块可得到多个满足查询条件的元组,从而显著地减少了访问磁盘的次数。

聚簇以后,聚簇码相同的元组集中在一起了,因而聚簇码值不必在每个元组中重复存储,只要在一组中存一次就行了,因此可以节省一些存储空间。

聚簇功能不但适用于单个关系,也适用于多个关系。假设用户经常要按系别查询学生成绩单,这一查询涉及学生关系和课程关系的连接操作,即需要按学号连接这两个关系,为提高连接操作的效率,可以把具有相同学号值的学生元组和课程元组在物理上聚簇在一起。

但必须注意的是,聚簇只能提高某些特定应用的性能,而且建立与维护聚簇的开销是相当大的。对已有关系建立聚簇,将导致关系中元组移动其物理存储位置,并使此关系上原有的索引无效,必须重建。当一个元组的聚簇码改变时,该元组的存储位置也要做相应移动。因此只有在用户应用满足下列条件时才考虑建立聚簇,否则很可能会适得其反:

(1)通过聚簇码进行访问或连接是该关系的主要应用,与聚簇码无关的其他访问很少或者是次要的。尤其当 SQL 语句中包含有与聚簇码有关的 ORDER BY,GROUPBY,UNION,DISTINCT 等子句或短语时,使用聚簇特别有利,可以省去对结果集的排序操作。

(2)对应每个聚簇码值的平均元组数既不太少,也不太多。太少了,聚簇的效益不明显,甚至浪费块的空间;太多了,就要采用多个链接块,同样对提高性能不利。

(3)聚簇码值相对稳定,以减少修改聚簇码值所引起的维护开销。

2)设计数据的存取路径

在关系数据库中,选择存取路径主要是指确定如何建立索引。例如,应把哪些域作为次码建立次索引,建立单码索引还是组合索引,建立多少个为合适,是否建立聚集索引等。

3)确定数据的存放位置

为了提高系统性能,数据应该根据应用情况将易变部分与稳定部分、经常存取部分和存取频率较低部分分开存放。

例如,数据库数据备份、日志文件备份等,由于只在故障恢复时才使用,而且数据量很大,可以考虑存放在磁带上。目前许多计算机都有多个磁盘,因此进行物理设计时可以考虑将表和索引分别放在不同的磁盘上,在查询时,由于两个磁盘驱动器分别在工作,因而可以保证物理读写速度比较快。也可以将比较大的表分别放在两个磁盘上,以加快存取速度,这在多用户环境下特别有效。此外还可以将日志文件与数据库对象(表、索引等)放在不同的磁盘以改进系统的性能。

由于各个系统所能提供的对数据进行物理安排的手段、方法差异很大,因此设计人员必须仔细了解给定的 DBMS 在这方面提供了什么方法,再针对应用环境的要求,对数据进行适当的物理安排。

4) 确定系统配置

DBMS 产品一般都提供了一些存储分配参数,供设计人员和 DBA 对数据库进行物理优化。初始情况下,系统都为这些变量赋予了合理的缺省值。但是这些值不一定适合每一种应用环境,在进行物理设计时,需要重新对这些变量赋值以改善系统的性能。

通常情况下,这些配置变量包括:同时使用数据库的用户数;同时打开数据库对象数;使用的缓冲区长度、个数;时间片大小;数据库的大小;装填因子;锁的数目等,这些参数值影响存取时间和存储空间的分配,在物理设计时要根据应用环境确定这些参数值,以使系统性能最优。

在物理设计时对系统配置变量的调整只是初步的,在系统运行时还要根据系统实际运行情况做进一步的调整,以期切实改进系统性能。

2. 评价物理结构

数据库物理设计过程中需要对时间效率、空间效率、维护代价和各种用户要求进行权衡,其结果可以产生多种方案,数据库设计人员必须对这些方案进行细致的评价,从中选择一个较优的方案作为数据库的物理结构。

评价物理数据库的方法完全依赖于所选用的 DBMS,主要是从定量估算各种方案的存储空间、存取时间和维护代价入手,对估算结果进行权衡、比较,选择出一个较优的合理的物理结构。如果该结构不符合用户需求,则需要修改设计。

6.6 数据库实施

对数据库的物理设计初步评价完成后就可以开始建立数据库了。数据库实施主要包括以下工作(如图 6-20 所示):

- 用 DDL 定义数据库结构
- 组织数据入库
- 编制与调试应用程序
- 数据库试运行

1. 定义数据库结构

确定了数据库的逻辑结构与物理结构后,就可以用所选用的 DBMS 提供的数据定义语言(DDL)来严格描述数据库结构。

例如,对于我们的例子,可以用 SQL 语句定义如下表结构:

CREATE TABLE 学生

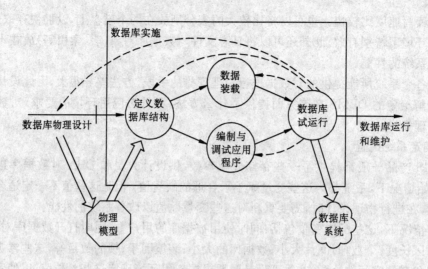

图 6-20　数据库实施

(学号　NUMBER(8),
………………
);

CREATE TABLE 课程
(
……………
);

……………

接下来是这些基本表上定义视图：

CREATE VIEW ....
(
……………
);

……………

如果需要使用聚簇,在建基本表之前,应先用 CREATE CLUSTER 语句定义聚族。

2. 数据装载

　　数据库结构建立好后,就可以向数据库中装载数据了。组织数据入库是数据库实施阶段最主要的工作。

　　对于数据量不是很大的小型系统,可以用人工方法完成数据的入库,其步骤如下。

　　·筛选数据。需要装入数据库中的数据通常都分散在各个部门的数据文件或原始凭证中,所以首先必须把需要入库的数据筛选出来。

　　·转换数据格式。筛选出来的需要入库的数据,其格式往往不符合数据库要求,还需要进行转换。这种转换有时可能很复杂。

　　·输入数据。将转换好的数据输入计算机中。

• 校验数据。检查输入的数据是否有误。

对于中大型系统,由于数据量极大,用人工方式组织数据入库将会耗费大量人力物力,而且很难保证数据的正确性。因此应该设计一个数据输入子系统,由计算机辅助数据的入库工作。其步骤如下。

• 筛选数据。

• 输入数据。由录入员将原始数据直接输入计算机中。数据输入子系统应提供输入界面。

• 校验数据。数据输入子系统采用多种检验技术检查输入数据的正确性。

• 转换数据。数据输入子系统根据数据库系统的要求,从录入的数据中抽取有用成份,对其进行分类,然后转换数据格式。抽取、分类和转换数据是数据输入子系统的主要工作,也是数据输入子系统的复杂性所在。

• 综合数据。数据输入子系统对转换好的数据根据系统的要求进一步综合成最终数据。

如果数据库是在老的文件系统或数据库系统的基础上设计的,则数据输入子系统只需要完成转换数据、综合数据两项工作,直接将老系统中的数据转换成新系统中需要的数据格式。

为了保证数据能够及时入库,应在数据库物理设计的同时编制数据输入子系统。

3. 编制与调试应用程序

数据库应用程序的设计应该与数据设计并行进行。在数据库实施阶段,当数据库结构建立好后,就可以开始编制与调试数据库的应用程序,也就是说,编制与调试应用程序是与组织数据入库同步进行的。调试应用程序时由于数据入库尚未完成,可先使用模拟数据。

4. 数据库试运行

应用程序调试完成,并且已有一小部分数据入库后,就可以开始数据库的试运行。数据库试运行也称为联合调试,其主要工作包括:

• 功能测试。即实际运行应用程序,执行对数据库的各种操作,测试应用程序的各种功能。

• 性能测试。即测量系统的性能指标,分析是否符合设计目标。

数据库物理设计阶段在评价数据库结构估算时间、空间指标时,作了许多简化和假设,忽略了许多次要因素,因此结果必然很粗糙。数据库试运行则是要实际测量系统的各种性能指标(不仅是时间、空间指标),如果结果不符合设计目标,则需要返回物理设计阶段,调整物理结构,修改参数;有时甚至需要返回逻辑设计阶段,调整逻辑结构。

重新设计物理结构甚至逻辑结构,会导致数据重新入库。由于数据入库工作量实在太大,所以可以采用分期输入数据的方法,即先输入小批量数据供先期联合调试使用,待试运行基本合格后再输入大批量数据,逐步增加数据量,逐步完成运行评价。

在数据库试运行阶段,由于系统还不稳定,硬、软件故障随时都可能发生。而系统的操作人员对新系统还不熟悉,误操作也不可避免,因此必须做好数据库的转储和恢复工作,尽量减少对数据库的破坏。

6.7　数据库运行与维护

数据库试运行结果符合设计目标后,数据库就可以真正投入运行了。数据库投入运行标志开发任务的基本完成和维护工作的开始,并不意味着设计过程的终结,由于应用环境在不断变化,数据库运行过程中物理存储也会不断变化,对数据库设计进行评价、调整、修改等维护工作是一个长期的任务,也是设计工作的继续和提高。

在数据库运行阶段,对数据库经常性的维护工作主要是由 DBA 完成的,它包括以下内容。

1. 数据库的转储和恢复

数据库的转储和恢复是系统正式运行后最重要的维护工作之一。DBA 要针对不同的应用要求制定不同的转储计划,定期对数据库和日志文件进行备份,以保证一旦发生故障,能利用数据库备份及日志文件备份,尽快将数据库恢复到某种一致性状态,并尽可能减少对数据库的破坏。

2. 数据库的安全性、完整性控制

DBA 必须对数据库安全性和完整性控制负起责任。根据用户的实际需要授予不同的操作权限。此外,在数据库运行过程中,由于应用环境的变化,对安全性的要求也会发生变化,比如有的数据原来是机密,现在是可以公开查询了,而新加入的数据又可能是机密了。而系统中用户的密级也会改变。这些都需要 DBA 根据实际情况修改原有的安全性控制。同样,由于应用环境的变化,数据库的完整性约束条件也会变化,也需要 DBA 不断修正,以满足用户要求。

3. 数据库性能的监督、分析和改进

在数据库运行过程中,监督系统运行,对监测数据进行分析,找出改进系统性能的方法是 DBA 的又一重要任务。目前许多 DBMS 产品都提供了监测系统性能参数的工具,DBA 可以利用这些工具方便地得到系统运行过程中一系列性能参数的值。DBA 应该仔细分析这些数据,判断当前系统是否处于最佳运行状态,如果不是,则需要通过调整某些参数来进一步改进数据库性能。

4. 数据库的重组织和重构造

数据库运行一段时间后,由于记录的不断增、删、改,会使数据库的物理存储变坏,从而降低数据库存储空间的利用率和数据的存取效率,使数据库的性能下降。这时 DBA 就要对数据库进行重组织,或部分重组织(只对频繁增、删的表进行重组织)。数据库的重组织不会改变原设计的数据逻辑结构和物理结构,只是按原设计要求重新安排存储位置,回收垃圾,减少指针链,提高系统性能。DBMS 一般都提供了供重组织数据库使用的实用程序,帮助 DBA 重新组织数据库。

当数据库应用环境发生变化,例如,增加新的应用或新的实体,取消某些已有应用,改变

某些已有应用,这些都会导致实体及实体间的联系也发生相应的变化,使原有的数据库设计不能很好地满足新的需求,从而不得不适当调整数据库的模式和内模式,例如,增加新的数据项,改变数据项的类型,改变数据库的容量,增加或删除索引,修改完整性约束条件等。这就是数据库的重构造。DBMS 都提供了修改数据库结构的功能。

重构造数据库的程度是有限的。若应用变化太大,已无法通过重构数据库来满足新的需求,或重构数据库的代价太大,则表明现有数据库应用系统的生命周期已经结束,应该重新设计新的数据库系统,开始新数据库应用系统的生命周期了。

小结

设计一个数据库应用系统需要经历需求分析、概念设计、逻辑结构设计、物理设计、实施、运行维护六个阶段,设计过程中往往还会有许多反复,整个过程可用图 6-21 表示。

数据库的各级模式正是在这样一个设计过程中逐步形成的,如图 6-22 所示。需求分析

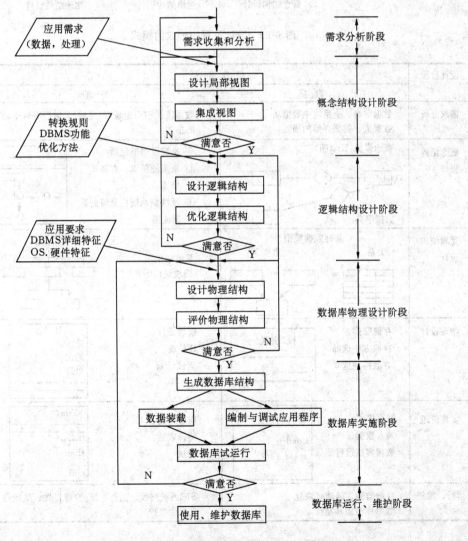

图 6-21　数据库设计过程

阶段综合各个用户的应用需求(现实世界的需求),在概念设计阶段形成独立于机器特点、独立于各个 DBMS 产品的概念模式(信息世界模型),用 E-R 图来描述。在逻辑设计阶段将 E-R图转换成具体的数据库产品支持的数据模型如关系模型,形成数据库逻辑模式。然后根

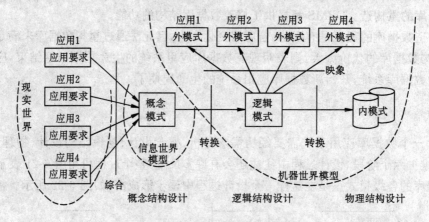

图 6-22 设计过程中形成的模式

设计阶段	设 计 描 述		
	数　据		处　理
需求分析	数据字典、全系统中数据项、数据流、数据存储的描述		数据流图和判定表(判定树)、数据字典中处理过程的描述
概念结构设计	概念模型(E-R图) 数据字典		系统说明书包括: ① 新系统要求、方案和概图; ① 反映新系统信息流的数据流图
逻辑结构设计	某种数据模型 关系　　　　非关系		系统结构图 (模块结构图)
物理设计	存储安排、存取方法选择、存取路径建立	分区1 分区2	模块设计、IPO表 测试计划　　IPO表 输入: 输出: 处理:
实施阶段	编写模式、装入数据、数据库试运行	Create… Load…	程序编码、编译联结、测试　　main(　) if… then … end
运行、维护	性能监测、转储/恢复数据库重组和重构		新旧系统转换、运行、维护(修正性、适应性、改善性维护)

图 6-23 各阶段的结构设计与行为设计

据用户处理的要求,安全性的考虑,在基本表的基础上再建立必要的视图(VIEW),形成数据的外模式。在物理设计阶段根据 DBMS 特点和处理的需要,进行物理存储安排,设计索引,形成数据库内模式。

整个数据库设计过程体现了结构特征与行为特征的紧密结合,如图 6-23 所示。

为加快数据库设计速度,目前很多 DBMS 都提供了一些辅助工具(CASE 工具),设计人员可根据需要选用。例如需求分析完成之后,设计人员可以使用 ORACLE DESIGN-ER2000 画 E-R 图,将 E-R 图转换为关系数据模型,生成数据库结构;画数据流图,生成应用程序。但是利用 CASE 工具生成的仅仅是数据库应用系统的一个雏形,比较粗糙,数据库设计人员需要根据用户的应用需求进一步修改该雏形,使之成为一个完善的系统。

值得注意的是,早期就选择某种 CASE 工具固然能减少数据库设计的复杂性,加快数据库设计的速度,但往往容易将自己限制于某一个 DBMS 上,而不是根据概念设计的结果选择合适的 DBMS。

习　题

1. 试述数据库设计的基本步骤。
2. 试述需求分析阶段的任务和方法。
3. 数据字典的内容和作用是什么?
4. 什么是数据库的概念结构? 试述其特点和设计策略。
5. 试述数据库概念结构设计的步骤。
6. 什么是数据库的逻辑结构设计? 试述其设计步骤。
7. 试述将 E-R 图转换为关系模型的一般规则。
8. 规范化理论对数据库设计有什么指导意义?
9. 试述数据库物理设计的内容和步骤。
10. 数据库实施阶段的主要工作有哪些?
11. 数据库的日常维护工作主要包括哪些?
12. 什么是数据库的再组织和重构造? 为什么要进行数据库的再组织和重构造?

第7章 关系数据库管理系统实例

7.1 关系数据库管理系统产品概述

20世纪70年代是关系数据库理论研究和原型开发的时代,关系模型提出后,由于其突出的优点,迅速被商用数据库系统所采用。据统计,70年代末以来新发展的DBMS产品中,近百分之九十是采用关系数据模型,其中涌现出了许多性能良好的商品化关系数据库管理系统(RDBMS),例如,小型数据库系统FoxPro,ACCESS,PARADOX等,大型数据库系统DB2,INGRES,ORACLE,INFORMIX,SYBASE等。因此可以说80年代和90年代是RDBMS产品发展和竞争的时代。RDBMS产品经历了从集中到分布,从单机环境到网络,从支持信息管理到联机事务处理(OLTP),再到联机分析处理(OLAP)的发展过程;对关系模型的支持也逐步完善;系统的功能不断增强。RDBMS产品的发展可以粗略地分为三个阶段,如表7-1所示。

表 7-1 RDBMS 产品的发展过程

			第一阶段 70年代	第二阶段 80年代	第三阶段 90年代
对关系模型的支持		表 结 构	√	√	√
		关 系 操 作	ン	√	√
		完 整 性		ン	√
运行环境	单机	单用户(微机)			√
		多用户(大,中型机)	√	多种硬平台多种OS	√
	网络	单机联网	×	√	√
		分布数据库	×	ン	√
		客户/服务器数据库	×	×	√
	开放	网络环境下异质数据库互连互操作	×	×	√
系统构成		RDBMS 核心	√	√	√
		第四代开发工具	×	√	√
对应用的支持		信息管理	ン	√	√
		联机事务处理(OLTP)	×	√	√
		整个企业/行业的 OLTP	×	×	ン
		OLAP,辅助决策	×	×	ン

表中用√表示具备左边栏目中的功能或特性,⊃表示仅支持一部分,×表示不支持。

我们从以下四个方面简要描述一下 RDBMS 产品的发展的情况。

1. 对关系模型的支持

第一阶段(20 世纪 70 年代)的 RDBMS 仅支持关系数据结构和基本的关系操作(选择、投影、连接)。许多早期的微机上的 RDBMS 产品就属此类,如 dBASE Ⅱ,dBASE Ⅲ。

80 年代中 SQL 语言成为关系数据库语言的国际标准,各个 RDBMS 厂商纷纷向标准靠拢。第二阶段的产品大都符合甚至超过 SQL 标准。因此对关系操作的支持比较完备,但是对数据完整性的支持仍较差。大部分系统没有主码、外码的概念,因此不支持实体完整性和参照完整性。有的系统具有触发器功能,用户可以利用触发器机制实现所需要的完整性约束。但是触发器机制往往不是在核心层实现而放在外围工具层。

第三阶段(90 年代)的产品则加强了对完整性和安全性的支持。完整性控制在核心层实现,克服了在工具层的完整性检查可能存在"旁路"的根本弊病,即可能绕过工具层的完整性控制,使任何完整性检查失效。

2. 运行环境

由于计算机网络技术的发展,以及地理上分散的部门、公司、厂商对于数据库的应用需求,RDBMS 的运行环境从单机扩展到网络,对数据的收集、存储、处理和传播由集中式走向分布式,从封闭式走向开放式。

如表 7-1 中所示,第一阶段在大型机和中、小型机上的 RDBMS 一般为多用户系统。它们在单机环境下运行。用户通过主机的终端并发地存取数据库、共享数据资源。微机上的 RDBMS 早期均为单用户的,因为微机 DOS 是单用户操作系统。

第二阶段的产品向两个方向发展。一个方向是提高 RDBMS 的可移植性,使之能在多种硬件平台和操作系统环境下运行。另一个方向是数据库联网,向分布式系统发展,支持多种网络协议。

第三阶段的产品则是网络环境下分布式数据库和客户/服务器结构的数据库系统的推出。这一阶段的 RDBMS 追求开放性,开放系统应满足可移植性(portability)、可连接性(connectivity)和可伸缩性(scalability)。RDBMS 厂商在这方面已给予重视,但距离用户对开放系统的要求还相差甚远。

开放系统被认为是计算机技术发展的大趋势。开放系统的目的就是使不同厂商提供的不同的计算机系统、不同的操作系统连接起来,以达到企业内部数据和应用软件的共享要求。开放系统是相对于传统的、互不兼容的封闭式系统而言的一种新的公共运行环境。

3. RDBMS 系统构成

早期的 RDBMS 产品主要提供数据定义(基本表、视图、索引的定义)、数据存取(检索、插入、修改、删除)、数据控制(用户安全保密、存取权限定义)等基本操作和数据存储组织、并发控制、安全性完整性检查、系统恢复、数据库的重组织和重构造等基本功能。这些成为 RDBMS 的核心功能。

第二阶段的产品则以 RDBMS 数据管理的基本功能为核心,开发外围软件系统,如

FORMS 表格生成系统、REPORTS 报表系统、MENUS 菜单生成系统、GRAPHICS 图形软件等。它们构成了一组相互联系的 RDBMS 工具软件,为用户提供了一个良好的第四代应用开发环境。这些软件系统拓广了数据库的应用领域,大大提高了应用开发的效率。

4. 对应用的支持

我们知道,数据库技术是数据管理的最新技术。其主要目标是解决数据管理中数据的存储、访问、处理等问题。因此 RDBMS 产品在第一阶段主要用于信息管理应用领域,如基层部门的事务处理,企业的管理信息系统。这些应用对联机速度的要求不是很高。

第二阶段的 RDBMS 主要针对联机事务处理的应用领域,提高 RDBMS 事务处理的能力,这种能力包括两个方面,一是事务吞吐量,二是事务联机响应时间。为此必须在以下两个方面改善 RDBMS 的实现技术:

· 性能。提高 RDBMS 对于联机事务响应速度。

· 可靠性。由于联机事务处理系统不允许 RDBMS 间断运行,在发生事务故障、软硬件故障时均能有相应的恢复能力,保证联机事务的正常运行、撤销和恢复。保证数据库数据的完整性和一致性。

随着信息处理由集中式发展到分布式,信息共享由脱机变为联机,应用范围由局部扩展到整个企业甚至整个行业。另一方面,辅助决策应用领域要求 RDBMS 具有联机分析处理能力。这些就是第三阶段 RDBMS 正努力支持的整个企业的联机事务处理和联机分析处理。

RDMBS 的实现技术已研究得十分透彻。我们已经知道如何在外部存储设备上存储数据、如何使用各种复杂的存取方法、缓冲策略和索引技术访问外部存储设备上的数据。数据库恢复、并发控制、事务管理、完整性和安全性的实施、查询处理、优化等技术也已经得到深入了解,并在大多数商用的集中式和分布式 RDBMS 中得以实现。但研究人员引进的许多先进技术实际上尚未全部在商用系统中实现。在这方面,RDBMS 的实现或者说 RDBMS 产品还是大大落后于 RDBMS 概念和技术的研究与进展。

7.2   ORACLE

1. Oracle 公司简介

Oracle 公司成立于 1977 年,是一家著名的专门从事研究、生产关系数据库管理系统的专业厂家。1979 年推出的 ORACLE 第一版是世界上首批商用的关系数据库管理系统之一。ORACLE 当时就采用 SQL 语言作为数据库语言。自创建以来的 20 年中,不断推出新的版本。1986 年推出的 ORACLE RDBMS5.1 版是一个具有分布处理功能的关系数据库系统。1988 年推出的 ORACLE 第 6 版加强了事务处理功能。对多用户配置的多个联机事务的处理应用,吞吐量大大提高,并对 ORACLE 的内核作了修改。1992 年推出的 ORACLE 第 7 版对体系结构做较大调整,并对核心做了进一步修改。1997 年推出的 ORACLE 第 8 版则主要增强了对象技术,成为对象-关系数据库系统。目前 ORACLE 产品覆盖了大、中、小型机几十种机型,成为世界上使用非常广泛的、著名的关系数据库管理系统。

2. ORACLE 关系数据库产品

ORACLE 关系数据库产品具有以下的优良特性。

(1) 兼容性 (compatibility)

兼容性涉及数据库语言的标准化与对其他 DBMS 的数据访问能力。ORACLE 产品采用标准 SQL,并且经过美国国家标准技术所(NIST)测试。与 IBM SQL/DS,DB2,INGRES,IDMS/R 等 DBMS 兼容。所以用户开发的应用软件可以在其他基于 SQL 的数据库上运行。

(2) 可移植性 (portability)

ORACLE RDBMS 具有很宽范围的硬件与操作系统平台。它可以安装在 70 种以上不同机型的大、中、小型机、工作站与微机上,可在 VMS,DOS,UNIX,Window 等多种操作系统上运行。为了使产品有可移植性,对于大部分独立于 OS 的软件采用 ANSI C 语言书写。而对于与 OS 相关的部分,充分利用不同 OS 的特点,例如,内存管理、进程管理、资源管理、磁盘输入/输出等。用户在某一环境下开发的应用无需作变化就可运行到相应的硬件平台与操作系统上。

(3) 可联结性(connectability)

ORACLE 由于在各种机型上使用相同的软件,使得联网更加容易。能与多种通信网络接口,支持各种标准网络协议 TCP/IP,DECnet,LU6.2,X.25 等。提供在多种应用软件和数据库中进行分布处理的能力;能与非 ORACLE DBMS 接口,它能够使在某些 ORACLE 工具上建立的 ORACLE 应用连接到非 ORACLE DBMS 上。

(4) 高生产率(high productivity)

为了便于应用的开发和最终用户的使用,ORACLE 除了为程序员提供两种类型的编程接口:预编译程序接口(PRO * C)和子程序调用接口(OCI)外,还为应用开发人员提供了应用生成、菜单管理、报表生成、电子表格接口等一批第四代开发工具,如 ORACLE Forms,ORACLE Reports,ORACLE Menus,ORACLE Graphics,Easy * SQL 等。整个 ORACLE 产品为应用软件提供了一个公共运行环境,因而大大提高软件的开发质量和效率。

(5) 开放性

ORACLE 良好的兼容性、可移植性、可联接性和高生产率使 ORACLE RDBMS 具有良好的开放性。

ORACLE 产品主要包括数据库服务器、开发工具和联接产品三类。

3. ORACLE 数据库服务器产品

虽然 ORACLE 数据库核心,即服务器已经发展到第 8 版,但目前在世界范围内广泛使用的仍是 ORACLE 7,所以这里重点介绍 ORACLE 7 的特性。

ORACLE 7 数据库服务器包括标准服务器和许多可选的服务器选件,选件用于扩展标准服务器的功能,以适应特殊的应用需求。

1) 标准服务器

ORACLE 7 标准服务器主要具有下列特色。

(1) 多进程多线索的体系结构

ORACLE 第 6 版以前是一用户一进程的体系结构,系统资源占用多,进程切换开销大,影响了系统整体性能。

ORACLE 7 对进程结构作了改进,采用了多进程多线索体系结构。ORACLE 7 包括一个到多个线索进程、多个服务器进程和多个后台进程。线索进程负责监听用户请求,将用户请求链入内存中的请求队列中,并将应答队列中的执行结果返回给相应用户。服务器进程负责处理请求队列中的用户请求,并把处理结果链入应答队列。线索进程和服务器进程的数目都是可以根据当前工作负荷动态调整的。ORACLE 7 的进程结构能充分利用并行机上多处理器的能力,但由于其线索是用进程模拟的,由操作系统负责调度,这在一定程度上削弱了线索开销低的优越性。

(2) 为提高性能改进核心技术

ORACLE 7 进一步改进了其核心技术,例如,并发控制机制更加精致,包括了无限制行级封锁、无竞争查询、多线索的顺序号产生机制。又如在共享内存缓冲区中增加了共享的 SQL Cache,存放编译后的 SQL 语句,使用户可共享执行内存中同一 SQL 的拷贝,以提高效率。

(3) 高可用性

ORACLE 7 提供了联机备份、联机恢复、镜象等多种机制保障系统具有高可用性和容错功能。

(4) SQL 的实现

ORACLE 7 的 SQL 符合 ANSI/ISO SQL89 标准。完整性约束符合 ANSI/ISO 标准申明的实体完整性和参照完整性约束。提供基于角色的安全性。

角色是一组权限的集合。有了角色的概念,安全管理机制可以把表或其他数据库对象上的一些权限进行组合,将它们赋给一个角色。需要时只需将该角色授予一个用户或一组用户,这样可以降低安全性机制的负担和成本。

2) 并行服务器选件(parallel server option)和并行查询选件(paralle query option)

针对机群和 MPP 并行计算机平台,ORACLE 7 提供了并行服务器选件实现磁盘共享。同时 ORACLE 7 还为 SMP、机群和 MPP 平台提供了并行查询选件,以实现并行查询、并行数据装载等操作。

3) 分布式选件(distributed option)

ORACLE 7 通过分布式选件提供分布式数据库功能。

ORACLE 7 分布式选件提供了多场地的分布式查询功能和多场地更新功能,具有位置透明性和场地自治性,提供全局数据库名,支持远地过程调用。

ORACLE 7 分布式选件的自动表副本(快照),可以把常用数据透明地复制到多个结点。ORACLE 7 根据主表自动刷新它的只读复本(快照)。刷新间隔可由用户定义,如一小时、一天或一周。

4) 过程化选件(procedural option)

利用 ORACLE 7 提供的过程化选件,用户可以根据自己的应用需求定义存储过程、函数、过程包和数据库触发器。存储过程、函数、过程包或数据库触发器一经定义,将存放在数据库服务器端,与数据库内部对象一样,可供所有被授权的用户使用。

存储过程是指预先定义的编译好的事务。ORACLE 7 服务器将集中存储管理这些存储过程。若不采用存储过程,各用户必须跨网络发送整个事务(含多个 SQL 语句)。服务器要对该事务进行解释,然后才去执行。使用存储过程后,客户只需跨网络发送一个简短的执行请求,该事务便可马上执行。因此使用存储过程可以明显改善性能。

所谓触发器就是一类靠事件驱动的特殊的存储过程。一旦由某个用户定义,任何用户对指定数据对象的指定操作均由服务器自动激活相应的触发器,执行相应的过程。

4. ORACLE 工具

为方便用户开发应用程序,ORACLE 提供了众多工具供用户选择使用。其中以 Developer/2000 最为常用。

1) Developer/2000

Developer/2000 是 CDE 工具的升级版本,是 ORACLE 的一个较新的应用开发工具集,包括 ORACLE Forms,ORACLE Reprots,ORACLE Graphics 和 ORACLE Books 等多种工具,用以实现高生产率、大型事务处理及客户/服务器结构的应用系统。Developer/2000 具有高度的可移植性、支持多种数据源、多种图形用户界面、多媒体数据、多民族语言及 CASE 等协同应用系统。

Developer/2000 工具集中的每个工具都可以单独使用。

其中,ORACLE Forms 是快速生成基于屏幕的复杂应用的工具。所生成的应用程序具有查询和操纵数据的功能,可以显示多媒体信息,具有 GUI 界面。

ORACLE Reports 是快速生成报表的工具,可以用来生成多种类型的报表,如普通报表、主从式报表、矩阵式报表等。还可以对报表进行美化,例如,上色,加背景等。所生成的报表中可以包括多媒体信息。

ORACLE Graphics 是快速生成图形应用的工具。即根据数据库中的数据描绘直方图、饼图、线图等。

Oracle Book 用于生成联机文档。

另一方面,Developer/2000 与其他单独使用的开发工具不同,它是一个协同开发环境,用 Developer/2000 中的各个工具开发的表格、报表、图形应用可以集成为一体,不同应用间可以传递参数,可以将图表嵌入到格式化报表中。Developer/2000 能把应用开发过程中的所有定义及系统环境记录在共享的数据集合里,便于不同项目的开发人员共享使用。

2) Designer/2000

Designer/2000 是 ORACLE 提供的 CASE 工具,能够帮助用户对复杂系统进行建模、分析和设计。用户在数据库概要设计完成之后,即可以利用 DESIGNER 2000 来帮助绘制 E-R 图、功能分层图、数据流图和方阵图,自动生成数据字典、数据库表、应用代码和文档。

Designer/2000 由 BPR,Modellers,Generators 等组成。
其中,BPR 工具用于过程建模,即帮助用户进行复杂系统的建模。

Modellers 工具用于系统设计与建模。它既可以基于 BPR 模型,也可以直接生成新的模型。Designer/2000 提供了一组丰富灵活并遵从工业标准的图形化工具,帮助用户在数据库概要设计完成之后,绘制 E-R 图、功能分层图、数据流图和方阵图。

Generators 工具是一个应用生成器。它可以根据用户建立的模型,自动生成数据字典、数据库表、应用代码和文档。所生成的应用与 Developer/2000 生成的应用风格一致。

3) Discoverer/2000

Discoverer/2000 是一个 OLAP 工具,主要用于支持数据仓库应用。它可以对历史性数据进行数据挖掘,以找到发展趋势,对不同层次的概况数据进行分析,以便发现有关业务的详细信息。

Discoverer/2000 是一种开放式工具,可以在所有的环境中工作。而通过 Discoverer/2000,又可以将存放在其他系统中的关键的数据转移到 Oracle7 中。

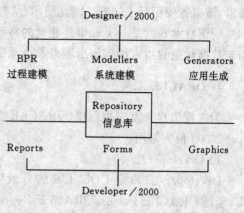

图 7-1 Designer/2000 与 Developer/2000

4) Oracle Office

Oracle Office 是用于办公自动化的,能完成企业范围内的消息接收与发送、日程安排、日历管理、目录管理以及拼写检查。

5) SQL DBA

SQL DBA 是一个易于使用的菜单驱动的 DBA 实用工具,可供用户进行动态性能监视、远程 DB 管理等。

6) ORACLE 预编译器

ORACLE 预编译器允许在高级程序设计语言如 C,COBOL,FORTRAN,PASCAL,PL/1 中通过嵌入 SQL 语句、PL/SQL 语句访问数据库。

7) ORACLE 调用接口

ORACLE 调用接口 OCI 允许高级程序设计语言程序通过嵌入函数访问数据库。

5. ORACLE 连接产品

1) SQL * Net

SQL * Net 是一个负责客户机与服务器之间网络通信的产品,它使得客户计算机上的 ORACLE 应用开发工具能够访问远程的 ORACLE 数据库服务器中的数据。它允许客户机和服务器是异构计算机与操作系统,并支持 TCP/IP 等多种网络通信协议。

2) ORACLE 多协议转换器

ORACLE 7 支持所有主要的网络协议;允许异种网络的多协议交换;提供协议透明性;拥有自动的可选网络路由选择等。

3) ORACLE 开放式网关(open gateway)

ORACLE 开放式网关技术能把多种数据源集成为一个整体,使得应用程序不做任何修改就可以运行在非 ORACLE 数据源上(即访问非 ORACLE 数据库中的数据)。

开放式网关包括透明网关和过程化网关。

利用透明网关,ORACLE 应用程序可以直接访问 IBM DB2 和 SQL/DS,DEC RMS 和 RDB,Tandam Nonstop SQL,HPTurboIMAGE 等数据源。如果需要访问其他数据源,则必须通过过程化网关,即用户用 PL/SQL 编程构造网关。

6. ORACLE 的数据仓库解决方案

ORACLE 的数据仓库解决方案是 OracleOLAP 产品,它主要包括服务器端的 Oracle

Express Server 选件与客户端的 Oracle Express Objects 和 Oracle Express Analyzer 工具。Oracle Express Server 是一个联机分析处理服务器，它基于多维数据模型，支持用户进行多维分析，获取决策信息。为了提高查询与多维分析效率，Oracle Express Server 对数据进行了结构化处理，形成多维数组。同时它还提供了对第三方软件开放的应用编程接口，可与第三方数据库核心产品连接。在客户端，开发人员可以用可视化工具 Oracle Express Objects 生成 OLAP 应用软件，并通过访问 Oracle Express Server，实现抽取数据和对数据进行多维分析的请求。而 Oracle Express Analyzer 则用于扩充使用 Oracle Express Objects 编写的应用软件。此外，OracleOLAP 产品还包括两个与应用捆绑的系统：分析销售及市场数据的 Oracle Sales Analyzer 和分析财务数据的 Oracle Financial Analyzer。

7. ORACLE 的 Internet 解决方案

鉴于数据库是存储与管理信息的最有效的方式，将数据库技术与 Web 技术结合应用于 Internet 会很有前途。Oracle 针对 Internet/Intranet 的产品是 Oracle WebServer。

Oracle WebServer 1.0 主要由 Oracle WebListener，Oracle WebAgent 和 ORACLE 7 服务器三部分组成。Oracle WebListener 是一个进程，具有普通 HTTP 服务器的功能，主要用于接收从 Web 浏览器上发出的用户查询请求，并将查询结果（即 HTML 文本）返回给用户。Oracle WebAgent 是用公用网关接口(CGI)实现的过程化网关，负责 Web 与 Oracle7 数据库之间的集成。它由 Oracle WebListener 启动，通过透明地调用 Oracle 7 服务器中的存储过程从数据库中检索信息，产生 HTML 输出结果并提交给 Oracle WebListener。Oracle WebServer 1.0 上还配备了一些 WebServer 开发工具和管理工具，如 WebServer Generator。

Oracle WebServer 2.0 除了包括 Oracle WebServer 1.0 的功能及相应的开发与管理工具外，还增加 JAVA 解释器和 LiveHTML 解释器，使其能支持多种语言。Oracle WebServer 2.0 由 Web Request Broker(WRB)，WebServer SDK 和 WebServer 管理工具组成。WRB 是一个多线索多进程的 HTTP 服务器。WebServer SDK 是一个开放的应用开发环境，封装了 WRB 应用编程接口，允许用户使用 JAVA，LiveHTML，C++等 Web 应用开发工具。

7.3 SYBASE

1. Sybase 公司简介

Sybase 公司成立于 1984 年 11 月，是数据库软件厂商的后起之秀。它推出了支持企业范围的"客户/服务器体系结构"的数据库系统。该公司拥有数据库系统和操作系统两方面的优秀专家、技术人员。INGRES 大学版本的主要设计人员之一 Dr. Robert Epstein 是 Sybase 公司创始人之一。他于 1981 年在 Share 公司领导开发并推出了第一个商用数据库机 (database machine)，该数据库机实际上是一个数据库服务器。

Sybase 把"客户/服务器数据库体系结构"作为开发产品的重要目标，致力于在通用计算机上研制服务器软件。他们吸取了 INGRES 及数据库机的研制经验，以满足联机事务处理(OLTP)应用的要求，于 1987 年推出了 SYBASE SQL Server，称为大学版 INGRES 的第三代产品。

Sybase System 11.5 是 Sybase 公司最新产品,它支持企业内各种数据库应用需求,如数据仓库、联机事务处理(OLTP)、决策支持系统(DSS)和小平台应用(mass deployment)等。Sybase system 11.5 优良的开放结构使得它可以工作在从便携机到高端的多处理系统等多种硬件平台和操作系统平台上。

2. SYBASE 关系数据库产品

目前管理企业的计算模型迅速变化,在未来的几年中,大型主机、客户/服务器和 Internet 多种计算模型将同时并存。为了适应这种需要,Sybase 为 OLTP、数据仓库和小应用平台三类主要应用提供了定制好的多种多样的产品选件。这就是 Sybase System 11.5 的适应性组件体系结构(adaptive component architecture,简称 ACA)。

基于 ACA 体系结构的 Sybase 产品可以分为三个层次,如图 7-2 所示。在数据库服务器层,Sybase 提供 Adaptive Server 服务器,它包括多种服务器,分别支持快速、可扩充的数据仓库、OLTP 和小应用平台等各种应用。在中间件层,Sybase 为数据复制和各种异构的计算环境提供了服务器和互操作产品。在工具层,Sybase 提供了管理和监控产品,应用系统开发和调试工具以及上百个 Sybase 合作伙伴的产品。

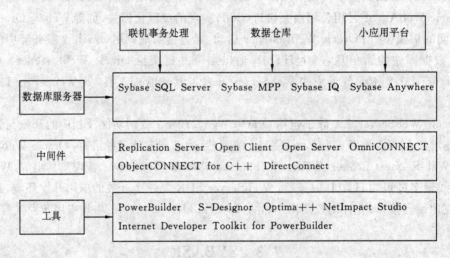

图 7-2　Sybase 的产品结构

Sybase 的 ACA 产品结构具有高度的适应性和完整性。它的高度适应性表现在可以在每一层定做其中的组件来满足企业分布计算的需求,其完整性则表现在产品的高度集成和优化,另外,Sybase 的产品又是相互独立的,它可与第三家工具联合使用。ACA 结构的重要特点是组件可以重用,同时当一组件被其他具有相同说明的组件替换时无需修改和重写周围的组件。

3. SYBASE 数据库服务器

Sybase System 11.5 的服务器端核心产品是 Adaptive Server。Adaptive Server 集成了 Sybase 原有的服务器系列,如 SQL Server,SQL Anywhere,Sybase IQ,Sybase MPP 等。它

具有处理多种数据源的能力,包括遗留的非关系数据和分布式的事务;提供了优化的数据存储和访问方法,可用于不同的数据类型和不同的目的;提供了单一编程模型,可以使用Transact-SQL 和标准组件,包括运行在服务器上的 JavaBeans;提供了单一操作模型和公共管理与监控工具;提供了特殊数据类型;提供基于事务的处理,包括多数据库、分布式的事务。Adaptive Server 是 SYBASE ACA 结构的核心。

1) SQL Server

SYBASE SQL Server 服务器软件是一个关系数据库管理系统。其功能是专门负责高速计算、数据管理、事务管理。它是专门针对 OLTP 的要求而设计的。

SYBASE SQL Server 具有以下特色。

(1) 单进程多线索的体系结构

SQL Server 采用单进程多线索的体系结构。即 SQL Server 只有一个服务器进程,所有客户进程都连接到这个进程上。但这不是传统的单进程,该进程又细分为多个并行的线索,它们共享数据库缓冲区和 CPU 时间,能及时捕捉各用户进程发出的存取数据库的请求,然后按一定的调度算法处理这些请求。这个多线索进程起到类似操作系统调度用户请求的作用。由于调度优化策划仅在数据库服务器进程所连接到的用户进程范围内考虑,因此,会比操作系统直接对这些请求进行调度高效得多。

(2) SQL Server 能提供高性能

SQL Server 的事务吞吐量大,响应速度快,并能为数百或更多用户维持这种高性能。SYBASE 为提高性能采用了存储过程、成组提交日志文件、聚簇索引等先进技术。

(3) 实现了数据完整性检查和控制

SYBASE 首先在 RDBMS 核心层即服务器中实现了数据完整性控制,包括建表时申明完整性和用触发器机制定义与应用有关的完整性。

(4) 加强的安全保密功能,采用基于角色(ROLE)的管理制度,并提供了审计能力。

(5) 支持分布式查询和更新

SQL Server 是一个分布式数据库管理系统。它允许数据和应用分布在网络中多个计算机上,应用程序可以在同一事务中访问多个 SQL Server 上的数据。SQL Server 不仅具有当前 RDBMS 产品中的分布查询功能,而且具有分布更新功能。实现这些功能的技术基础是远程过程调用 (remote procedure call,简记为 RPC)和两阶段提交(two-phase commit,简记为2PC)。

RPC 是指可以调用存储在另一个远程服务器上的存储过程。任何客户应用都可以直接或经过本地 SQL　Server 间接地进行 RPC,从而实现对远程服务器的数据访问。对任何客户应用而言,它仅需一个本地服务器接口,而不必知道各部分数据物理上存放在哪一个服务器上。

2PC 是实现分布式更新的必要手段。SQL Server 允许选用任何一个服务器作为提交服务器(COMMIT Server)。它负责执行分布事务的提交工作,即由它维护参加协同更新的各个事务的状态,并根据这些状态和 2PC 原则来决定是把全部事务都滚回(ROLLBACK),还是全部提交。

2) 备份服务器(backup server)

备份服务器附属于 SQL Server,完成对数据的备份工作。其特点有:

（1）支持联机备份，备份过程不影响 SQL Server 的其他处理。

（2）支持转储分解，允许用户使用多台外设进行转储。

（3）支持异地转储，备份可在无人情况下自动进行或通过 DBA 管理多个远程服务器的备份及装载。

（4）支持限值转储，对日志的转储可在限值事件触发下自动完成。

3）SYBASE MPP

SYBASE MPP 是针对海量并行处理器 MPP 平台的多 CPU 体系结构设计的并行服务器产品，能够实现并行查询、并行数据装载等操作。

SYBASE MPP 的作用相当于一个控制进程，负责监听和接收用户的 SQL 请求，对 SQL 请求进行一定的优化，通过全局数据字典中的数据位置信息，将查询分解后分别送到数据所在结点的 SQL Server 上执行，并负责合并各 SQL Server 的执行结果，然后将最终结果返回给用户。单进程多线索结构节省系统开销和提高内存利用率的优点在 MPP 平台的各个结点上仍然能够体现出来。

4）Sybase IQ

Sybase IQ 是高性能决策支持和交互式数据集成产品。它提供了一种新型的 Bitwise 索引技术。一般的数据库查询使用基于列的索引方法，例如，B＋树索引，hash 索引等，对从大数据量的表中查询少量的数据这种应用，Sybase IQ 的 Bitwise 索引技术具有更高的效率。

5）Sybase SQL Anywhere

Sybase SQL Anywhere 是基于 PC 的具有 SQL 功能的分布式数据库管理系统，用于移动应用和工作组，可以支持远程网络、移动计算机和其他移动设备。SQL Anywhere 使用新型复制器，支持节点间两路的、基于消息的数据复制，例如，进行中心数据库和便携机间的数据复制时，只要登录到通信系统上就可以接收和传送数据库的变化。此外，在 SQL Anywhere 上开发的应用程序无需任何修改就可以在更大的 SQL Server 上运行。

4. SYBASE 开发工具

Sybase 为用户提供了良好的开发环境和开发工具，支持组件创建和快速应用开发。组件可以在客户端机器上，数据库服务器上或组件事务服务器上建立、调试和交付。

1）PowerBuilder

PowerBuilder 是一个基于图形界面的客户/服务器前端应用开发工具，其强大的功能可以帮助用户快速开发复杂应用。PowerBuilder 不仅可以做为 Sybase 的开发工具，还提供与 ORACLE，INFORMIX，DB2 等第三方数据库的接口。

2）Power Designer

Power Designer 是一组紧密集成的计算机辅助软件工程(CASE)工具，用于为复杂的数据库应用完成分析、设计、维护、建立文档和创建数据库等功能。它可以根据用户的项目规模和范围的需要提供灵活的解决方案。Power Designer 由五个模块组成：MetaWorks，ProcessAnalyst，DataArchitect，WarehouseArchitect 和 AppModeller。

3）Power J

Power J 是开发基于 Java 应用的快速开发工具。它提供了高生产率、基于组件的开发环境、可扩展的数据库连接和服务器端开发。Power J 使开发者可以容易地使用内置的高级

Java 组件扩展其 Web 服务器的功能,或使用 Java servlets 扩展 NetImpact Dynamo 定制应用服务器。

Power J 的主要特性是:支持 Java Beans;独特的数据库支持,包括 jConnect for JDBC; Java 服务器开发;Web 和 Java 应用组件的集成测试。

4) Power++

Power++过去又名 Optima++,它是一组 RAD C++客户/服务器和 Internet 面向对象的开发工具.主要特性包括:拖放编程、无缝 OLE 构件集成、可靠的实时调试和客户/服务器的开发环境。

5) SQL Server Manager

SQL Server Manager 是可视化的系统和数据库的管理工具,用于帮助管理 SQL Server、物理资源、数据库等。

5. SYBASE 中间件

Sybase 中间件主要用于实现数据复制和异构的数据库产品的互操作,它为数据库的开放性奠定了基础。

1) Open Client/ Open Server

Open Client/ Open Server 构成 Sybase 开放式客户机/服务器互连的基础,为实现异构环境下系统的可互操作提供了极为有效的手段。Open Client 和 Open Server 分别附在客户和服务器两端,它们都是网络接口软件库(net library)。其中 Open Client 提供调用级接口,用来建立有效的前端应用,向 SQL Server 服务器或 Open Server 程序发出请求,获得信息和服务。Open Server 是一个服务构造工具,用于集成企业的各种数据资源及服务。

2) Jaguar CTS

以 Internet 作为访问模式,以联机事务处理(OLTP)作为目标,Sybase 为这种新型应用创立出一个词汇——"NetOLTP",用来描述那些在 Internet,Intranet,Extranet 和传统的企业网络上执行商业事务的应用。

Jaguar CTS 是 Jaguar 组件事务服务器(component transaction server)的简称,它是专门为 NetOLTP 应用设计的事务服务器,提供了 applets,servlets 以及后端 DBMS 之间高速的连接,支持分布式事务,支持对象管理和运行在中间层服务器上的基于组件的逻辑。它既支持传统的同步方式的事务处理,也支持基于队列的异步事务处理。

Jaguar CTS 还可与第三方的 ActiveX 和 Java 组件,如电子表格、拼写检查和绘图工具等一起工作,生成更多功能的应用。

3) replication server(复制服务器)

复制服务器主要用来解决网络上的相同数据多份拷贝及分布更新这一分布处理中的关键难题,它通过其 Log Transfer Manager 监测主节点的数据修改,由复制服务器异步地把提交的事务所做的修改发送到存放数据拷贝的远程节点,并维护最新的数据拷贝。在处理分布更新方面与传统的两阶段提交相比,能明显提高效率和可用性。SYBASE 的复制服务器的一大特点是在网络或某一结点出现故障时,会将待复制的事务存储在队列中,并在故障恢复后自动将队列复制到目标结点,不需人工干预。同时复制服务器还提供了向 ORACLE 和 DB2 数据库复制的能力,通过编程也可以实现向其他异构数据库复制。

4) OmniCONNECT

OmniCONNECT 提供在整个企业范围内不同数据库管理系统之间完全透明的数据集成,在不同的 SQL 语言、不同厂商的数据库和数据存储位置之间实现了透明的访问。

5) DirectConnect

DirectConnect 用于同非 Sybase 数据源建立联系的访问服务器。这一源数据访问服务器使用户可以将其桌面应用同关键的企业数据源集成起来,并保证整个企业信息系统的安全和完整。

6. SYBASE 的数据仓库解决方案

SYBASE 的数据仓库解决方案是 SYBASE Warehouse Works 体系结构。这是一个专为客户/服务器结构环境设计的数据仓库结构,它实际上是对各种已有产品和技术的一个集成方案,而不是一个新的产品。在这个结构中,用户可为数据仓库的每一部分选择最佳的厂商,同时 SYBASE 通过 Enterprise CONNECT 互操作体系结构实现对多种不同数据源的透明存取,通过复制服务器捕获用户感兴趣的数据,通过 InfoPump 在传送数据之前先对数据进行加工,通过 SYBASE IQ 和 SYBASE MPP 加快复杂的 DSS 查询的执行速度,通过 OmniSQL Server 提供数据分布的位置透明性。

Power Designer 工具中的 WarehouseArchitect 模块是 SYBASE 提供的设计与生成数据仓库应用的辅助工具。

7. SYBASE 的 Internet 解决方案

SYBASE Web. Works 体系结构是 SYBASE 提供的 Internet 解决方案。这是一个包括 SYBASE SQL Server、中介件和工具产品的综合体系框架,是一个集成方案。其中 SYBASE Web. sql 是 SYBASE Web. Works 体系框架中介件的一个重要产品,它用 CGI 或 Web 服务器专用 API 接口实现,主要作用是将 Web 服务器与 SYBASE SQL Server 连接在一起,使用户只需将 SQL 语句嵌入 HTML 中,就可以根据数据库内容生成动态 HTML 页面以及更新数据库。换句话说,一旦 Web 浏览器请求的 Web 页面是 HTS 格式,即在 HTML 文本中嵌入了 SQL 语句,Web 服务器(HTTP)就会启动 Web. sql 进程,由 Web. sql 处理数据库请求,访问 SYBASE 数据库,并将输出结果生成标准 HTML 文本返回给 Web 服务器。此外 SYBASE 还提供了一些开发 Internet 应用的工具,例如 Internet Developer Toolkit for PowerBuilder,NetImpact Studio,NetImpact Dynamo,Power J 等。

7.4 INFORMIX

1. Informix 公司简介

INFORMIX 是美国 Informix 软件公司的注册商标。INFORMIX 关系数据库管理系统是近年来国内外广泛使用的数据库软件。其总部设在美国加州的 Menlo Park,在 Menlo Park、伦敦、新加坡分别成立了美国、欧州、亚太地区销售总部。

1988 年 Informix 推出的第一代数据库服务器是 INFORMIX-TURBO,1992 年推出的

INFORMIX-OnLine 5.0 在性能、可用性等方面比第一代产品都有长足的进步。接着从 1993 年底开始陆续推出针对并行计算机平台的 INFORMIX-OnLine 6.0,INFORMIX-OnLine 7.0,INFORMIX-OnLine 8.0。1996 年底又推出了对象-关系数据库 INFORMIX-OnLine 9.0。

Informix 公司开发产品的宗旨是：为用户提供高生产率的、贯穿整个生命周期的数据库技术。INFORMIX 软件使用户能方便地开发、维护和扩展应用系统,并使应用系统具有高效性、高安全可靠性和有效的恢复特性。INFORMIX 产品具有很好的开放性,它们都是基于 ANSI 标准的 SQL,可以在 UNIX,Windows,Windows NT,Netware,Macintosh 等多种操作系统环境下运行。

2. INFORMIX 产品系列

INFORMIX 产品系列主要包括以下几类产品：数据库服务器、网络连接软件、应用开发工具和最终用户工具。

3. 数据库服务器

INFORMIX 数据库产品采用客户/服务器体系结构。应用开发工具和最终用户工具(或称为客户)提供应用系统的用户界面、数据库核心(或称为服务器)进行数据管理。INFORMIX 提供两个主要的数据库服务器 INFORMIX-OnLine 和 INFORMIX-SE。

1) INFORMIX-OnLine

INFORMIX-OnLine 是适合大型联机事务处理(OLTP)应用的数据库服务器。它功能强,效率高,是支持 OLTP 的第二代数据库服务器。INFORMIX-OnLine 的主要特色有：

(1) 并行处理能力

INFORMIX 服务器在并行处理能力方面处于领先地位。它从 6.0 开始采用多进程多线索体系结构,其线索机制像 SYBASE 一样,也是真正的线索,线索的调度与管理是由服务器自己完成的,而不是用进程来模拟线索,这种真正的线索机制能够使系统开销始终保持较小。

INFORMIX-OnLine 7.0 称为动态服务器,它基于 SMP 平台,以动态可伸缩结构(DSA)为基础。在 OnLine DSA 中,服务器进程(称作虚拟服务器 VP)被分为几大类,每类 VP 都是针对某种特定的功能设计并优化的,各个 VP 进程可以运行多个线索,同时为多个用户服务。这种按操作类型分割任务的作法使系统性能得到优化。目前 OnLine 动态服务器能够提供多种粒度的并行性,能够实现并行查询、并行排序、并行数据装载等功能。

INFORMIX-OnLine 8.0 是对 DSA 结构的进一步扩充,称为扩展的并行服务器(XPS),它基于松耦合机群和 MPP 结构,采用无共享方法管理数据,各个结点均运行它们自己的数据库实例,管理各自的日志登录,提供恢复、封锁和缓冲区管理等基本 OnLine XPS 服务。

(2) 高性能

OnLine 优越的并行处理能力能够充分利用 SMP、机群、MPP 结构的硬件资源,极大地提高了系统的性能。此外,OnLine 还支持全系统共享的内存缓冲区,提供用于多处理器的优化策略,从另一个侧面保证了系统的性能。

（3）高可用性

OnLine 提供了磁盘镜象、联机备份、快速恢复等措施,保证数据库具有高可用性,大大减少了因数据库故障带来的影响。

（4）完整性支持

OnLine 提供了遵循 ANSI SQL 标准的完整性支持,并利用存储过程和触发器支持复杂完整性。

（5）分布的客户/服务器功能

OnLine 与 INFORMIX-STAR(INFORMIX 的网络连接软件)配合,对在不同场地的多个数据库中的数据进行连接、检索和更新。OnLine 还利用两阶段提交协议透明地保证整个分布数据库中的数据一致性。

（6）数据复制功能

INFORMIX-OnLine 具有表级数据功能,并提供了三种不同的数据复制方法。

• 高可用性数据复制(HDR)。HDR 是一对一地进行数据复制,即系统透明地在一个远程结点上保存一个数据库备份,当更新源数据库中数据时,系统自动更新备份数据库中的相应数据。HDR 的主要用途是保证数据库的高可用性,即当主数据库发生故障时,应用可以自动连接到备份数据库上。

• 离散的分布式数据复制(DDDR)。DDDR 是一对多的星形复制方法,可以将主数据库复制到多个目标数据库。

• 连续的分布式数据复制(CDDR)。CDDR 是多对多的复制方法,分布式系统中的多个数据库地位平等,用户的数据更新操作可以作用在任何一个数据库上,系统透明地将更新复制到其余数据库中。

2) INFORMIX-SE

SE 是一个基于文件系统的数据库服务器,易安装、易维护、易使用、易管理。它提供 SQL 的数据处理功能,而所需要的数据库管理工作很少,但它支持的用户数较少,因此适合中小型企业使用。INFORMIX-SE 可以在多种操作系统环境中运行,包括 UNIX,DOS, Windows,Netware,XENIX 等。

4. INFORMIX 工具

INFORMIX 的工具产品既有支持字符的,又有图形方式的,既有过程化的高级语言,又有非过程化的描述工具。适合从专业开发人员到最终用户的各类人员使用。

INFORMIX 的工具产品主要包括如下几种。

1) INFORMIX-4GL

INFORMIX-4GL 是 UNIX 市场上最受欢迎的第四代语言环境之一,是一个整体性的第四代语言,提供了开发完整的数据库应用所需的功能和灵活性。其主要成份包括:

• 数据库语言

在 4GL 中可直接书写 RDSQL 语言,对数据库进行常规操作。RDSQL 是 INFORMIX 公司对 ANSI 标准 SQL 的扩充。

• 程序设计语言

4GL 兼有第四代语言和通用程序设计语言的特点。4GL 中包括赋值、循环、条件、分支等过程性语句,提供丰富的数据结构,提供函数语句。

· 屏幕建立实用程序

4GL 包括一个屏幕建立实用程序 FORM4GL,利用它以及 4GL 的交互语句和 4GL 运行系统的自动处理光标移动等功能,就能开发出用户界面良好的应用程序。

· 菜单建立实用程序

4GL 提供很强的菜单语句,用于描述菜单选项和相应动作。运行系统将按菜单语句的描述执行相应动作。

· 报表书写程序

4GL 提供了建立各种报表的语句,对数据库中的数据进行查询和排序等工作。4GL 还提供很多内部函数和格式编排功能,以简化报表程序的编写。

· 窗口管理功能

4GL 可以为不同的活动提供屏幕上不同的窗口。程序只需描述窗口的大小、位置,运行程序就可以在屏幕上开出窗口,并在该窗口上执行相应的语句。

INFORMIX-4GL 包括三种产品:INFORMIX-4GL/RDS(快速开发系统)、IN-FORMIX-4GL/ID(交互式调试器)、INFORMIX-4GL Compiler(编译器),这三个产品构成了一个完整的应用开发环境。

2) INFORMIX-4GL Forms

INFORMIX-4GL Forms 是一个为快速建立数据录入应用而提供的代码生成器和屏幕表格描述器,它根据用户对屏幕格式的简单描述得到屏幕格式说明文件,并自动生成数据库录入应用程序的 INFORMIX-4GL 代码。

3) INFORMIX-4GL/GX

INFORMIX-4GL/GX 是一个图形界面运行工具,它使得在字符方式下开发的 4GL 软件能在图形环境下运行,并以图形界面形式出现。

4) INFORMIX-4GL for OpenCase,INFORMIX-4GL for ToolBus

它们是 INFORMIX 的 CASE 工具。OpenCase/ToolBus 为 4GL 应用软件开发提供一个集成的图形开发环境,各种 CASE 工具被集成在一个界面环境下。INFORMIX-4GL for OpenCase/ToolBus 是一个基于 INFORMIX-4GL 的集成开发环境,将 INFORMIX-4GL 的各种产品集成到 OpenCase/ToolBus 下,并提供编辑、调试、编译、运行等手段,大大缩短应用开发周期。

5) INFORMIX-NewEra

INFORMIX-NewEra 是一个开放的、图形化的、事件驱动的开发环境,可用于生成关键任务的企业级客户/服务器应用。INFORMIX-NewEra 提供了强大灵活的数据库语言、能够实现代码/部件重用的各种类库,完整的可视化工具,并支持与非 INFORMIX 关系数据库的开放连接。

INFORMIX-NewEra ViewPoint Pro 是 INFORMIX-NewEra 的可视化程序设计工具,它包括图形化开发工具与数据库管理员工具两大类,可以简化创建中小型数据库应用的过程。

INFORMIX-NewEra ViewPoint Pro 图形化开发工具主要包括图形化表格绘制工具(forms)、图形化报表书写工具(reports)、查询生成工具(QBE)和应用屏幕建立工具(aplication screens），分别用于生成表格、报表、查询和应用界面。

INFORMIX-NewEra ViewPoint Pro 数据库管理员工具主要包括图形化数据库模式生成器（Schema Builder）、SuperView 生成器（SuperView Builder）、SQL 编辑器（SQL Editor）。其中数据库模式生成器用于创建与修改数据库结构、授权与回收、创建与撤销索引等；SuperView 生成器用于创建与维护数据库视图；基于 GUI 的 SQL 编辑器用于输入/编辑和执行 SQL 语句。

INFORMIX-NewEra ViewPoint 是最终用户工具。它包括表格、报表和查询三个部分，专为最终用户提供高速直观的数据库访问。最终用户看到的是一个他所要存取的数据的简单明了的描述。

6）嵌入式 SQL（ESQL）

INFORMIX 允许在 C,COBOL 等高级程序设计语言的程序中嵌入 SQL 语句来访问数据库中的数据。

7）INFORMIX-HyperScript Tools

INFORMIX-HyperScript Tools 是一个面向客户/服务器应用的多平台，可视化的编程环境，使应用开发人员可以很方便地设计基于图形的、事件驱动的应用系统。

8）INFORMIX-DBA

INFORMIX-DBA 是一个专为数据库管理员提供的基于图形用户界面的系统维护工具，利用它可以方便地定义和修改数据库结构，建立和维护最终用户使用的超级视图。

除上述 INFORMIX 公司的产品外，其他的第三厂商的开发工具也可以在 INFORMIX 环境中运行，进一步增强了对用户的支持。

5. 连接软件

INFORMIX 提供网络环境下运行的数据库软件，支持分布处理功能。INFORMIX 的客户和服务器软件可以在同一台机器上，也可以在计算机网络中的不同机器上。网络中可以有多个数据库服务器，一个客户上的应用程序可以访问多个数据库服务器。

INFORMIX 的客户/服务器连接软件主要有以下几种。

1）INFORMIX-STAR

INFORMIX-STAR 为 INFORMIX-OnLine 提供网络通信功能，使得用户可以对多个数据库服务器中的数据进行连接、查询和更新，使 INFORMIX-OnLine 成为一个分布式数据库。

2）INFORMIX-NET

INFORMIX-NET 是一个网络通信产品，它使得客户计算机上的 INFORMIX 应用开发工具能够访问远程的 INFORMIX 数据库服务器中的数据。INFORMIX-NET 可以支持异构计算机与操作系统上的通信，自动支持 TCP/IP,StarGROUP 网络协议，通过 IN-FORMIX-NETWORK API 可编程实现对其他网络协议的支持。

3）INFORMIX-Enterprise Gateway

INFORMIX-Enterprise Gateway 提供了对 35 种不同的硬件平台和操作系统上的 60 多种关系型和非关系型数据源的 SQL 访问和远过程调用方式的访问。

4）INFORMIX-Gateway with DRDA

DRDA 是 IBM 公司公布的应用系统和远程的关系数据库管理系统之间连接的一系列协议。IBM 把 DRDA 作为数据库间互操作的标准。INFORMIX 是推出支持 DRDA 的产品的非 IBM 厂商。通过 INFORMIX-Gateway with DRDA，无需在 IBM 主机上增加软件，INFORMIX 应用就可以访问和修改 IBM 关系数据库中的数据。

5）INFORMIX-TP/XA

这个产品将 INFORMIX-OnLine 与符合 X/OPEN XA 标准的事务管理器相连接，以支持跨多个数据库或多个计算机系统的全局事务。

6. INFORMIX 的数据仓库解决方案

INFORMIX 的数据仓库产品是 INFORMIX MetaCube。利用 INFORMIX MetaCube 可以比较方便地生成 OLAP 应用。

MetaCube 是一个基于多维数据模型的 OLAP 服务器。它通过元模型（包括可用数据信息、划分数据的维信息、底层数据库结构信息等）将底层的关系数据库转化为一个多维视图，方便用户进行多维数据分析。为进一步提高复杂查询的效率，MetaCube 提供了预综合数据的能力，允许系统管理员用工具来定义必要的预综合。

MetaCube 还包括两个工具产品。一个是最终用户即席查询工具 MetaCube Explorer，用户可用该工具进行多维分析、做统计图、生成报表，并可以选择是立即执行还是后台执行。另一个是用于定义和管理元模型的图形工具 MetaCube Warehouse Manager。

作为中介件，MetaCube 对两端开放，一方面通过 ODBC 驱动程序与前端查询工具（如 VB，PowerBuilder，SQL Windows）和前端应用（如 Excel）连接，另一方面除 INFORMIX 外还可以第三方厂商的数据库核心连接。

7. INFORMIX 的 Internet 解决方案

INFORMIX Web DataBlade 模块是为 Web 应用专门设计的应用开发和管理环境，它允许将 SQL 语句嵌入 HTML 中以便能够根据数据库内容生成动态 HTML 页面。Web DataBlade 的最大特色是可以生成动态多媒体 HTML 页面，而不是简单的动态 HTML 页面或简单的多媒体 HTML 页面。Web DataBlade 模块包括 Application Page Builder 工具和 Webdriver。前者是一个基于 WWW 的浏览器工具，后者是一个基于 CGI 负责 Web DataBlade 模块与 Web 服务器之间接口的软件模块。

7.5　DB2

1. DB2 产品简介

DB2 是 IBM 公司的数据库管理系统产品，它起源于 System R 和 System R *。它支持从 PC 到 UNIX，从中小型机到大型主机，从 IBM 到非 IBM（HP 及 SUNUNIX 系统等）各种不同平台。它既可以在主机上以主/从方式独立运行，也可以在客户/服务器环境中运行。其中服务器平台可以是 OS/400，AIX，OS/2，HP-UX，SUN Solaris 等操作系统，客户机平台可以是 OS/2 或 Windows，DOS，AIX，HP-UX，SUN Solaris 等操作系统。

2. DB2 公共服务器

DB2 数据库核心又称作 DB2 公共服务器,它采用多进程多线索体系结构,可以运行于多种操作系统之上,并分别根据相应的平台环境作了调整和优化,以便能够达到较好的性能。

DB2 数据库核心目前主要有两大版本,即 DB2 第一版(DB2 Version 1)和 DB2 第二版(DB2 Version 2)。其中 DB2 第二版还提供了 DB2 并行版选件。

DB2 第一版具有业务管理、数据完整性维护、数据恢复及系统保安等功能。支持工业标准的 SQL,用户可以用它开发可移植的应用程序。

DB2 第二版(DB2 Version2)功能进一步加强。其主要特色有以下几点。

1)支持面向对象的编程

DB2 第二版支持复杂的数据结构,如无结构文本对象,可以对无结构的文本对象进行布尔匹配、最接近匹配和任意匹配等搜索方法。

应用程序的开发者可以根据他们的特殊需要,建立用户定义的类型(UDT)和用户定义的函数(UDF),各种公共的 UDT 和 UDF 可以在主要的编程语言(包括 C,C++,COBOL 和 FORTRAN)之间共享。UDT 和 UDF 的面向对象的组合促进了各种数据库利用函数库来进行灵活的功能扩展。

2)支持多媒体应用程序

DB2 第二版支持大对象(LOB),即允许在数据库中存储二进制大对象和文本大对象。其中二进制大对象可用来存储多媒体对象,如视频、音频、图象等。DB2 第二版提供了对 LOB 数据的检索、取子串和连接等操作,用户还可以用 UDF 定义对 LOB 的其他操作。

3)备份和恢复能力

DB2 支持联机和脱机的数据库备份与恢复,支持联机和脱机的表空间备份与恢复。

DB2 提供了高速装载实用程序 LOAD。LOAD 既可以执行新表的批量数据装载,也可以对已有表加载新数据,装载过程中可以强制进行约束检查。LOAD 实用程序是可重新启动和可恢复的。装载数据过程因出现故障而终止后,用户可在故障排除后继续运行 LOAD 程序,而不必从头开始。

4)支持存储过程、触发器,用户在建表时可以显式地定义复杂的完整性规则。

5)支持递归 SQL 查询

6)支持异构分布式数据库访问

7)支持数据复制

通过 DataPropagator Non-Relational,可以完成 DB2 数据库与 IMS 等非关系数据库之间的数据传递工作。

通过 DataPropagator Relational,可以对 IBM DB2 系列数据库之间的数据复制实行自动管理。

通过 DataRefresher,可以简化从主机数据库及文件中拷贝数据的过程。支持的数据格式包括 DB2,IMS,VSAM 及简单文件。它会将相关数据重新格式化后复制到 DB2。

而 DataPropagator Non-Relational,DataPropagator Relational,DataRefresher 三种数据复制产品可互操作。

8) 简化管理

为了简化对多客户和多服务器的网络的管理工作,DB2 支持在远程终端上进行系统管理。DB2 提供了事件监视器,可在一段时间内跟踪数据库活动,帮助数据库管理员调优系统。

提供了更高的事务吞吐量、更好的可伸缩性、更高的数据库可用性,能够支持大规模数据库,IBM 还推出了 DB2 并行版本(DB2 PE)。

DB2 PE 是 DB2 for AIX 的并行实现,可运行在 SMP,Cluster,MPP 硬件平台上。其主要特点如下。

① DB2 PE 执行用户请求时,其中一个结点作为协调结点,负责优化 SQL 语句,并以函数传送(function-shipping)方式把子查询送到各个从结点上。

② DB2 PE 支持数据划分,划分的数据可以放进不同的表空间中,而这些表空间又可以位于不同的物理存储设备上,以提高性能。

③ DB2 PE 支持并行数据扫描、连接、排序、数据装入、建立索引、备份和恢复、联机负载等。联机负载均衡意味着较少的系统管理和较少停机时间。集中化的管理为 DB2 和系统管理工作节省了时间。任何故障都能被隔离到单个结点上,所以在恢复一个故障结点时,系统不用中止仍可继续运行。以并行执行的方式提供完全的联机备份,所以备份和恢复的时间可以大为节省。另外通过 ADSTAR Distributed Storage Manager 还可以把数据备份到远程的 MVS 或 VM 系统上。

3. 工具产品

IBM 提供了许多开发和使用 DB2 数据库应用的工具,其中主要工具有 Visualizer Query,VisualAge,VisualGen。

1) VisualGen

VisualGen 是 IBM 所提供的高效应用开发方案中的一个重要组成部分。它集成了第四代语言、CLIENT/SERVER 与面向对象技术,给用户提供了一个完整、高效的开发环境。VisualGen 简化和精炼了开发过程,使程序员可以开发出易于使用的、易于增长的 CLIENT/SERVER 应用程序。

应用系统周期分为开发(DEVELOPMENT)与运行(EXECUTION)两个阶段。在开发阶段,VisualGen 在 PCLAN 环境下提供了完整的设计、编程、调试、生成功能,用户可以在 PCLAN 环境下开发运行于不同平台的客户/服务器程序,如果需要,VisualGen 将同时生成客户端和服务器端的程序。在运行阶段,用户可以将开发完成的应用在目标环境下编译、运行。VisualGen 现阶段支持的目标环境包括 MVS,VSE,AIX 和 OS/2。

VisualGen 不仅可以用于开发 DB2 应用,而且可以用于第三方一切符合 DRDA 体系结构的数据库的前端工具。

VisualGen 由以下五种产品组成:

* VisualGen 开发程序
* VisualGen MVS 环境下应用程序生成器
* VisualGen VSE 环境下应用程序生成器
* VisualGen Workgroup 服务程序

· VisualGen 主机服务程序

2）VisualAge

VisualAge 是一个功能很强的可视化的面向对象的应用开发工具，可以大幅度地提高软件开发效率。

VisualAge 以组装方式开发应用程序。部件库包括 GUI、通信、多媒体、远程与本地数据库存取以及查询等预制部件。通过部件库，建立标准的部件，以便重复使用。它还可以把已有的非面向对象结构的应用程序，封装成面向对象结构，以便集成应用。

VisualAge 包括以下几方面特征。

① 可视化程序设计工具。它使开发人员能够利用部件以非过程化方式建立完整的应用程序。

② 部件库。包括支持图形用户接口的预制部件，以及包含数据库查询、事务和本地、远程函数的通用部件。用户也可以开发自己的部件。

③ 关系数据库支持。包括使用本地、远程关系数据库的支持，以及提供一套进行查询的可视化程序设计部件。

④ 通信支持。可以支持多种协议和程序设计接口。

⑤ 群体程序设计。VisualAge 为群体开发提供先进和全面的支持，群体可在网络开发环境中同时使用中心类库。VisualAge 还支持配置管理、版本控制。

⑥ 支持增强的动态连接库 DDL。

⑦ 支持多媒体。

⑧ 数据共享。支持"系统数据模型 SOM"和"分布系统对象模型 DSOM"，使开发人员可以将用其他语言开发的对象类进行再使用，以及把它们当作子类，并组装成 SOM 类与对象。另外还支持"动态数据交换 DDE"，允许同一台机器中运行的两个应用程序动态地交换数据。

3）Visualizer

Visualizer 是客户/服务器环境中的集成工具软件，主要包括下面几种工具。

（1）Visualizer Query 可视化查询工具

可视化查询是针对非计算机专业人员的使用而设计的前端工具，可以帮助用户从许多分散的数据源中查找、获取并显示数据库中的数据，易学易用。可视化查询支持多种数据格式，提供了完整的报表功能、丰富的查询及浏览能力。

（2）Visualizer Multimedia Query 可视化多媒体查询工具

可视化多媒体查询工具可以访问 DB2 数据库中的传统数据和相关的多媒体数据，可以利用可视的颜色、文本结构、形状和设计图案样本来搜索图象，利用管理工具识别多媒体字段，规定多媒体程序和准备图象。

（3）Visualizer chart 可视化图表工具

可视化图表工具能够为用户快速简便地产生有效的商业图形，包括平面图形与立体图形，例如，线图、饼图、直方图、混合图等。可视化图表工具可以接收并处理用户用可视化查询工具查询出来的数据。可视化图表工具允许用户简单直接地改变图表的类型和空间维数，控制字体、颜色、方向、坐标轴定义、图注和注释。

（4）Visualizer Procedures 可视化过程工具

可视化过程工具使用户不必编写程序,利用提供的图标以很直观的方式来建立自己的过程。通过建立过程可自动完成创建报表、图表等工作,还可以预定在某个时间点上自动执行过程。

（5）Visualizer Statistics 可视化统计工具

可视化统计工具允许用户对可视化查询的数据进行多种统计分析。可视化统计工具提供了 57 种统计方式,包括方差分析、相关性分析、回归分析等,并可以图文并茂地显示统计分析图。

（6）Visualizer Plans 可视化规划工具

可视化规划工具是一种多维规划工具,具有强有力的数学模型,提供了灵活的时间定义方式和线性规划功能,可以帮助用户对所遇到的问题进行分析、设计、度量和控制,从而有助于用户制定预算、分析性能或计算利润。

（7）Visualizer Development 可视化开发工具

可视化开发工具提供了一个面向对象及事件驱动的软件开发环境,帮助用户设计界面、数据查询和操作处理,连接其他可视化对象（例如报表、图表、统计）。

4. 互连产品

1）分布式数据库连接服务（DDCS）

DDCS 使应用程序能够透明地存取符合分布式关系数据库体系结构（DRDA）的异构分布式关系数据库中的数据。通过 DDCS,用户可以运行全局事务,即一个用户请求可以同时访问多个位于不同场地的数据库。DDCS 提供了数据预读功能,以缩短系统的响应时间。

DDCS 提供了多用户网关。因此在多种操作系统平台上运行的客户应用程序都可以存取在 DRDA 服务器上的企业数据。DDCS 网关服务器可以接收多个用户的请求,并把它们通过路由选择与适当的数据库连接起来。

2）客户应用程序驱动器（client application enabler）

目前不同厂商的关系数据库系统的互操作主要都是通过开放数据库互连（ODBC）驱动程序实现的。DB2 也提供了这一功能。此外,它还提供了一个客户应用程序驱动器。利用客户应用程序驱动器,DB2 的用户也可以访问第三方厂商的数据库系统。

5. DB2 的数据仓库解决方案

DB2 的数据仓库解决方案是 IBM Information Warehouse 体系结构,这是一个总体集成方案,主要包括四个部分:数据转换工具、数据仓库服务器、数据分析和终端用户工具、数据仓库管理工具。为了保证 OLAP 应用的性能,数据仓库服务器最好采用并行数据库系统,但除了可以使用 DB2 PE 外,也可以使用其他数据库系统,如 ORACLE,INFORMIX,SYBASE 等,甚至可以是多种数据库并存。IBM Information Warehouse 的其他三个部分实际上是三个不同层次上的工具。数据转换工具是从已有的操作型数据构造数据仓库数据的工具,它可以将操作型数据按照有利于数据分析的格式转换到数据仓库中。数据转换工具多种,例如,在不同操作系统平台的各 DB2 数据库之间转换数据可以使用 DataPorpagator,在非 DB2 数据库之间转换数据可以使用 DataJoiner。数据分析和终端用户工具是最终用户的 OLAP 工具,供最终用户对数据仓库中的数据进行多维分析,它既可以使用 IBM 提供的工具,也可以使用第三方工具软件,例如,Lotus Approach,IBM Data Mining Toolkit,Brio-Query 等。其中数据挖掘工具 IBM Data Mining Toolkit 使用了神经网络技术及统计算法,具有量化不同对象间的关系,按性质对数据进行分类、分析与评估数据等功能。数据仓库管理工具是面向数据仓库管理员的工具,用于定义与维护描述数据仓库结构和内容的元数据,IBM DataGuide 就是这种工具。

针对小型数据仓库,IBM 专门提供了数据仓库工具产品 IBM Visual Warehouse,作为 IBM Information Warehouse 体系结构的一个重要组成部分,IBM Visual Warehouse 最主要的功能是进行数据转换,即接收用户对数据仓库的定义(数据仓库的视图、数据源、存储数据仓库的数据库等),以此为依据,访问存储在 DB2 或其他数据库系统中的操作型数据和外部数据,对这些数据进行加工、汇总和整合之后将数据分布到数据仓库中。作为一个完整的小型数据仓库解决方案,IBM Visual Warehouse 需要和数据分析和终端用户工具、数据仓库管理工具集成使用,IBM 目前通常将 IBM Visual Warehouse 与 DataGuide,Lotus Approach 打包。

6. DB2 的 Internet 解决方案

DB2 的 Internet 产品是 Net. Data,其早期版本称为 DB2WWW。Net. Data 提供了 Web 服务器与数据库之间的接口,使 Web 服务器能够利用数据库中的内容生成动态 HTML 页面。它由 Web 宏驱动,工作原理与 SYBASE Web. sql 类似,用户可以将 SQL 语句嵌入 HTML 文本,Web 服务器一旦发现 Web 浏览器请求的 Web 页面中含有 SQL 语句,就会启动 Net. Data,由 Net. Data 处理这些 SQL 语句并返回纯 HTML 文本。Net. Data 的底层数据源除了可以是 DB2 数据库外,还可以是其他数据库甚至是文件。

7. 6 INGRES

1. INGRES 公司简介

INGRES 公司成立于 1980 年。INGRES 关系数据库的技术最早源于美国加州伯克利大学的研究成果。INGRES 关系数据库系统从产生到发展,一直与伯克利大学保持着密切的联系。早在 20 世纪 70 年代中期,伯克利大学电子工程与计算机系的 M. Stonebraker 等三位教授提出了 INGRES 的设计方案。1975 年研制成功并开始运行。经过几年的改进形成一系列版本。INGRES 最早建立在 PDP11 系列机上,由 UNIX 操作系统提供支持。80 年代初成立 Ingres 公司,成为专业数据库厂商。1990 年并入 ASK 集团。1994 年,CA 公司又收购了 ASK 集团。

2. INGRES 关系数据库产品

INGRES 的产品分为三类:数据库核心、开发工具、开放互连产品。

3. INGRES 数据库核心

INGRES 的数据库核心集数据管理、知识管理、对象管理于一体。各个部门可以把他们所有的操作都建模在数据库服务器中,而不是在应用程序中。

1) INGRES 的数据管理

INGRES 的数据管理具有下列特点。

(1) 开放的客户/服务器体系结构

INGRES 采用多进程多线索的体系结构,允许用户建立多个多线索 DBMS 服务器,存取同一个共享数据库。INGRES 可以在 SMP 和机群等并行机平台上运行。

(2) 编译的数据库过程

数据库过程是用 Ingres/4GL 编写的函数,由 Ingres DBMS 服务器编译、存储和管理。数据库过程用来实现预先定义或可预知的联机事务。它编译后存放在共享空间中,用户可以随时调用。这样减少了 CPU 负荷和存储消耗,减轻网络开销,强制实施数据一致性。

(3) 数据联机备份

INGRES 无须中断正常系统的运行,就能产生数据库转储备份。

(4) I/O 减量技术

INGRES 提供诸如快速提交、成组提交、多块读出和写入等技术,减少事务的 I/O 量。

(5) 多文件存储

INGRES 将每个表格以单个文件形式存放,而不是一起存入一些独立的分区中,这样存放的好处在于,一旦某个文件被破坏,只需将其备份装入即可,大大减少恢复时间。多文件存储同时提高了 I/O 带宽,并且无需对数据预分配空间。

(6) 分布式数据库

INGRES 具有分布式数据库能力,支持两阶段协议,能够保证分散在多台计算机上执行的分布事务的一致性。

(7) 数据复制功能

INGRES 可以自动管理数据在服务器间的异步复制,这些服务器可以使用不同的操作系统。每个应用只能在一个服务器上操作,系统独立于应用来分布事务。

INGRES 支持多种数据库复制策略,主要包括:

• 对等配置(peer-to-peer)。即各个数据库的地位是平等的。也就是说,各个数据库可以互相复制,读和更新数据的操作可以在任何数据库中进行。

• 主/从配置(master/slave)。即数据只能从主数据库中复制到从数据库中。主数据库中的数据可以读取和更新,而从数据库的复制副本不能更新,只能读取,这可以保证分布式数据库中用户就近读取数据。另一方面,由于从场地保存了数据备份,因此可以进行故障恢复,即当主场地出现故障时,应用可以转到其中一个复制场地上来。

• 级联配置(cascade)。级联配置中,把源数据库复制到一个目标数据库后,该目标数据库中的数据又复制到另一个目标数据库,如此复制下去。

INGRES 支持把数据复制到非 INGRES 数据库,包括 DB2,IMS,VSAM,Rdb,RMS,和 Allbase 等。

复制配置对应用是透明的。对于异步的可在任何地方更新的复制配置,当两个服务器同时更新不同场地的同一记录时,如果一个场地的更新事务尚未复制到另一个场地时,第二个场地已开始更新,这时就可能引起冲突。INGRES 提供了控制冲突的方法,包括各种形式的自动解决方法及人工干预方法。

2) INGRES 的知识管理

传统数据库缺乏知识管理能力。知识管理指数据的相互联系、基本的事物规则、事件的通知、用户的存取权限以及可接受的资源消耗限制等。经过长期的努力，INGRES 在服务器内部实现了知识管理。在系统管理层实现了数据、知识、对象的结合。提高了系统效率。IN-GRES 知识管理主要有以下特点。

（1）规则系统。INGRES 规则是自动执行各种商业政策和完整性约束的过程，当用户定义的行为准则一旦满足，数据库服务器便激活相应的规则，因而应用程序员无需在每个应用中考虑和编码商业规则。目前，INGRES 的规则系统，对每个表拥有的独立规则数目不受限制。它内部支持无限制的前向链推理和无限递归算法。

（2）数据库事件报警器。它为捕捉事件提供了一种简单方法。数据库事件可以用 SQL/4GL 建立。一旦定义好后，引发事件就可以用 INGRES/4GL 或 3GL 建立。

3) INGRES 的对象管理

传统的 RDBMS 存储和处理的数据类型仅局限于字符、数值等基本数据类型，难以处理复杂的数据类型. 对于复杂的数据元素，通常要在应用程序中处理，这样做就会增加编程时间，损害数据的一致性。为了在更大范围内满足应用的要求，INGRES 引入了对象管理。IN-GRES 是最早在关系数据库中引入对象管理的数据库管理系统。

INGRES 的基于服务器的对象管理技术是由其对象管理扩展 OME 实现的。OME 是 INGRES 的一个可选特征，它帮助用户将抽象数据类型和新 SQL 函数加入到 INGRES 核心中，达到通过扩充 INGRES 核心来满足用户的特殊需要的目的。借助 OME，用户可以对 INGRES 核心作如下扩充。

（1）定义新数据类型。用户可根据自己的应用需要，利用 INGRES 核心中已有的数据类型定义复杂数据类型。对于用户自己定义的数据类型，程序员编制特定的过程教会 IN-GRES 如何存储和操作这些新的数据类型。

（2）定义函数。可以为 INGRES 服务器增加新的"Built-in"SQL 函数来处理 INGRES 提供的或用户自定义的数据类型。这些函数嵌入在服务器中，当 SQL 遇到自定义函数时能被自动激活。

（3）定义操作符。当标准的操作符（如加、减）和用户定义的数据类型一同使用时，用户定义的操作符就赋予了新的含义。

用户的定义一旦加入到 INGRES 核心中，其使用方法就与 INGRES 标准数据类型、标准 SQL 函数和标准操作符的使用方法完全相同了。也就是说，任何可以使用标准数据类型、标准 SQL 函数或标准操作符的地方都可以使用用户定义的数据类型、用户定义的 SQL 函数或扩充后的操作符。

4. INGRES 应用开发工具

1) INGRES/Windows 4GL

INGRES/Windows 4GL 是开发图形界面应用程序的第四代语言集成环境。集可移植的图形界面、面向对象的第四代语言和应用管理于一体，该环境支持下列特性：

·通过面向对象的 4GL 和调试器，提高程序员的生产率。包括可视编辑器、交互调试器、系统类库。

·支持多种窗口系统的可移植集成环境。在任一窗口系统下开发应用程序,无需作任何修改就能移植到另一个窗口系统下运行;支持多任务开发环境,允许多个窗口之间相互传递信息;支持各种通用图象文件格式,允许多种资源信息输入等。

·通过建立数据字典,INGRES/Windows 能自动管理所有的对象,加快开发建立复杂的应用系统。

2）INGRES/Vision

INGRES/Vision 是一个代码生成器,允许用户在现有的硬件基础上迅速地建立商业决策系统。使用 INGRES/Vision 不仅能显著减少开发时间,建立灵活的功能强的应用系统,而且容易维护和增强系统的功能。INGRES/Vision 支持高级界面特征。为了加强应用的功能,INGRES/Vision 允许用户对自动生成的代码进行调整,满足特定的要求。INGRES/Vision 应用程序在 INGRES 支持的环境下可以方便地移植。支持 INGRES 和非 INGRES 数据的存取等。

3）用户决策支持工具

（1）GQL（图形查询语言）提供先进的 point-and-click 窗口界面,允许终端用户从主机 INGRES 数据库中检索和更新信息。

（2）GRAFSMAN,INGRES/Windows 4GL 等工具虽然能将 INGRES 数据以图象、表格、报表形式显示在屏幕上,然而要想把这些屏幕显示打印输出则很困难。利用 GRAFS-MAN 可以很容易地以复杂图形的形式显示和输出数据。

（3）交互性能监控器（IPM）是专为 DBA 提供的实用程序,用来监控和协调 INGRES 的安装和运行。

4）嵌入式 SQL 语言（ESQL）

ESQL 包括 SQL 和 SQL/FORMS 两部分,其中 SQL 实现数据库服务器之间的数据访问,SQL/FORMS 实现与用户之间的接口。INGRES 的 SQL 可以嵌入到 C,FORTRAN,PASCAL,COBOL,PL/1,BASIC,Ada 等第三代高级语言中。

5. INGRES 互连产品

1）INGRES/NET

INGRES/NET 是一种基于全局通信的、与 OSI 兼容的客户/服务器通信协议。IN-GRES/NET 具有下列特征。

·透明性,使用 INGRES/NET,所有 INGRES 客户能透明地与所有的服务器相连。用户在开发应用程序时不必指明目标数据库的位置或网络的拓扑结构。INGRES/NET 提供位置透明、网络透明、多平台透明和多字符集翻译。

·互操作性,基于 ANSI/ISO 标准的 INGRES/Open SQL 是所有 INGRES 客户使用的应用编程接口,可确保本地或远程数据库的互操作性。

用户只需购买和安装一次 INGRES/NET,就能简单地连接或断开不同种类的网络联系,就能实现多线操作,避免了为每个客户/服务器连接而装载新的网络代码带来的高开销。支持客户/服务器、服务器/服务器之间的点对点和双向通信,并支持交叉版本兼容。

INGRES/NET 支持众多网络协议,如 TCP/IP,IBM LU6.2,Digital 的 DECnet,Net-BIOS,Novell 的 SPX/IPX 和 X.25 等。

2) INGRES/Gateway

INGRES/Gateway 是存取非 INGRES 数据的工具,能透明地存取如 IBM 的 DB2 或 IMS,DEC 的 Rdb 等的数据。INGRES/Gateway 还能和其他 INGRES 开发工具集成,支持用户在异构环境下开发应用程序,建立决策支持系统,是一个优秀的互连工具。

习　题

1. 试述 RDBMS 产品的发展过程。

第8章 数据库技术新进展

数据库系统是在计算机硬件、软件发展的基础上,在应用需求的推动下,从文件系统发展而来的。第1章已经介绍了数据库技术的这一产生历程,本章将介绍数据库技术的发展过程。

8.1 数据库技术发展概述

数据库技术从20世纪60年代中期产生到今天仅仅是30年的历史,但其发展速度之快,使用范围之广是其他技术望尘莫及的。短短30年间已从第一代的网状、层次数据库,第二代的关系数据库系统,发展到第三代以面向对象模型为主要特征的数据库系统。数据库技术与网络通信技术、人工智能技术、面向对象程序设计技术、并行计算技术等互相渗透,互相结合,成为当前数据库技术发展的主要特征。

图8-1从数据模型、新技术内容、应用领域三个方面,通过一个三维空间的视图,阐述了新一代数据库系统。

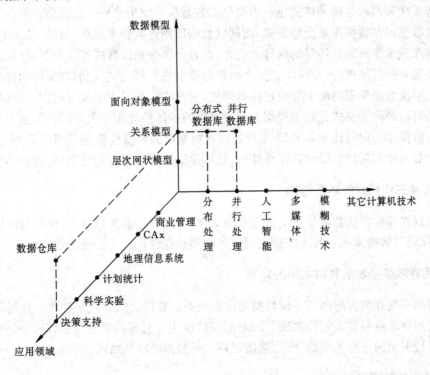

图 8-1 新一代数据库系统

8.2 数据模型及数据库系统的发展

数据模型是数据库系统的核心和基础。数据模型的发展经历了格式化数据模型(包括层次数据模型和网状数据模型)、关系数据模型,正在走向面向对象的数据模型等非传统数据模型。按照数据模型的进展,数据库技术可以相应地分为三个发展阶段。

层次数据库系统和网状数据库系统均支持格式化数据模型,它们从体系结构、数据库语言到数据存储管理均具有共同特征,是第一代数据库系统。

关系数据库系统支持关系模型。关系模型不仅简单、清晰,而且有关系代数作为语言模型,有关系数据理论作为理论基础。因此关系数据库系统具有形式基础好、数据独立性强、数据库语言非过程化等特色,标志了数据库技术发展到了第二代。

第二代数据库系统的数据模型虽然描述了现实世界数据的结构和一些重要的相互联系,但是仍不能捕捉和表达数据对象所具有的丰富而重要的语义。因此尚只能属于语法模型。

第三代的数据库系统将是以更加丰富的数据模型和更强大的数据管理功能为特征,以满足传统数据库系统难以支持的新的应用要求。

8.2.1 第一代数据库系统

支持层次和网状这两种格式化数据模型的数据库系统为第一代数据库系统。

层次数据库是数据库系统的先驱,而网状数据库则是数据库概念、方法、技术的奠基。它们是数据库技术中研究得最早的两种数据库。两者的区分是以数据模型为基础,层次数据库的数据模型是分层结构的,而网状数据库的数据模型是网状的,它们的数据结构都可以用图来表示。层次数据模型对应于有根定向有序树,而网状模型对应的是有向图。所以,这两种数据模型可以统称为格式化数据模型。其中层次数据库系统实质上是网状数据库系统的特例。层次数据库的典型代表是 IMS 系统。网状数据库的典型代表是 DBTG 系统。

层次数据库和网状数据库从体系结构、数据库语言到数据存储管理均具有共同特征。

1. 支持三级模式的体系结构

层次数据库和网状数据库均支持三级模式结构,通过外模式与模式、模式与内模式之间的映象,保证了数据库系统具有数据与程序的物理独立性和一定的逻辑独立性。

2. 用存取路径表示数据之间的联系

数据库不仅存储数据而且存储数据之间的联系。数据之间的联系在层次和网状数据库系统中是用存取路径来表示和实现的。例如,DBTG 中一对多的联系用系(Set)来表示,而系一般是用指引元的方法实现的,因此系值就是一种数据的存取路径。

3. 独立的数据定义语言

层次数据库系统和网状数据库系统有独立的数据定义语言,用以描述数据库的外模式、模式、内模式以及相互映象。诸模式一经定义,就很难修改。修改模式必须首先把数据全部卸出,然后重新定义诸模式,重新生成诸模式,最后编写实用程序把卸出的数据按新模式的定义装入新数据库中。因此在许多实际运行的层次、网状数据库系统中,模式是不轻易重构的。这就要求数据库设计人员在建立数据库应用系统时,不仅充分考虑用户的当前需求,还要充分了解需求可能的变化和发展。对数据库设计的要求比较高。

4. 导航的数据操纵语言

层次和网状数据库的数据查询和数据操纵语言是一次一个记录的导航式的过程化语言。这类语言通常嵌入某一种高级语言如 COBOL,FORTRAN,PL/1 中。

所谓导航就是指用户不仅要了解"要干什么",而且要指出"怎么干"。用户必须使用某种高级语言编写程序,一步一步地"引导"程序按照某一条预先定义的存取路径来访问数据库,最终达到要访问的数据目标。在访问数据库时,每次只能存取一条记录值。若该记录值不满足要求就沿着存取路径查找下一条记录值。

导航式的数据操纵语言其优点是存取效率高。存取路径由应用程序员指定,应用程序员可以根据他对数据库逻辑模式和存储模式的了解选取一条较优的存取路径,从而优化了存取效率。缺点是编程繁琐。用户既要掌握高级语言又要掌握数据库的逻辑结构和物理结构,程序设计很大程度上依赖于设计者自己的经验和实践,因而只有具有计算机专业水平的应用程序员才能掌握和使用这类数据库操纵语言。应用程序的可移植性较差,数据的独立性也较差。

8.2.2 第二代数据库系统

支持关系数据模型的关系数据库系统是第二代数据库系统。

1970 年 IBM 公司 San Jose 研究室的研究员 E. F. Codd 发表了题为"大型共享数据库数据的关系模型"论文,提出了数据库的关系模型,开创了数据库关系方法和关系数据理论的研究,为关系数据库技术奠定了理论基础。

20 世纪 70 年代是关系数据库理论研究和原型开发的时代。其中以 IBM San Jose 研究室开发的 System R 和 Berkeley 大学研制的 INGRES 为典型代表。它们研究了关系数据语言,攻克了系统实现中查询优化、并发控制、故障恢复等一系列关键技术,奠定了关系模型的理论基础,使关系数据库最终能够从实验室走向社会。

20 世纪 80 年代以来,几乎所有新开发的系统均是关系的。这些商用数据库技术的运行,特别是微机 RDBMS 的使用,使数据库技术日益广泛地应用到企业管理、情报检索、辅助决策等各个方面,成为实现和优化信息系统的基本技术。

关系模型建立在严格数学概念的基础上,概念简单、清晰,易于用户理解和使用,大大简化了用户的工作。正因为如此,关系模型提出以后,便迅速发展,并在实际的商用数据库产品中得到了广泛应用,成为深受广大用户欢迎的数据模型。总的来看,关系模型主要具有以下特点。

1. 关系模型的概念单一,实体以及实体之间的联系都用关系来表示;
2. 以关系代数为基础,数据形式化基础好;
3. 数据独立性强;数据的物理存储和存取路径对用户隐蔽;
4. 关系数据库语言是非过程化的。关系操作是集合操作,无论是操作的对象还是操作的结果都是集合。这种操作方式被称为一次一集合(set-at-a-time)的方式,与非关系型的一次一记录(record-at-a-time)的方式相对照。关系数据库语言的这种特点将用户从编程数据库记录的导航式检索中解脱出来,大大减小了用户编程的难度。

正如 7.1 节中介绍的那样,关系数据库管理系统及其产品从 70 年代至今,已成功地走过了三个阶段,它们对关系模型的支持越来越完善,运行环境已从单机扩展到网络,对数据的收集、存储、处理和传播也由集中式走向分布式,从封闭式走向开放式。目前关系数据库管理系统不仅提供了数据定义、数据存取、数据控制等基本操作和数据存储组织、并发控制、安全性完整性检查、系统恢复、数据库的重组织和重构造等基本功能,还开发了外围软件系统,为用户提供了一个良好的第四代应用开发环境,所支持的应用也从信息管理到联机事务处理和联机分析处理。

8.2.3 新一代数据库技术的研究和发展

从 20 世纪 80 年代以来,数据库技术在商业领域的巨大成功刺激了其他领域对数据库技术需求的迅速增长。这些新的领域为数据库应用开辟了新的天地,同时,在应用中提出的一些新的数据管理的需求也直接推动了数据库技术的研究与发展,尤其是面向对象数据库系统(object oriented database system 简称 OODBS)的研究与发展。

1. 应用领域的需求

新的数据库应用领域,如 CAD/CAM,CIM,CASE,OIS(办公信息系统),GIS(地理信息系统)、知识库系统、实时系统等,需要数据库的支持,而其所需的数据管理功能有相当一部分是传统的数据库系统所不能支持的。

例如,在计算机辅助超大规模集成电路设计(VLSI CAD)中,所需的数据管理就有许多不同于传统数据管理的地方。

• VLSI 设计中要涉及大量的数据,许多具有复杂结构。如几何模板数据,无论是用基本的原始几何体组合来描述,还是用几何边界来描述,其结构都将是复杂的、层次化的。

• 有大量的历史数据必须保存,直到设计完成和稳定。这就需要管理不同版本的设计数据。

• 在一个复杂芯片设计中存在大量的可重用的原始部件,对这些原始部件提供数据库管理将极大地支持对已开发的部件库的重用。

• VLSI 基本单元模型有许多不同方面的表示,每一方面都有单独的描述。例如,功能描述、芯片描述、布线模板描述等。

许许多多这样的应用需求都要求新的数据库系统有比传统数据库系统更强大的数据管理能力。例如,它们通常需要数据库系统支持以下功能。

• 存储和处理复杂对象。这些对象不仅内部结构复杂,很难用普通的关系结构来表示,而且相互之间的联系也有复杂多样的语义。

• 支持复杂的数据类型。包括抽象数据类型、无结构的超长数据、时间和版本数据等。还要具备支持用户自定义类型的可扩展能力。

• 需要常驻内存的对象管理以及支持对大量对象的存取和计算。

• 实现程序设计语言和数据库语言无缝地集成。

• 支持长事务和嵌套事务的处理。

2. 传统数据库系统的局限性

传统数据库系统尤其是关系数据库系统具有许多优点,在传统应用领域中取得了巨大成就,它们适合处理格式化数据,较好地满足了商业事务处理的需求。但是当人们试图将传统的数据库系统运用到新的应用领域时,传统数据库系统的局限性立刻暴露出来了,主要表现在以下几个方面:

1) 面向机器的语法数据模型

传统数据库中采用的数据模型强调数据的高度结构化,是面向机器的语法数据模型。它们只能存储离散的数据和有限的数据与数据之间的关系,语义表示能力差,无法表示客观世界中的复杂对象,即结构复杂,相互联系的语义也十分复杂的对象。从而限制了数据库处理文本、超文本、图形、图象、CAD 软件、声音等多种复杂对象,以及工程、地理、测绘等领域中的非格式化、非经典数据的能力。此外,传统数据模型无法揭示数据之间的深层含义和内在联系,缺乏数据抽象。

2) 数据类型简单、固定

传统的 DBMS 只能理解、存储和处理简单的数据类型。如整数、浮点数、字符串、日期、货币等。传统的 RDBMS 只支持某一固定的类型集,不能依据某一应用所需的特定数据类型来扩展其类型集。例如,不能定义包含三个实数分量的数据类型 vector 来表示三维向量。

在传统 DBMS 中,复杂数据类型只能由用户编写程序,借助高级语言功能用简单的数据类型来构造、描述和处理,加重了用户的负担,也不能保证数据的一致性。

3) 结构与行为完全分离

从应用程序员角度来看,在某一应用领域内标识的对象应包含结构表示和行为规格说明两个方面的内容。前者可映射到数据库模式(带着前面所提到的缺陷),而后者在传统数据库系统中则完全失去了。传统数据库主要关心数据的独立性以及存取数据的效率,它是语法数据库,语义表达差,难以抽象化地去模拟行为。例如,用户在 CAD 设计中用某些数据结构来表示的对象,对他们的操作(如成形、显示和组合等)就无法存放到数据库中,即便按记录存放进去了,这些操作也成了毫无意义的编码(或字符),对象中与应用相关的大量语义在数据库中无法从无意义的编码中恢复。这样,对象的行为特征在传统数据库系统中最多只能由应用程序来表示。因此在传统数据模型中,结构与行为被完全分割开了。

4) 阻抗失配

在关系系统中,数据操纵语言,如 SQL 与通用程序设计语言之间的失配称为阻抗失配。这种不匹配表现在两个方面:一是编程模式不同,描述性的 SQL 语言与指令式的编程语言如 C 语言不同;另一方面是指类型系统不匹配,编程语言不能直接表示诸如关系这样的数据库结构,在其界面会丢失信息。进一步地,由于是两个类型系统,自动的类型检查也成了问题。

5) 被动响应

传统数据库管理系统只能响应和重做用户要求它们做的事情,从这种意义上说,它们是被动的。而在实际应用中,往往要求一个系统能够管理它本身的状态,在发现异常情况时及时通知用户;能够主动响应某些操作或外部事件,自动采取规定的行动;应该能够在一些预定的或动态计算的时间间隔中自动执行某些操作。就像在现实生活中,一个好的决策者(个人或组织)周围必定有一群人负责主动、及时地提供各种有用信息和提出建议(专家知识),决策者不需要总是向别人或机器询问信息。这就是说,要求系统更加主动、更加智能化,而传统的数据库显然不能适应这一要求。

6) 存储、管理的对象有限

传统的 DBMS 只存储和管理数据,缺乏知识管理和对象管理的能力。

传统数据管理中,主要进行的是数据的存储、管理、查询、排序和报表生成等简单的、离散化的信息处理工作。数据库反映的是客观世界中静态、被动的事实。上面已经论述了传统的 DBMS 缺乏对象管理的能力。此外,传统的 DBMS 还缺乏描述和表达知识的能力,缺乏对知识的处理能力,不具有演绎和推理的功能,因而无法满足 MIS,DSS,OA 和 AI 等领域中进行高层管理和决策的要求。从而限制了数据库技术的高级应用。

7) 事务处理能力较差

传统数据库只能支持非嵌套事务,长事务的运行较慢,且在事务发生故障时恢复比较困难。

面对数据库应用领域的不断扩展和用户要求的多样化、复杂化,传统的数据库技术遇到了严峻的挑战,它所固有的这些局限性也使其不能适应新的要求。正是这些缺陷决定了当前数据库的研究方向与未来的努力方向,新一代数据库技术应运而生。

3. 第三代数据库技术的特点

第三代数据库系统是支持面向对象数据模型的数据库系统。

面向对象的数据模型吸收了面向对象程序设计方法学的核心概念和基本思想。

一个面向对象数据模型是用面向对象观点来描述现实世界实体(对象)的逻辑组织、对象间限制、联系等的模型。一系列面向对象核心概念构成了面向对象数据模型的基础。概括起来,面向对象数据模型的核心概念是:

·对象标识

现实世界中的任何实体都被统一地用对象表示,每一个对象都有它唯一的标识,称为对象标识(OID)。OID 与关系数据库中码的概念是有本质区别的。OID 独立于值,是系统全局唯一的。

·封装

每一对象是其状态和行为的封装。对象的状态是该对象属性值的集合,而对象的行为是在对象状态上操作方法(程序代码)的集合。对象的某一属性可以是单值的或值的集合。进一步地,一个对象属性值本身在该属性看来也是一个对象。

对象被封装的状态和行为在对象外部是不可见的,只能通过显式定义的消息传递来存取。

·类和类层次

所有具有相同属性和方法集的对象构成一个对象类(简称类 class)。任何一个对象都是某一对象类的一个实例(instance)。对象类中属性的定义域可以是任何类。类的定义域可以是基本类,如整数、字符串、布尔型,也可以是包含自身属性和方法的一般类。特别地,一个类的某一属性的定义也可是类自身。

所有的类组成一个有根的有向非环图,称为类层次(结构)。一个类从其直接、间接祖先(称为类的超类)继承所有的属性和方法。该类称为超类的子类。超类/子类结构在语义上具有概括/特殊化的关系。

类层次可以动态扩展,一个新子类能从一个或多个类导出。

· 继承

一个类可以继承类层次中其直接或间接祖先(称为该类的超类)的所有属性和方法。该类称为这些超类的子类。超类/子类结构在语义上具有泛化/特化的关系,即子类是其所继承的类的特例。超类是子类更高层次的抽象和概括。

类继承分为单继承和多重继承。若一个类只能有一个超类,则称单继承;否则是多重继承。

由于方法也可以从超类继承,对象模型应支持消息及其对应方法之间运行时的动态联编。

尽管对对象的语义迄今尚未达到一致意见,但在以上称为核心的面向对象概念方面已达到了高度的一致。在对象标准语义出现之前,这些共识是进行面向对象数据库研究的出发点。

一个面向对象数据库系统是一个持久的、可共享的对象库的存储和管理者;而一个对象库是由一个面向对象数据模型所定义的对象的集合体,这些对象支持面向对象程序设计中对象的语义。

一个数据库系统可称为OODBS,必须满足两个条件:

① 支持一核心的面向对象数据模型;

② 支持传统数据库系统所有的数据库特征。

OODBS必须保持第二代数据库系统的非过程化数据存取方式和数据独立性,即应继承第二代数据库系统已有的技术,不仅能很好地支持对象管理和规则管理,而且能更好地支持原有的数据管理。为此要扩充和修改传统数据库的语义、结构,以使之适应面向对象的概念。

在研究面向对象的数据库(OODB)的热潮中,许多OODB原型系统和OODB厂商为了赶时髦而匆匆推出的OODBS,事实上是粗糙、低质的产品。严重缺乏过去20多年证明是实用的数据库特征。许多自称为OODB的系统不支持多数用户需要的即席查询。OODB有某种回归到人工导航系统的倾向。

1989年1月在美国DBSSG下成立的面向对象数据库任务组OODBTG专门对对象数据管理(简称ODM,称为面向对象数据库管理系统OODBS)的标准化问题进行研究,于1991年8月给出了一个最终报告,在报告中提出了一个对象数据管理的参考模型ODM。

面向对象数据库(OODB)的实现一般有两种方式:一种是在面向对象的设计环境中加入数据库功能,如ORIEN,CLOS等;另一种则是对传统数据库系统进行改进,使其支持面向对象的数据模型,如ORACLE 8.0,INFORMIX 9.0等。

与传统的数据库相比,面向对象数据库具有许多优点,如包含更多的数据语义信息,对复杂数据对象的表达能力更强等。甚至有人预言,数据库的未来将是面向对象的时代。但是,面向对象数据库还只是一种新兴的技术,它的发展远不如关系数据库成熟。它的数据模型并不是建立在完美的数学基础之上;数据库语言缺乏形式化基础;也不像关系数据库那样有一个统一的标准;它的导航式的计算模式也一直受到传统数据库学者的批评。因此,作为一项新兴的技术,面向对象数据库还有待于进一步的研究。但可以肯定,它是一项具有重大理论意义和应用前景的数据库技术,是第三代数据库系统的核心概念和技术基础。

8.3 数据库技术与其他相关技术相结合

数据库技术与其他学科的内容相结合,是新一代数据库技术的一个显著特征。在结合中涌现出各种新型的数据库(如图 8-2 所示),例如:

数据库技术与分布处理技术相结合,出现了分布式数据库;

数据库技术与并行处理技术相结合,出现了并行数据库;

数据库技术与人工智能相结合,出现了演绎数据库、知识库和主动数据库;

数据库技术与多媒体处理技术相结合,出现了多媒体数据库;

数据库技术与模糊技术相结合,出现了模糊数据库。等等。

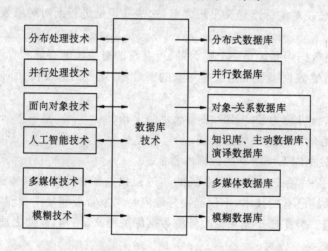

图 8-2　数据库技术与其他计算机技术的相互渗透

下面以几个新型数据库为例,描述数据库技术如何吸收、结合其他计算机技术,从而形成了数据库领域的众多分支和研究课题,极大地丰富和发展了数据库技术。

8.3.1 分布式数据库

分布式数据库系统(distributed data base system)是集中式数据库技术与计算机网络技术相结合的产物。20 世纪 70 年代中期以来,一是地理上分散的大公司、企业、团体、组织迫切要求既能统一处理又能独立操作其分散在各地的数据库,二是集中式数据库技术与计算机网络技术已经发展成熟,三是硬件技术进一步发展,价格不断下降,这三方面因素共同作用,导致了分布式数据库技术的诞生和迅速发展。80 年代,人们研制了许多分布式数据库的原型系统,攻克了分布式数据库中许多理论和技术难点。从 90 年代开始,主要的数据库厂商对集中式数据库管理系统的核心加以改造,逐步加入分布处理功能,向分布式数据库管理系统发展。目前,分布式数据库开始进入实用阶段。

1. 分布式数据库系统的特点

分布式数据库系统就是分布在计算机网络上的多个逻辑相关的数据库的集合。把集中式数据库用网络连接起来,只是(集中式)数据库联网。使分散在各个场地上的集中式数据库可以被网络上的用户通过远程登录加以访问,或者通过网络传递数据库中的数据,这不是分布式数据库。分布式数据库应具有以下特点。

1) 数据的物理分布性。数据库中的数据不是集中存储在一个地区的一台计算机上,而是分布在不同场地的计算机上。

2) 数据的逻辑整体性。数据库虽然在物理上是分布的,但这些数据并不是互不相关的,它们在逻辑上是相互联系的整体。

3) 数据的分布独立性(也称分布透明性)。分布式数据库中除了数据的物理独立性和数据的逻辑独立性外,还有数据的分布独立性。即在用户看来,整个数据库仍然是一个集中的数据库,用户不必关心数据的分片,不必关心数据物理位置分布的细节,也不必关心数据副本的一致性,分布的实现完全由系统来完成。

4) 场地自治和协调。系统中的每个结点都具有独立性,能执行局部的应用请求;每个结点又是整个系统的一部分,可通过网络处理全局的应用请求。

5) 数据的冗余及冗余透明性。与集中式数据库不同,分布式数据库中应存在适当冗余以适合分布处理的特点,提高系统处理效率和可靠性。因此,数据复制技术是分布式数据库的重要技术。但分布式数据库中的这种数据冗余对用户是透明的,即用户不必知道冗余数据的存在,维护各副本的一致性由系统来负责。

例如,假设一个大公司拥有四个子公司,总公司与各子公司各有一台计算机,并已联网,每台计算机带有若干终端(如图 8-3 所示)。场地 A 为公司的总部,位于场地 B 的公司负责制造和销售其产品,位于场地 C,D,E 的公司负责销售其产品。各场地都存储了本场地雇员的数据,场地 B 存储了产品制造情况的数据,场地 B,C,D,E 存储了本场地销售、库存情况的数据。可执行的全局应用包括:总公司汇总销售情况、总公司汇总库存情况、公司间的人员

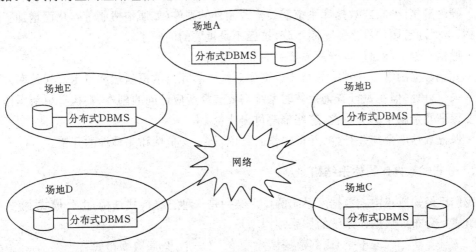

图 8-3　一个分布式数据库系统的例子

调动、等等；可执行的局部应用包括：场地 B 检查产品制造情况、场地 E 统计本子公司雇员的平均工资、等等。这是一个典型的分布式数据库系统。

分布式数据库系统的上述性质和特点决定了它具有以下优点：

1）分布式控制。分布式数据库的局部自治性使得系统不仅能执行全局应用，而且能执行局部应用，这样就可以把一组用户的常用数据放在他们所在的场地，并进行局部控制，以减少通信开销。例如，图 8-3 中，场地 B 的用户经常用到产品制造情况的数据，于是可以把这些数据放在场地 B。

2）数据共享。分布式数据库系统中的数据共享有两个层次：局部共享和全局共享。即各场地的用户可以共享本场地局部数据库中的数据；全体用户可以共享网络中所有局部数据库中的数据（包括存储在其他场地的数据）。

3）可靠性和可用性得到加强。由于存在冗余数据，当一个场地出现故障时，系统可以对另一场地上的相同副本进行操作，不会因一处故障造成整个系统瘫痪。同时系统还可以自动检测故障所在，并利用冗余数据修复出故障的场地，这种检测和修复是联机完成的，从而提高了系统的可用性，这对实时应用尤为重要。

4）性能得到改善。由于用户的常用数据放在用户所在场地，从而既缩短了系统的响应时间，又减少了通信开销；由于冗余数据的存在，系统可以选择离用户最近的数据副本进行操作，也缩短了响应时间和减少了通信开销；由于每个场地只处理整个数据库的一个部分，因此对 CPU 和 I/O 服务的争用不像集中式数据库那么激烈；由于一个事务所涉及的数据可能分布在多个场地，因此增加了并行处理事务的可能性。

5）可扩充性好。分布式数据库系统的内在特点决定了它比集中式数据库更容易扩充。并且由于分布式数据库系统具有分布透明性，使得这种扩充不会影响已有的用户程序。

但是分布式数据库系统也存在着一些缺点：

1）复杂。与集中式环境相比，分布式数据库系统更为复杂，为保证各场地的协调，它必须做很多额外工作。

2）增加开销。这些开销主要包括：

·硬件开销。分布式数据库系统需要一些额外的硬件（如通信机制等），从而增加了硬件的开销，但是随着硬件价格的不断下降，这已不是重要的问题了。

·通信开销。指通信本身所需要的时间和费用。

·冗余数据的潜在开销。分布式数据库系统中的冗余数据虽然在可用性和效率方面给系统带来了好处，但在执行查询操作时系统需要选择所应访问的副本，在执行更新操作时系统需要保证冗余副本的一致性，这些都要付出代价。

·保证数据库全局并行性、并行操作的可串行性、安全性和完整性的开销。

2. 分布式数据库的体系结构

我们已经知道集中式数据库系统的体系结构是一种三级模式结构，由外模式、模式和内模式组成。分布式数据库系统的体系结构则是

（若干个）局部数据模式 ＋ （一个）全局数据模式

如图 8-4 所示。其中局部数据模式是各局部场地上局部数据库系统的模式结构，它具有集中式数据库系统的三级模式结构；全局数据模式是用来协调各局部数据模式使之成为一个整

体的模式结构,它具有四个层次,即全局外模式、全局概念模式、分片模式和分布模式。

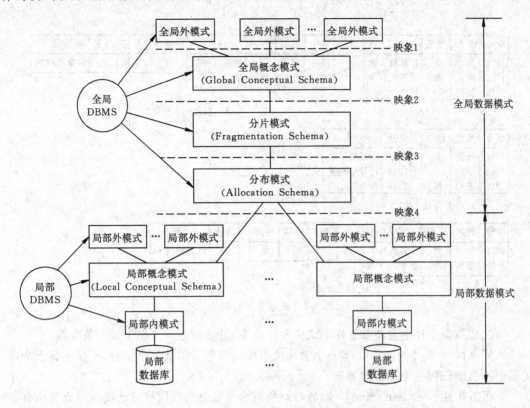

图 8-4　分布式数据库系统的模式结构

1) 全局外模式

全局外模式是全局应用的用户视图,是全局概念模式的子集。

2) 全局概念模式

全局概念模式定义分布式数据库系统中所有数据的整体逻辑结构,就好像数据都存储在一起,它是所有全局应用的公共数据视图。全局概念模式中所用的数据模型应该易于映象到分片模式,通常使用关系模型,这时全局概念模式就是一组全局关系的定义。

3) 分片模式

每个全局关系可以分解为若干不相交的部分,以更好地按用户的需求组织数据,每一部分称为一个片段(fragment)。所以片段实质上就是全局关系的逻辑部分。分片模式就是用来定义这些片段的。

在分布式数据库中,数据分片的方法有以下几种:

·水平分片。即按一定条件将关系按行(水平方向)分为若干不相交的子集,每个子集为关系的一个片段,各片段的连接必须构成原来的关系。图 8-5(a)给出了一个示例关系,图 8-5(b)是按性别进行水平分片后的结果。

·垂直分片。即将关系按列(垂直方向)分为若干子集(片段)。垂直分片片段的并集必须是原关系。如图 8-5(c)所示。

·混合分片。即水平分片与垂直分片混合使用。例如,对图 8-5(a)的关系首先按性别做水平分片，然后再对女生片段进一步做垂直分片，如图 8-5(d)所示。

学号	姓名	性别	专业
1001	张青	男	计算机科学
1002	李兰	女	计算机科学
1009	王雨	男	数学

(a)

学号	姓名	性别	专业
1001	张青	男	计算机科学
1009	王雨	男	数学

学号	姓名	性别	专业
1002	李兰	女	计算机科学

(b) 按性别水平分片

学号	姓名	性别
1001	张青	男
1002	李兰	女
1009	王雨	男

学号	专业
1001	计算机科学
1002	计算机科学
1009	数学

(c) 垂直分片

学号	姓名	性别	专业
1001	张青	男	计算机科学
1009	王雨	男	数学

学号	姓名	性别
1002	李兰	女

学号	专业
1002	计算机科学

(d) 混合分片

图 8-5　数据分片的例子

为保证数据分片不会使数据库的语义发生改变，分片时必须遵循下面三条准则：

• 完全性(completeness)。即一个全局关系中的数据必须被完全划分，不存在属于全局关系但不属于任何一个片段的数据。

• 可重构性(reconstruction)。即通过对所有水平划分的片段执行连接操作或对所有垂直划分的片段执行并操作，可以重构全局关系。

• 不相交性(disjointness)。即一个全局关系的任何两个片段的交集均为空（垂直分片的码属性除外），也就是说，除垂直分片的码属性外，不存在同时属于一个全局关系的两个片段的数据。

在对数据进行分片时要注意数据的分片程度。片段过大过小都会影响系统效率，因为片段过大不利于数据的分布和并发控制，片段过小会使查询操作经常要涉及多个片段，从而系统必须经常做额外的连接操作。分片程度取决于将在该分布式数据库上运行的各应用程序。

4) 分布模式

数据分片的目的是要将数据物理地分配到网络的不同结点上。分布模式是用来定义各个片段的物理存放地点的。

常用的数据总体分配方案有：

• 划分式(partitioned)。每个片段只分配到某一个结点上，片段没有副本。

• 全副本式(fully replicated)。每一个结点都拥有所有片段的副本。

• 部分重复式(partially replicated)。部分片段冗余分配。这是目前最常用的分配方案。

可见，片段的分配方法决定了分布式数据库的冗余程度和所能执行的局部应用。对于一个具体的分布式数据库系统，其各应用程序的数据需求情况、常用操作、对系统可靠性和可用性的要求等因素决定着它的片段分配的总体方案和详细方案。

5) 映象

上述四层模式之间的联系和转换,是由三层映象来实现的。

映象 1 定义全局外模式与全局概念模式之间的对应关系。当全局概念模式改变时,只需由 DBA 修改该映象,而全局外模式可以保持不变。

映象 2 定义全局关系与片段之间的对应关系。由于一个片段来自一个全局关系,而一个全局关系可对应多个片段,因此该映象是一对多的。

映象 3 定义片段与网络结点之间的对应关系。如果该映象是一对多的,则表示一个片段被分配到多个外结点上存放,那么该分布式数据库就是冗余的;如果该映象是一对一的,那么就是非冗余的。

全局数据模式与局部数据模式之间的联系和转换体现在分布模式与局部概念模式之间的联系和转换上。映象 4 正是定义存储在局部场地的全局关系或其片段与各局部概念模式的对应关系。

我们已经知道,分布透明性是分布式数据库系统的一个显著特点。分布透明性有三个层次,从高到低依次为:分片透明性、位置透明性和局部数据模型透明性,它们分别由映象 2,3,4 保证。

分片透明性是指用户或应用程序只对全局关系进行操作,无须考虑关系是如何分片的。当分片模式改变时,只需要由 DBA 修改映象 2,而全局模式仍保持不变,从而不必改写应用程序。

位置透明性是指用户或应用程序不必了解片段的存储场地。当片段的存储场地发生改变时,只需要由 DBA 修改映象 3,而不必修改应用程序。

局部数据模型透明性是指用户或应用程序不需要了解局部场地上使用的是哪一种数据模型,模型、查询语言等的转换均由映象 4 负责。

事实上,提供局部数据模型透明性是目前分布式数据库的一个难题。一个大组织可能会同时使用多个不同的 DBMS,以支持各种不同特点和功能的应用系统。例如,一个大企业有许多部门和车间,每个部门和车间使用的 DBMS 类型不同。当进行策略规划、生产管理和效益评估等高层管理时,往往需要访问由异构 DBMS 管理的数据库。现有的分布式数据库技术尚不能解决异构数据和系统的许多问题。虽然已有很多数据库研究单位在进行异构 DBMS 集成问题的探索,并且已有一些系统宣称在一定程度上实现了异构系统的互操作,但是异构分布式数据库技术还远未成熟,有待进一步研究。

8.3.2　并行数据库

近年来,计算机体系结构的一个明显发展趋势是从单处理器结构向多处理器结构过渡。这一是因为提高单处理器的性能越来越困难,而且单处理器的性能终究是有其物理极限的;二是高性能处理器高昂的价格使人们望而却步,转而去用多个性能较低的廉价处理器代替高性能处理器来提供大型主机级甚至更高的性能与能力。

另一方面,计算机应用的发展已超过了单处理器处理能力的增长速度,由于受决策支持应用和联机事务处理(OLTP)应用的驱动,目前数据库中的数据量正在以惊人的速度增长,新一代数据库应用对数据库性能和可用性提出了更高的要求,能否为越来越多的用户维持高事务吞吐量和低响应时间已成为衡量 DBMS 性能的重要指标。因此将传统的数据库管理技术与并行处理技术结合的并行数据库技术已越来越为人们所瞩目。并行数据库系统(parallel data base system)以高性能(线性加速比)、高可用性与高扩充性(线性伸缩比)为目标,充分利用多处理器平台的能力,通过多种并行性,在联机事务处理与决策支持应用两种典型环境中提供优化的响应时间与事务吞吐量。因此人们普遍认为,并行数据库系统必将成为未来的高性能数据库系统。

1. 并行数据库系统的体系结构

目前并行计算机的体系结构主要有以下几大类。第一类是紧耦合合全对称多处理器(SMP)系统,所有CPU共享内存与磁盘。第二类是松耦合群集机系统,所有CPU共享磁盘。第三类是大规模并行处理(MPP)系统,所有CPU均有自己的内存与磁盘。此外还有混合结构,比较常见的是SMP群集机系统(SMP cluster),即MPP系统的每个结点不是一个单一的处理器,而是一个SMP系统。

相应地,并行数据库系统的体系结构有以下三种:

·共享内存(shared-memory)结构,如图8-6(a)所示。在该结构中,共同执行一条SQL语句的多个数据库构件通过共享内存交换消息与数据。数据库中的数据划分在多个局部磁盘上,并可以为所有处理器访问。共享内存结构是单SMP硬件平台上最优的并行数据库结构。

·共享磁盘(shared-disk)结构,如图8-6(b)所示。在该结构中,所有处理器可以直接访问所有磁盘中的数据,但它们无共享内存。因此该结构需要一个分布式缓存管理器来对各处理器(结点)并发访问缓存进行全局控制与管理。多个DBMS实例可以在多个结点上运行,并通过分布式缓存管理器共享数据。共享磁盘结构是共享磁盘的松耦合群集机硬件平台上最优的并行数据库结构。

·无共享资源(shared-nothing)结构,如图8-6(c)所示。在该结构中,数据库表划分在多个结点上,可以由网络的多个结点并行执行一条SQL语句,各个结点拥有自己的内存与磁盘,执行过程中通过共享的高速网络交换消息与数据。无共享资源结构是MPP和SMP群集机硬件平台上最优的并行数据库结构。

如果并行数据库系统的结构没有准确地映射到其所运行的硬件平台结构上,其效率可能会降低,或者需要额外加一层软件才能运行,或者可能根本就不能运行。

并行数据库系统的三种体系结构各有利弊。

共享内存结构的并行数据库系统相对来说容易实现。由于可以动态分配任务,因此各处理器的负载比较均衡。但是由于访问共享内存和磁盘会成为瓶颈,因此它的可伸缩性不佳,目前最多只能高效地扩充到32个CPU。另外由于内存错误会影响所有处理器,因此可用性也不是太好。

共享磁盘的并行数据库系统消除了访问内存的瓶颈,但访问磁盘的瓶颈仍然存在,分布式缓存管理器也是一个瓶颈,因此它的可扩充性仍不够理想,CPU最多只能达到数百个。

无共享资源结构的并行数据库系统不易做到负载均衡,往往只是根据数据的物理位置而不是系统的实际负载来分配任务。但它最大限度地减少了共享资源,具有极佳的可伸缩性,结点数目可达数千个,并可获得接近线性的伸缩比。而通过在多个结点上复制数据又可实现高可用性。因此目前人们普遍认为,MPP或SMP群集机平台上的无共享资源结构是并行数据库系统的优选结构,非常适合于复杂查询及超大型数据库应用。但同时它也是最难实

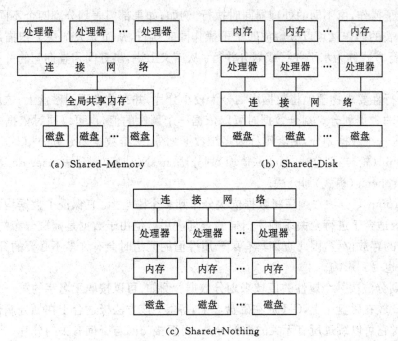

(a) Shared-Memory (b) Shared-Disk

(c) Shared-Nothing

图 8-6 并行数据库的体系结构

现的结构。

2. 并行处理技术

一个理想的并行数据库系统应能充分利用硬件平台的并行性,采用多进程多线索结构,提供四种不同粒度的并行性:不同用户事务间的并行性、同一事务内不同查询间的并行性、同一查询内不同操作间的并行性和同一操作内的并行性。

事务间的并行性是粒度最粗也是最易实现的并行性。由于这种并行性允许多个进程或线索同时处理多个用户的请求,因此可以显著增加系统吞吐量,支持更多的并发用户。

同一事务内的不同查询如果是不相关的,它们并行执行必将提高效率,但由 DBMS 进行相关性判断比较复杂。

同一查询内的不同操作往往可以并行执行,即将一条 SQL 查询分解成多个子任务,由多个处理器执行。例如,下列查询操作:

SELECT 部门号,职工号
FROM   部门,职工
WHERE   部门.部门号=职工.部门号
ORDER BY 部门号

可以分解为扫描部门表和职工表、对两表进行连接、对连接结果排序以及输出等五个子任务.前一子任务的输出即是下一子任务的输入,后一子任务等待前一子任务产生一定量的输出后(而不必等待前一子任务执行完毕)即可在另一处理器上开始执行。这种并行方式称为垂直并行或流水线并行。

操作内并行性的粒度最细,它将同一操作(如扫描操作、连接操作、排序操作等)分解成多个独立的子操作,由不同的处理器同时执行。例如,如果部门表划分到四个不同的磁盘上,则扫描部门表的操作就可以分解成四个子操作同时执行,从而大大加快了扫描部门表的操作。这种并行方式称为水平并行或划分并行。从广义上讲,事务间和查询间的并行性也属于水平并行。

水平并行性要求物理地将数据库划分为较小分片,并存放在不同磁盘上,这就是并行数据库系统中的数据划分。划分数据时可以依据一个属性的值,也可以同时依据多个属性的值,前者称为一维数据划分,后者则称为多维数据划分。一维数据划分方法相对比较简单,包括 round-robin(轮转)划分法、range(值域)划分法、hash(杂凑)划分法、user-defined(用户定义)划分法、schema(模式)划分法。

round-robin 划分法按顺序将数据依次分布到多个磁盘上。它保证了数据均匀分布在所有磁盘上,极适合于进行全关系顺序扫描的查询应用。但由于数据是随机分布的,系统无法推算出数据的存放位置,因此查询具有某一属性值的元组时会有许多不必要的开销,另外系统的可用性也受到影响。

range 划分法按某个属性的值域来划分数据。例如,可以按职工名字的第一个字母划分职工表,A-E 放在磁盘 1 上,G-I 放在磁盘 2 上,等等。该方法极适合于在划分属性上进行范围查询,这时它可以跳过所有无关的数据分片,而直接访问与查询有关的分片。

hash 划分法使用一个经过高度调优的系统函数对划分码进行 hash,并据此确定相应行的分片。该方法可以保证数据分布比较均匀。当需要查询某一数据行时,DBMS 能够利用 hash 码计算出该行位于哪个结点,并利用该结点上的局部索引快速访问到该行。

user-defind 划分法是按照用户定义的表达式对表进行划分。它使数据的划分更为灵活,可以满足不同用户的特殊应用需要。

schema 划分法是指不对表进行划分,以表为基本单位分布数据。这种方法适合于以查询为主很少进行修改的小表,如省市代码表。将表放在一个磁盘上,不仅复制时效率高,而且维护复本的工作量小。

目前商用并行数据库系统都只提供了一种或多种一维数据划分方法。但部分产品还允许选择一个表是分布到全部磁盘上(称为完全分布),还是只分布到部分结点上(称为部分分布),从而使数据分布更为灵活。

使用正确的数据划分算法以达到负载均衡是一个极为重要的问题,它关系到并行数据库系统的性能。但既使能够找到一个很好的划分算法使系统在初始情况下达到各结点间的负载平衡,随着数据的不断更新,这种初始的负载平衡必将被打乱,产生数据扭曲,这时就应当进行数据重组。理想的数据重组方式是动态重组。

并行数据库系统是新兴的数据库研究领域。目前国外已有一些并行数据库的原型系统如 ARBRE,BUBBA,GAMMA,ERADAT 及 XPRS 等,但尚无真正的并行数据库系统投入运行。近年来一些著名的数据库厂商开始在数据库产品中增加并行处理能力,试图在并行计算机系统上运行。他们只是使用并行数据流方法对原有系统加以简单的扩充,几乎没有使用并行数据操作算法,也没有并行数据查询优化的能力,因此都不能算作真正的并行数据库系统。

并行数据库是目前数据库研究领域最热门的课题之一。尽管它的研究有待于进一步发展和实践,不可否认,在注重效率的当今社会,并行数据库将成为数据库学科的一个非常重要的分支。

3. 并行数据库系统与分布式数据库系统的区别

分布式数据库与并行数据库特别是与无共享型并行数据库具有很多相似点,它们都是用网络连接各个数据处理结点,整个网络中的所有结点构成一个逻辑上统一的整体;用户可以对各个结点上的数据进行透明存取等。但是由于分布式数据库系统和并行数据库系统的应用目标和具体实现方法不同,使得它们具有很大的不同。

1) 应用目标不同

并行数据库系统的目标是充分发挥并行计算机的优势,利用系统中的各个结点并行地完成数据库任务,提高数据库系统的整体性能。而分布式数据库系统主要目的在于实现场地自治和数据的全局透明共享,而不要求利用网络中的各个结点来提高系统处理性能(实际上,由于网络带宽的限制,这点也不容易做到)。

2) 实现方式不同

由于应用目标的差异,在具体的实现方法上,并行数据库系统与分布数据库系统也有着较大的不同。

在并行数据库系统中,为了充分利用各个结点的处理能力,各结点间采用高速网络互连(结点间数据传输率可达 100MB/s 以上),结点间的数据传输代价相对较低,因此当某些结点处于空闲状态时,可以将工作负载过大的结点上的部分任务通过高速网传送给空闲结点处理,从而实现系统的负载平衡。

但是在分布式数据库系统中,为了适应应用的需要,满足部门分布的要求,各结点间一般采用局域网或广域网相连,网络带宽较低,点到点的通信开销较大,因此在查询处理时一般应尽量减少结点间的数据传输量。

3) 各结点的地位不同

在并行数据库系统中,不存在全局应用和局部应用的概念。各结点是完全非独立的,在数据处理中只能发挥协同作用,而不可能有局部应用。

而在分布式数据库系统中,各结点除了能通过网络协同完成全局事务,更重要的一点还在于,各结点具有场地自治性,也就是说,每个场地是独立的数据库系统:它有自己的数据库,自己的客户,自己的 CPU,运行自己的 DBMS,执行局部应用,具有高度的自治性。

8.3.3 多媒体数据库

媒体是信息的载体。多媒体是指多种媒体,如数字、正文、图形、图象和声音的有机集成,而不是简单的组合。其中数字、字符等称为格式化数据,文本、图形、图象、声音、视象等称为非格式化数据,非格式化数据具有大数据量、处理复杂等特点。多媒体数据库(multimedia data base)实现对格式化和非格式化的多媒体数据的存储、管理和查询,其主要特征如下。

1) 多媒体数据库应能够表示多种媒体的数据。非格式化数据表示起来比较复杂,需要根据多媒体系统的特点来决定表示方法。如果感兴趣的是它的内部结构,且主要是根据其内部特定成份来检索,则可把它按一定算法映射成包含它所有子部分的一张结构表,然后用格式化的表结构来表示它。如果感兴趣的是它本身的内容整体,要检索的也是它的整体,则可以用源数据文件来表示它,文件由文件名来标记和检索。

2) 多媒体数据库应能够协调处理各种媒体数据,正确识别各种媒体数据之间在空间或时间上的关联。例如,关于乐器的多媒体数据包括乐器特性的描述、乐器的照片、利用该乐器演奏某段音乐的声音等,这些不同媒体数据之间存在着自然的关联,比如多媒体对象在表达时必须保证时间上的同步特性。

3) 多媒体数据库应提供比传统数据管理系统更强的适合非格式化数据查询的搜索功能。例如,可以对 Image 等非格式化数据作整体和部分搜索。

4) 多媒体数据库应提供特种事务处理与版本管理能力。

8.3.4 主动数据库

主动数据库(active data base)是相对于传统数据库的被动性而言的。许多实际的应用领域,如计算机集成制造系统、管理信息系统、办公室自动化系统中常常希望数据库系统在紧急情况下能根据数据库的当前状态,主动适时地做出反应,执行某些操作,向用户提供有关信息。传统数据库系统是被动的系统,它只能被动地按照用户给出的明确请求执行相应的数据库操作,很难充分适应这些应用的主动要求,因此在传统数据库基础上,结合人工智能技术和面向对象技术提出了主动数据库。

主动数据库的主要目标是提供对紧急情况及时反应的能力,同时提高数据库管理系统的模块化程度。主动数据库通常采用的方法是在传统数据库系统中嵌入 ECA(即事件-条件-动作)规则,在某一事件发生时引发数据库管理系统去检测数据库当前状态,看是否满足设定的条件,若条件满足,便触发规定动作的执行。

为了有效地支持 ECA 规则,主动数据库的研究主要集中于解决以下问题:

· 主动数据库的数据模型和知识模型:即如何扩充传统的数据库模型,使之适应于主动数据库的要求。

· 执行模型:即 ECA 规则的处理和执行方式,是对传统数据库系统事务模型的发展和扩充。

· 条件检测:是主动数据库系统实现的关键技术之一,由于条件的复杂性,如何高效地对条件求值对提高系统效率有很大的影响。

· 事务调度:与传统数据库系统中的数据调度不同,它不仅要满足并发环境下的可串行化要求,而且要满足对事务时间方面的要求。目前,对执行时间估计的代价模型是有待解决的难题。

· 体系结构:目前,主动数据库的体系结构大多是在传统数据库管理系统的基础上,扩充事务管理部件和对象管理部件以支持执行模型和知识模型,并增加事件侦测部件、条件检测部件和规则管理部件。

· 系统效率:系统效率是主动数据库研究中的一个重要问题,是设计各种算法和选择体系结构时应主要考虑的设计目标。

主动数据库是目前数据库技术中一个活跃的研究领域,近年来的研究已取得了很大的成果。当然,主动数据库还是一个正在研究的领域,许多概念尚不成熟,不少技术问题还有待进一步研究解决。

8.3.5 对象-关系数据库

鉴于传统的关系数据库系统在解决新兴应用领域中的问题时倍感吃力,而面向对象的数据库系统目前还存在着种种问题,尤其是缺少得力的查询语言,因此人们开始研究一种中间产品,将关系数据库与面向对象数据库结合,即所谓的对象-关系数据库系统。

对象-关系数据库系统兼有关系数据库和面向对象的数据库两方面的特征。即它除了具有原来关系数据库的种种特点外,还应该提供以下特点:

第一,允许用户扩充基本数据类型,即允许用户根据应用需求自己定义数据类型、函数和操作符,而且一经定义,这些新的数据类型、函数和操作符将存放在数据库管理系统核心中,可供所有用户公用。

第二,能够在 SQL 中支持复杂对象,即由多种基本类型或用户定义的类型构成的对象。

第三,能够支持子类对超类的各种特性的继承,支持数据继承和函数继承,支持多重继承,支持函数重载。

第四,能够提供功能强大的通用规则系统,而且规则系统与其他的对象-关系能力是集成为一体的,例如,规则中的事件和动作可以是任意的 SQL 语句,可以使用用户自定义的函数,规则能够被继承等。

实现对象-关系数据库系统的方法主要有以下五类。

① 从头开发对象-关系 DBMS。这种方法费时费力,不是很现实。

② 在现有的关系型 DBMS 基础上进行扩展。扩展方法有两种:

·对关系型 DBMS 核心进行扩充,逐渐增加对象特性。这是一种比较安全的方法,新系统的性能往往也比较好。

·不修改现有的关系型 DBMS 核心,而是在现有关系型 DBMS 外面加上一个包装层,由包装层提供对象-关系型应用编程接口,并负责将用户提交的对象-关系型查询映象成关系型查询,送给内层的关系型 DBMS 处理。这种方法系统效率会因包装层的存在受到影响。

③ 将现有的关系型 DBMS 与其他厂商的对象-关系型 DBMS 连接在一起,使现有的关系型 DBMS 直接而迅速地具有了对象-关系特征。连接方法主要有两种:

·关系型 DBMS 使用网关技术与其他厂商的对象-关系型 DBMS 连接。但网关这一中介手段会使系统效率打折扣。

·将对象-关系型引擎与关系型存储管理器结合起来。即以关系型 DBMS 作为系统的最底层,具有兼容的存储管理器的对象-关系型系统作为上层。

④ 将现有的面向对象型 DBMS 与其他厂商的对象-关系型 DBMS 连接在一起,使现有的面向对象型 DBMS 直接而迅速地具有了对象-关系特征。连接方法是将面向对象型 DBMS 引擎与持久语言系统结合起来。即以面向对象的 DBMS 做为系统的最底层,具有兼容的持久语言系统的对象-关系型系统作为上层。

⑤ 扩充现有的面向对象的 DBMS,使之成为对象-关系型 DBMS。

目前许多著名的关系数据库系统的最新版本都是对象-关系型数据库系统。如 IN-FORMIX 9.0,ORACLE 8.0 等。

小结

我们看到数据库技术和其他计算机技术的结合,大大丰富并提高了数据库的功能、性能和应用领域;大大发展了数据库的概念和技术。

数据库技术和其他技术相结合产生了众多新型的数据库系统,它们是新一代数据库大家族的重要成员。应该指出,它们之间并不是孤立的概念和系统。例如,分布数据库系统强调了分布式的数据库结构和分布处理功能,而它们支持的数据模型可以是关系模型、扩展关系模型、OO 模型或者某一特定数据模型。

又如主动数据库系统强调了数据库反应能力上具有主动性、快速性和智能化的特性。其数据模型有的是在关系模型中加入事件驱动的主动成份,有的是研究用 OO 模型实现主动数据库,至于它的系统结构可以是集中式的,也可以是分布式的。因此具体到某一应用系统中的数据库系统常常会兼有以上多种数据库系统的技术特性。

8.4　面向应用领域的数据库新技术

数据库技术被应用到特定的领域中,出现了工程数据库、地理数据库、统计数据库、科学数据库、空间数据库等多种数据库,使数据库领域中新的技术内容层出不穷。

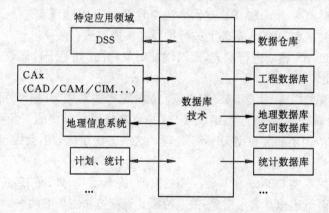

图 8-7　特定应用领域中的数据库技术

8.4.1　数据仓库

传统的数据库技术是以单一的数据资源为中心,同时进行各种类型的处理,从事务处理到批处理,到决策分析。近年来人们逐渐认识到计算机系统中存在着两类不同的处理:操作型处理和分析型处理。操作型处理也叫事务处理,是指对数据库联机的日常操作,通常是对一个或一组记录的查询和修改,主要是为企业的特定应用服务的,人们关心的是响应时间、数据的安全性和完整性。分析型处理则用于管理人员的决策分析。例如,DSS,EIS 和多维分析等,经常要访问大量的历史数据。二者的巨大差异使得操作型处理和分析型处理的分离成为必然。于是,数据库由旧的操作型环境发展为一种新环境:体系化环境。体系化环境由操作型环境和分析型环境(数据仓库级,部门级,个人级)构成。

数据仓库是体系化环境的核心,它是建立决策支持系统(DSS)的基础。

1. 从数据库到数据仓库

数据库系统作为数据管理手段,主要用于事务处理,在这些数据库中已经保存了大量的日常业务数据。传统的 DSS 一般是直接建立在这种事务处理环境上的。数据库技术一直力图使自己能胜任从事务处理、批处理到分析处理的各种类型的信息处理任务。尽管数据库在事务处理方面的应用获得了巨大的成功,但它对分析处理的支持一直不能令人满意,尤其是当以事务处理为主的联机事务处理(OLTP)应用与以分析处理为主的 DSS 应用共存于同一个数据库系统中时,这两种类型的处理发生了明显的冲突。人们逐渐认识到事务处理和分析处理具有极不相同的性质,直接使用事务处理环境来支持 DSS 是行不通的。

具体来说,有如下原因使得事务处理环境不适宜 DSS 应用。

1) 事务处理和分析处理的性能特性不同

在事务处理环境中,用户的行为特点是数据的存取操作频率高,而每次操作处理的时间短,因此,系统可以允许多个用户按分时方式使用系统资源,同时保持较短的响应时间,OLTP(联机事务处理)是这种环境下的典型应用。

在分析处理环境中,用户的行为模式与此完全不同,某个 DSS 应用程序可能需要连续运行几个小时,从而消耗大量的系统资源。将具有如此不同处理性能的两种应用放在同一个环境中运行显然是不适当的。

2) 数据集成问题

DSS 需要集成的数据。全面而正确的数据是有效的分析和决策的首要前提,相关数据收集得越完整,得到的结果就越可靠。因此,DSS 不仅需要整个企业内部各部门的相关数据,还需要企业外部、竞争对手等处的相关数据。

而事务处理的目的在于使业务处理自动化,一般只需要与本部门业务有关的当前数据,对整个企业范围内的集成应用考虑很少。当前绝大部分企业内数据的真正状况是分散而非集成的,尽管每个单独的事务处理应用可能是高效的,能产生丰富的细节数据,但这些数据却不能成为一个统一的整体。对于需要集成数据的 DSS 应用来说,必须自己在应用程序中对这些纷杂的数据进行集成。可是,数据集成是一项十分繁杂的工作,都交给应用程序完成会大大增加程序员的负担。并且,如果每做一次分析,都要进行一次这样的集成,将会导致极低的处理效率。DSS 对数据集成的迫切需要可能是数据仓库技术出现的最重要动因。

3) 数据动态集成问题

由于每次分析都进行数据集成的开销太大,一些应用仅在开始对所需的数据进行了集成,以后就一直以这部分集成的数据作为分析的基础,不再与数据源发生联系,我们称这种方式的集成为静态集成。静态集成的最大缺点在于如果在数据集成后数据源中数据发生了改变,这些变化将不能反映给决策者,导致决策者使用的是过时的数据。对于决策者来说,虽然并不要求随时准确地探知系统内的任何数据变化,但也不希望所分析的是几个月以前的情况。因此,集成数据必须以一定的周期(例如 24 小时)进行刷新,我们称其为动态集成。显然,事务处理系统不具备动态集成的能力。

4) 历史数据问题

事务处理一般只需要当前数据,在数据库中一般也只存储短期数据,且不同数据的保存期限也不一样,即使有一些历史数据保存下来了,也被束之高阁,未得到充分利用。但对于决策分析而言,历史数据是相当重要的,许多分析方法必须以大量的历史数据为依托。没有对历史数据的详细分析,是难以把握企业的发展趋势的。

通过 2)、3)、4)所述,可以看出 DSS 对数据在空间和时间的广度上都有了更高的要求,而事务处理环境难以满足这些要求。

5) 数据的综合问题

在事务处理系统中积累了大量的细节数据,一般而言,DSS 并不对这些细节数据进行分析,这主要有两个原因:一是细节数据数量太大,会严重影响分析的效率;二是太多的细节数据不利于分析人员将注意力集中于有用的信息上。因此,在分析前,往往需要对细节数据进行不同程度的综合。而事务处理系统不具备这种综合能力,根据规范化理论,这种综合还往往因为是一种数据冗余而加以限制。

以上这些问题表明在事务型环境中直接构建分析型应用是一种失败的尝试。数据仓库本质上是对这些存在问题的回答。但是数据仓库的主要驱动力并不是过去的缺点,而是市场商业经营行为的改变,市场竞争要求捕获和分析事务级的业务数据。建立在事务处理环境上的分析系统无法达到这一要求。要提高分析和决策的效率和有效性,分析型处理及其数据必须与操作型处理和数据相分离。必须把分析数据从事务处理环境中提取出来,按照 DSS 处理的需要进行重新组织,建立单独的分析处理环境,数据仓库正是为了构建这种新的分析处理环境而出现的一种数据存储和组织技术。

2. 数据仓库的特点

数据仓库(data warehouse,简称 DW)概念的创始人 W. H. Inmon 在《Building Date Warehouse》一书中列出了原始数据(操作型数据)与导出型数据(DSS 数据)之间的区别。其中主要区别如下。

原始数据/操作型数据	推导数据/DSS 数据
.细节的	.综合的,或提炼的
.在存取瞬间是准确的	.代表过去的数据
.可更新	.不更新
.操作需求事先可知道	.操作需求事先不知道
.生命周期符合 SDLC	.完全不同的生命周期
.对性能要求高	.对性能要求宽松
.事务驱动	.分析驱动
.面向应用	.面向分析
.一次操作数据量小	.一次操作数据量大
.支持日常操作	.支持管理需求

W. H. Inmon 还给数据仓库作出了如下定义:数据仓库是面向主题的、集成的、稳定的、不同时间的数据集合,用以支持经营管理中的决策制订过程。面向主题、集成、稳定和随时间变化是数据仓库四个最主要的特征。

1) 数据仓库是面向主题的

它是与传统数据库面向应用相对应的。主题是一个在较高层次将数据归类的标准,每一个主题基本对应一个宏观的分析领域。比如一个保险公司的数据仓库所组织的主题可能为：客户,政策,保险金,索赔。而按应用来组织则可能是:汽车保险,生命保险,健康保险,伤亡保险。我们可以看出,基于主题组织的数据被划分为各自独立的领域,每个领域有自己的逻辑内涵而不相交叉。而基于应用的数据组织则完全不同,它的数据只是为处理具体应用而组织在一起的。应用是客观世界既定的,它对于数据内容的划分未必适用于分析所需。"主题"在数据仓库中是由一系列表实现的。也就是说,依然是基于关系数据库的。虽然,现在许多人认为多维数据库更适用于建立数据仓库,它以多维数组形式存储数据,但"大多数多维数据库在数据量超过 10G 字节时效率不佳"。一个主题之下表的划分可能是由于对数据的综合程度不同,也可能是由于数据所属时间段不同而进行的划分。但无论如何,基于一个主题的所有表都含有一个称为公共码键的属性作为其主码的一部分。公共码键将各个表统一联系起来。

同时,由于数据仓库中的数据都是同某一时刻联系在一起的,所以每个表除了其公共码键之外,还必然包括时间成份作为其码键的一部分。

有一点需说明的是,同一主题的表未必存在同样的介质中,根据数据被关心的程度不同,不同的表分别存储在磁盘、磁带、光盘等不同介质中。一般而言,年代久远的、细节的或查询概率低的数据存储在廉价慢速设备如磁带上,而近期的、综合的或查询概率高的数据则可以保存在磁盘等介质上。

2) 数据仓库是集成的

前面已经讲到,操作型数据与适合 DSS 分析的数据之间差别甚大。因此数据在进入数据仓库之前,必然要经过加工与集成。这一步实际是数据仓库建设中最关键、最复杂的一步。首先,要统一原始数据中所有矛盾之处,如字段的同名异义、异名同义、单位不统一、字长不一致等。并且对将原始数据结构作一个从面向应用到面向主题的大转变。

3) 数据仓库是稳定的

它反映的是历史数据的内容,而不是处理联机数据。因而,数据经集成进入数据库后是极少或根本不更新的。

4) 数据仓库是随时间变化的

它表现在以下几个方面:首先,数据仓库内的数据时限要远远长于操作环境中的数据时限。前者一般在 5～10 年,而后者只有 60～90 天。数据仓库保存数据时限较长是为了适应 DSS 进行趋势分析的要求。其次,操作环境包含当前数据,即在存取一刹那是正确有效的数据。而数据仓库中的数据都是历史数据。最后,数据仓库数据的码键都包含时间项,从而标明该数据的历史时期。

3. 分析工具——数据仓库系统的重要组成部分

有了数据就如同有了矿藏,而要从大量数据中获得决策所需的数据就如同开采矿藏一样,必须要有工具。仅拥有数据仓库,而没有高效的数据分析工具,就只能望"矿"兴叹。

20 世纪 80 年代,随着数据库技术的发展开发了一整套以数据库管理系统(DBMS)为核心的第四代开发工具产品,如 FORMS,REPORTS,MENUS,GRAPHICS 等。这些第四代开发工具有效地帮助了应用开发人员快速建立数据库应用系统,使数据库获得了广泛的应用,有效地支持 OLTP 应用,人们从中认识到,仅有引擎(DBMS)是不够的,工具同样重要。

数据分析工具的迅速发展正是得益于这一经验。

1）联机分析处理技术及工具

联机分析处理（OLAP）应用是完全不同于与联机事务处理（OLTP）的一类应用。从 1991 年 W. H. Inmon 提出 DW 概念到 E. F. Codd 于 1993 年提出 OLAP 概念仅仅两年，而 OLAP 工具的推出则几乎与 OLAP 概念同时，人们十分清醒地认识到仅有 DW 是不够的，OLAP 分析工具更加重要。

E. F. Codd 在"Providing OLAP to User-Analysts"一文中完整地定义了 OLAP 的概念，多维分析的概念，并给出了数据分析从低级到高级的四种模型，以及 OLAP 的 12 条准则，这些都对 OLAP 技术的发展、产品的功能产生了重大影响。短短的几年，OLAP 技术发展迅速，产品越来越丰富。它们具有灵活的分析功能，直观的数据操作和可视化的分析结果表示等突出优点，从而使用户对基于大量数据的复杂分析变得轻松而高效。

在 OLAP 中，特别应指出的是多维数据视图的概念和多维数据库（MDB）的实现。维是人们观察现实世界的角度，决策分析需要从不同的角度观察分析数据，以多维数据为核心的多维数据分析是决策的主要内容。早期的决策分析程序中分析方法和数据结构是紧密捆绑在一个应用程序当中的，因此，对数据施加不同的分析方法就十分困难了。多维数据库则是以多维方式来组织数据。这一技术的发展使决策分析中数据结构和分析方法相分离，这才可能研制出通用而灵活的分析工具，才使分析工具的产品化成为可能。

目前 OLAP 工具可分为两大类，一类是基于多维数据库的，一类是基于关系数据库的。两者相同之处是基本数据源仍是数据库和数据仓库，是基于关系数据模型的，向用户呈现的也都是多维数据视图。不同之处是前者把分析所需的数据从数据仓库中抽取出来物理地组织成多维数据库，后者则利用关系表来模拟多维数据，并不是物理地生成多维数据库。

2）数据挖掘技术和工具

数据挖掘（data mining，简称 DM）是从大型数据库或数据仓库中发现并提取隐藏在内的信息的一种新技术。目的是帮助决策者寻找数据间潜在的关联，发现被忽略的要素，它们对预测趋势、决策行为也许是十分有用的信息。

数据挖掘技术涉及数据库技术、人工智能技术、机器学习、统计分析等多种技术，它使 DSS 系统跨入了一个新阶段。传统的 DSS 系统通常是在某个假设的前提下通过数据查询和分析来验证或否定这个假设，而数据挖掘技术则能够自动分析数据，进行归纳性推理，从中发掘出潜在的模式；或产生联想，建立新的业务模型，帮助决策者调整市场策略，找到正确的决策。

有关数据挖掘技术的研究仅仅四、五年时间，已从理论研究走向产品开发，这实在是十分惊人的速度。而且据国外报导，虽然数据挖掘工具产品尚不成熟，但其市场份额却在增加，越来越多的大中型企业开始利用数据挖掘工具产品分析公司的数据，而且认为"如果不在竞争对手之前使用数据挖掘工具，等待你的将是失败！"

可以预见，数据挖掘工具产品将在应用中不断完善。

4. 基于数据库技术的 DSS 解决方案

技术的进步，不懈的努力使人们终于找到了基于数据库技术的 DSS 的解决方案，这就是：

DW+OLAP+DM——＞DSS 的可行方案

数据仓库、OLAP 和数据挖掘是作为三种独立的信息处理技术出现的。数据仓库用于数据的存储和组织，OLAP 集中于数据的分析，数据挖掘则致力于知识的自动发现。它们都可以分别应用到信息系统的设计和实现中，以提高相应部分的处理能力。但是，由于这三种技术内在的联系性和互补性，将它们结合起来即是一种新的 DSS 构架。这一构架以数据库中的大量数据为基础，系统由数据驱动。其特点如下。

1）在底层的数据库中保存了大量的事务级细节数据。这些数据是整个 DSS 系统的数据来源。

2）数据仓库对底层数据库中的事务级数据进行集成、转换、综合，重新组织成面向全局的数据视图，为 DSS 提供数据存储和组织的基础。

3）OLAP 从数据仓库中的集成数据出发，构建面向分析的多维数据模型，再使用多维分析方法从多个不同的视角对多维数据进行分析、比较，分析活动从以前的方法驱动转向了数据驱动，分析方法和数据结构实现了分离。

4）数据挖掘以数据仓库和多维数据库中的大量数据为基础，自动地发现数据中的潜在模式，并以这些模式为基础自动地作出预测。数据挖掘表明知识就隐藏在日常积累下来的大量数据之中，仅靠复杂的算法和推理并不能发现知识，数据才是知识的真正源泉。数据挖掘为 AI 技术指出了一条新的发展道路。

从 DSS 的这一解决方案中，我们也可以清晰地看出数据库、数据仓库和分析工具之间的关系。

8.4.2 工程数据库

工程数据库是一种能存储和管理各种工程图形，并能为工程设计提供各种服务的数据库。它适用于 CAD/CAM、计算机集成制造（CIM）等通称为 CAx 的工程应用领域。传统的数据库只能处理简单的对象和规范化数据，而对具有复杂结构和内涵的工程对象以及工程领域中的大量"非经典"应用则无能为力。工程数据库正是针对传统数据库的这一缺点而提出的，它针对工程应用领域的需求，对工程对象进行处理，并提供相应的管理功能及良好的设计环境。

工程数据库管理系统是用于支持工程数据库的数据库管理系统，基于工程数据库中数据结构复杂、相互联系紧密、数据存储量大的特点，工程数据库管理系统的功能与传统数据库管理系统有很大不同，主要应具有以下功能。

（1）支持复杂多样的工程数据的存储和集成管理；

（2）支持复杂对象（如图形数据）的表示和处理；

（3）支持变长结构数据实体的处理；

（4）支持多种工程应用程序；

（5）支持模式的动态修改和扩展；

（6）支持设计过程中多个不同数据库版本的存储和管理；

（7）支持工程长事务和嵌套事务的处理和恢复。

在工程数据库的设计过程中，由于传统的数据模型难于满足 CAx 应用对数据模型的要求，需要运用当前数据库研究中的一些新的模型技术，如扩展的关系模型、语义模型、面向对象的数据模型。目前的工程数据库研究虽然已取得了很大的成绩，但要全面达到应用所要求的目标仍有待进一步深入研究。

8.4.3 统计数据库

统计数据是人类对现实社会各行各业、科技教育、国情国力的大量调查数据。是人类社会活动结果的实际反映，是信息行业的重要内容。采用数据库技术实现对统计数据的管理，对于充分发挥统计信息的作用具有决定性的意义。

统计数据具有层次型特点，但并不完全是层次型结构；统计数据也有关系型特点，但关系型也不完全满足需要；虽然一般统计表都是二维表，但统计数据的基本特性是多维的。例如，经济统计信息，由统计指标名称、统计时间、统计空间范围、统计分组特性、统计度量种类等相互独立的多种因素方可确切地定义出一批数据。反映在数据结构上就是一种多维性。由此，统计表格虽为二维表，而其主栏与宾栏均具有复杂结构。多维性是统计数据的第一个特点，也是最基本的特点。其次，统计数据是在一定时间（年度、月度、季度）期末产生大量数据，故入库时总是定时的大批量加载。经过各种条件下的查询以及一定的加工处理，通常又要输出一系列结果报表。这就是统计数据的"大进大出"特点。第三，统计数据的时间属性是一个最基本的属性，任何统计量都离不开时间因素，而且经常需要研究时间序列值，所以统计数据又有时间向量性。第四，随着用户对所关心问题的观察角度不同，统计数据查询出来后常有转置的要求。例如，若干指标的时间序列值，考虑指标之间的比例关系时常以时间为主栏、指标为宾栏；而考虑时间上的增长量、增长率时，又常以时间为宾栏、指标为主栏。统计数据还有其他一些特点，但基本特性是多维结构特性。

统计数据库是一种用来对统计数据进行存储、统计（如求数据的平均值、最大值、最小值、总和等）、分析的数据库系统。

统计数据库向用户提供的是统计数字，而不是某一个体的具体数据。统计数据库中的数据可分为两类：微数据（micro data）和宏数据（macro data）。微数据描述的是个体或事件的信息，而宏数据是综合统计数据，它可以直接来自应用领域，也可以是微数据的综合分析结果。

统计数据库与其他数据库不同，在安全性方面有一种特殊的要求，要防止有人利用统计数据库提供合法查询的时机推出他不应了解的某一个体的具体数据。

由于统计数据库具有一系列自有的特点，一般关系型数据库还不能完全满足它的需求。因此，如何使用 RDBMS 建立统计数据库，是一项具有特定技术的工作。

8.4.4 空间数据库

空间数据库，是以描述空间位置和点、线、面、体特征的拓扑结构的位置数据及描述这些特征的性能的属性数据为对象的数据库。其中的位置数据为空间数据，属性数据为非空间数据。其中，空间数据是用于表示空间物体的位置、形状、大小和分布特征等信息的数据，用于描述所有二维、三维和多维分布的关于区域的信息，它不仅具有表示物体本身的空间位置及状态信息，还具有表示物体的空间关系的信息。非空间信息主要包含表示专题属性和质量描述数据，用于表示物体的本质特征，以区别地理实体，对地理物体进行语义定义。

空间数据库的研究始于 20 世纪 70 年代的地图制图与遥感图象处理领域，其目的是为了有效地利用卫星遥感资源迅速制出各种经济专题地图,由于传统数据库在空间数据的表示、存储和管理上存在许多问题,从而形成了空间数据库这门多学科交叉的数据库研究领域。目前的空间数据库成果大多数以地理信息系统的形式出现,主要应用于环境和资源管理、土地利用、城市规划、森林保护、人口调查、交通、税收、商业网络等领域的管理与决策。

空间数据库的目的是利用数据库技术实现空间数据的有效存储、管理和检索,为各种空间数据库用户服务。目前,空间数据库的研究主要集中于空间关系与数据结构的形式化定义;空间数据的表示与组织;空间数据查询语言;空间数据库管理系统。

小结

面向特定领域的数据库系统(或称特种数据库系统)还有很多,就不一一介绍了。这些数据库系统都明显地带有该领域应用需求的特征。由于传统数据库系统的局限性,无法直接使用当前DBMS市场上销售的通用的DBMS来管理和处理这些领域内的数据对象。因而广大数据库工作者针对各个领域的数据库特征探索和研制了各种特定的数据库系统,取得了丰硕的成果。不仅为这些应用领域建立了可供使用的数据库系统,有的已实用化,而且为新一代数据库技术的发展作出了贡献。

我们知道,推动数据库技术前进的原动力是应用需求和硬件平台的发展。正是这些应用需求的提出,特种数据库系统的研究,推动了新一代数据库技术的产生和发展。而新一代数据库技术也首先在这些特种数据库中发挥了作用,得到了应用。

从这些特种数据库系统的实现情况来分析,可以发现它们虽然采用不同的数据模型,但都带有OO模型的特征。具体实现时,有的是对关系数据库系统进行扩充,有的则是从头做起。

人们会问,难道不同的应用领域就要研制不同的数据库管理系统吗?能否像第一、二代数据库管理系统那样研制一个通用的能适合各种应用需求的数据库管理系统呢?这实际上正是第三代数据库系统研究探索的问题,或者说第三代数据库系统的数据模型即面向对象数据模型研究探索的问题。

人们期望第三代数据库系统能够提供丰富而又灵活的造模能力,强大而又容易剪裁、扩充的系统功能,从而能针对不同应用领域的特点,利用通用的系统模块比较容易地构造出多种多样的特种DBMS。

习　题

1. 当前数据库技术发展的主要特征是什么?
2. 试述数据库系统的发展过程。
3. 第三代数据库系统的主要特点是什么?
4. 什么是分布式数据库系统?它有什么特点?
5. 试述分布式数据库系统的模式结构。
6. 分布式数据库中的数据分片有哪几种方法?
7. 试述分布数据库中分布透明性的内容。
8. 什么是并行数据库系统?

9. 并行数据库系统有哪几种体系结构？

10. 并行数据库系统中数据有哪几种划分方法？

11. 试述并行数据库系统与分布式数据库系统的区别。

12. 什么是主动数据库？它的主要技术难题是什么？

13. 什么是对象-关系数据库？它的主要特点是什么？常用的实现方法有哪些？

14. 试述数据仓库的产生背景及其特点。

15. 什么是联机分析处理？什么是数据挖掘？

16. 基于数据库技术的 DSS 解决方案是什么？

17. 什么是工程数据库？

18. 什么是统计数据库？

19. 什么是空间数据库？

参 考 文 献

[1] 萨师煊,王珊.数据库系统概论(第二版),高等教育出版社,1991

[2] DATE C J. An Introduction to Database Systems. Vol. I, Addison-Wesley, Version 6, 1995

[3] Ullman Jdffrey D. Principles of Database Systems. Computer Science Press, Version 2, 1982

[4] Awad Elias M., Gotterer Malcolm H. Database Management. Boyd & Fraster Publishing Company, 1992

[5] Database Language SQL Explained. CCTA, 1993

[6] Ricardo Catherine M. Database Systems: Principles, Design & Implementation. Macmillan Publishing Company, 1990

[7] 王珊,陈红,文继荣.数据库与数据库管理系统.电子工业出版社,1995

[8] 王珊,刘怡,晋良颖,麻占全.数据组织与管理.经济科学出版社,1996

[9] 王珊主编.数据仓库技术与联机分析处理,科学出版社,1998

[10] 黑德尔 Th.著.漆永新等译.数据库系统实现方法.科学出版社,1986

[11] 萨师煊,王珊.实用数据库管理系统汇编.高等教育出版社,1990

[12] 郑若忠,王鸿武.数据库原理与方法.湖南科技出版社,1983

[13] 冯玉才.数据库基础.华中工学院出版社,1984

[14] Yao S B.著,赵延光,邢俊英等编译.数据库系统基础.计算机工程与应用.1981 年,第 8,9,10 期合订刊

[15] 王珊.关系数据库产品透析.中国计算机报专家评述,1993.11.23

[16] 王珊.数据库与数据仓库.澳门资讯研讨会'97 论文集,1997.1

[17] 陈红,王珊.并行数据库系统.计算机世界软件论坛,1995.11.8

[18] 陈红.大型商用关系数据库管理系统技术进展.中国计算机用户,1997.9

[19] 李昭原主编,罗晓沛主审.数据库技术新进展.清华大学出版社,1997

[20] Stonebraker M., Moore D.著.杨冬青,唐世渭,裴芳等译.对象-关系数据库管理系统——下一个浪潮,北京大学出版社,1997

读者意见反馈

亲爱的读者：

感谢您一直以来对清华版计算机教材的支持和爱护。为了今后为您提供更优秀的教材，请您抽出宝贵的时间来填写下面的意见反馈表，以便我们更好地对本教材做进一步改进。同时如果您在使用本教材的过程中遇到了什么问题，或者有什么好的建议，也请您来信告诉我们。

地址：北京市海淀区双清路学研大厦 A 座 602　　计算机与信息分社营销室 收

邮编：100084　　　　　　　　　　电子邮件：jsjjc@tup.tsinghua.edu.cn

电话：010-62770175-4608/4409　　邮购电话：010-62786544

教材名称：数据库系统原理教程

ISBN：978-7-302-03009-6

个人资料

姓名：_____　年龄：_____　所在院校/专业：_____

文化程度：_____　通信地址：_____

联系电话：_____　电子信箱：_____

您使用本书是作为：□指定教材 □选用教材 □辅导教材 □自学教材

您对本书封面设计的满意度：

□很满意 □满意 □一般 □不满意　改进建议_____

您对本书印刷质量的满意度：

□很满意 □满意 □一般 □不满意　改进建议_____

您对本书的总体满意度：

从语言质量角度看 □很满意 □满意 □一般 □不满意

从科技含量角度看 □很满意 □满意 □一般 □不满意

本书最令您满意的是：

□指导明确 □内容充实 □讲解详尽 □实例丰富

您认为本书在哪些地方应进行修改？（可附页）

_____

_____

您希望本书在哪些方面进行改进？（可附页）

_____

_____

电子教案支持

敬爱的教师：

为了配合本课程的教学需要，本教材配有配套的电子教案（素材），有需求的教师可以与我们联系，我们将向使用本教材进行教学的教师免费赠送电子教案（素材），希望有助于教学活动的开展。相关信息请拨打电话 010-62776969 或发送电子邮件至 jsjjc@tup.tsinghua.edu.cn 咨询，也可以到清华大学出版社主页（http://www.tup.com.cn 或 http://www.tup.tsinghua.edu.cn）上查询。

高等院校信息管理与信息系统专业系列教材

- 信息资源管理教程　赖茂生
- 数据仓库与数据挖掘教程　陈文伟
- 计算机操作系统教程　张不同等
- 计算机网络教程　黄叔武等
- 计算机网络教程题解与实验指导　黄叔武等
- 信息系统开发与管理教程(第二版)　左美云
- 信息系统开发方法教程(第二版)　陈佳等
- 决策支持系统教程　陈文伟
- 离散数学(第四版)　耿素云等
- 离散数学题解(第三版)　屈婉玲等
- 计算机组成原理教程(第 4 版)　张基温
- 计算机组成原理教程题解与实验指导　张基温
- 信息管理英语教程　李季方
- 管理信息系统教程(第二版)　闪四清
- 电子商务基础教程(第二版)　兰宜生
- Java 程序开发教程　张基温
- Java 程序开发例题与题解　张基温
- Visual Basic 程序开发教程　张基温
- Visual Basic 程序开发例题与题解　张基温
- 数据结构及应用算法教程　严蔚敏等
- 运筹学模型与方法教程　程理民等
- 运筹学模型与方法教程例题分析与题解　刘满凤等
- 数据库系统原理教程　王珊等
- 信息经济学教程　陈禹
- C++ 程序开发教程　张基温
- C++ 程序开发例题与习题　张基温
- 信息系统安全教程　张基温
- 社会统计分析及 SAS 应用教程　蔡建琦
- 信息系统分析与设计　杨选辉